中等职业学校教学用书

计算机课程改革实验教材系列

Word 2003 实用教程

（第2版）

范瑞霞　谷秋菊　主　编

電子工業出版社
Publishing House of Electronics Industry
北京 • BEIJING

内 容 简 介

本书根据中等职业教育的特点，结合计算机教学的实践，采用案例教学的方法介绍了 Word 2003 的基本应用。

全书共 7 个模块，首先介绍了 Word 2003 的基本功能，然后分别介绍了文档编辑、文档格式设置、页面设置与打印、复杂文档制作、表格制作等内容。本书采用案例引领的方法介绍具体应用和相关知识点，最后通过综合应用全面展示 Word 2003 的文档处理技巧等。

本书内容丰富，知识新颖，注重理论和实例结合，可供中等职业学校计算机及相关专业使用，也可作为文秘与行政办公人员的参考书，还可作为各类计算机培训班的入门教材。

图书在版编目（CIP）数据

Word 2003 实用教程 / 范瑞霞，谷秋菊主编. —2 版. —北京：电子工业出版社，2013.5
计算机课程改革实验教材系列
ISBN 978-7-121-20162-2

Ⅰ. ①W… Ⅱ. ①范… ②谷… Ⅲ. ①文字处理系统－中等专业学校－教材 Ⅳ. ①TP391.12

中国版本图书馆 CIP 数据核字（2013）第 072150 号

策划编辑：关雅莉
责任编辑：郝黎明　　文字编辑：白喜娟
印　　刷：北京市李史山胶印厂
装　　订：北京市李史山胶印厂
出版发行：电子工业出版社
　　　　　北京市海淀区万寿路 173 信箱　邮编　100036
开　　本：787×1 092　1/16　印张：11.5　字数：294.4 千字
版　　次：2009 年 8 月第 1 版
　　　　　2013 年 5 月第 2 版
印　　次：2015 年 1 月第 4 次印刷
定　　价：22.00 元

凡所购买电子工业出版社图书有缺损问题，请向购买书店调换。若书店售缺，请与本社发行部联系，联系及邮购电话：（010）88254888。

质量投诉请发邮件至 zlts@phei.com.cn，盗版侵权举报请发邮件至 dbqq@phei.com.cn。
服务热线：（010）88258888。

前　　言

为适应中等职业学校课程改革的需要，根据教育部《中等职业学校专业目录（2010 修订）》中“信息技术类”专业课程方案的要求，编写了本书。本书是计算机应用方向的专业基础课教材。

Word 2003 作为 Office 2003 办公软件的最常用组件之一，在文档编辑、格式设置、表格制作、图文混排等方面具有强大的功能，是计算机应用中不可缺少的工具之一，也是计算机应用专业的必修课程和学生必须掌握的基本技能之一。

本书采用案例、模块教学的方法，从实用角度出发，以循序渐进的方式，由浅入深地全面介绍了 Word 2003 的基本操作和实际应用，先讲解基本的知识要求，然后通过案例对所涉及的知识点进行全面讲解，既可以帮助读者进一步掌握和巩固基本知识，又能快速提高综合应用的实践能力，使学生的学与做，理论和实践达到有机的统一，真正达到“在做中学，在学中做”的目的。这对提高学生的动手操作能力和实践技能无疑最有针对性，这是本书区别于同类教材的一大特点。

本书由鲁中职业学院范瑞霞、济南商贸学校谷秋菊主编，段欣主审，泰安文化职专朱海霞、寿光工贸学校李振娥参编。

由于编者水平有限，书中不妥之处在所难免，恳请广大读者批评指正。

编　者

2013 年 5 月

目　　录

模块1

认识Word 2003

文字处理是办公自动化应用的重要内容，中文 Word 2003 是微软公司推出的 Office 2003 办公系列软件中的一个重要组件。在本模块中主要介绍 Word 2003 的基本功能和新增功能。学完本模块，应初步认识其工作界面的组成，学会 Word 2003 程序的启动、关闭，能够熟练操作和管理文档，提高文字处理效率。

实例 1：植树造林，碧水蓝天——打开“中国的植树节”文档

在 Word 2003 操作界面中，打开“素材”文件夹中的“中国的植树节”文档，了解 Word 2003 的操作界面及功能，用不同的视图模式、比例浏览文档，师生共同讨论文档的编排效果。

实例分析

- 启动 Word 2003 应用软件。
- 在 Word 2003 中，打开/关闭指定文档。
- 认识 Word 2003 的操作界面及新增功能，赏析文档编排效果。
- 使用不同的视图方式查看文档。

操作步骤

1. 启动 Word 2003 应用软件

选择任务栏中的“开始”→“程序”→“Microsoft Office”→“Microsoft Office Word 2003”命令，打开 Word 2003 程序。

2. 打开文档

在 Word 2003 中，选择“文件”→“打开…”命令，如图 1-1 所示。在“打开”对话框中，指定“查找范围”为“第一章素材”文件夹（本书所使用的素材文件均从华信教育资源网：www.hxedu.com.cn 下载，下同），选中要打开的文件“中国的植树节”，单击“打开”按钮，如图 1-2 所示。打开此文件后的效果如图 1-3 所示。

3. 认识操作界面

操作界面的组成：标题栏、菜单栏、工具栏、标尺、滚动条、工作区及状态栏等。

4. 使用不同的视图模式浏览文档

分别用普通视图、Web 版式视图、页面视图、大纲视图、阅读版式视图等不同的视图模式查看文档显示效果，使用“视图”菜单可查看并切换视图。

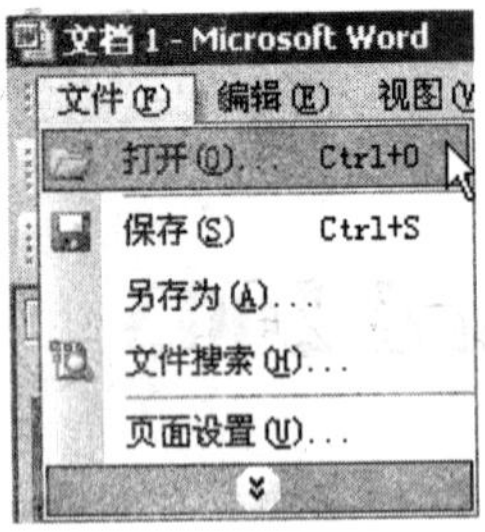

图 1-1 “文件”菜单

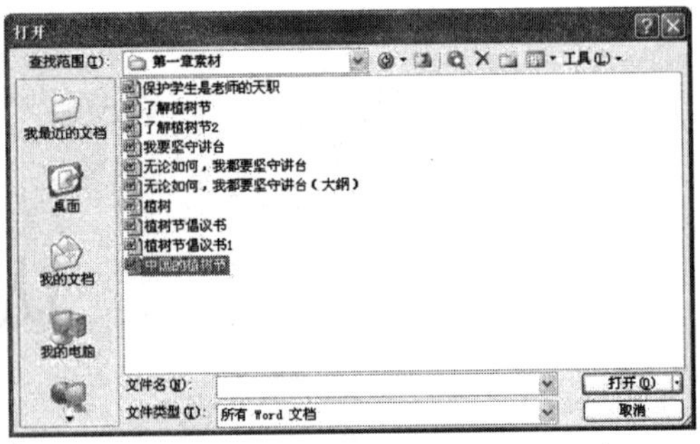

图 1-2 “打开”对话框

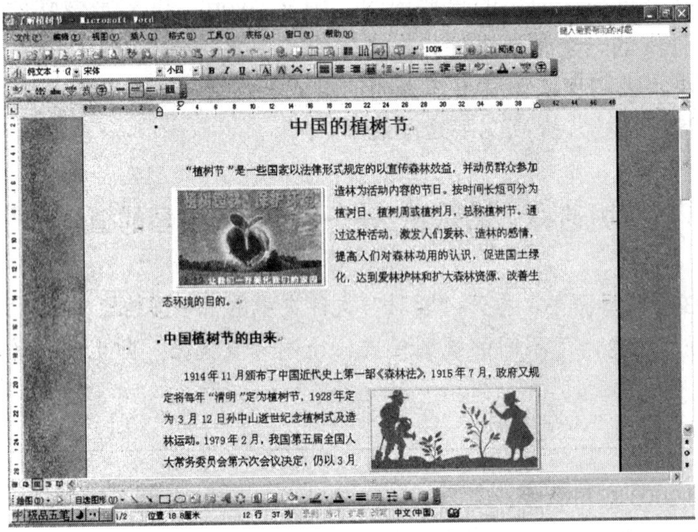

图 1-3 “文档”窗口

5. 使用 75%显示比例查看文档

选择“视图”→“显示比例…”命令，在“显示比例”对话框中，选中显示比例值为 75%。

6. 关闭文档，退出 Word 2003

1.1 Microsoft Office Word 2003 概述

1. Microsoft Office Word 2003 简介

Word 2003 是一款功能强大的文字处理软件，是美国 Microsoft（微软）公司开发的 Microsoft Office 2003 办公自动化组合软件的成员之一，其版本发展史为 Word 97→Word 2000→Word 2002→Word 2003。它可以帮助用户写信函、报告、论文，以及制作表格。Word 最大的特点是所见即所得。如果系统中安装了 Microsoft Office 2003，也就安装了 Word 2003 程序。

2. Word 2003 的基本功能

Word 集文字编辑和排版、表格和图表制作、图形和图像处理等功能为一体，可编辑电子邮件和传真、HTML 网页或一般的 Word 文档，具有强大的文档制作和管理操作功能，是非常方便实用的文档编辑软件，具体表现如下：

- 文字编辑功能及友好的用户界面。用户可以非常容易地从 Word 屏幕显示的工具按钮中找到所需工具，具有即点即输功能、可折叠下拉菜单、12 项内容的剪贴板等。
- 强大的图文混排功能。使用它编辑、排版的文档，能产生如同书籍、杂志、报刊的排版效果。
- 快速的表格制作、复杂的表格处理功能。
- 自动更正、智能自动拼写和中文语法检查功能。
- 基于 Web 的网页创作和发布。Web 网页制作和文档另存为 Web 网页、直接 Web 发布、文档中插入超级链接功能，链接到本地文档、Web 站点、E-mail 地址或直接发送邮件功能。

3. 用 Word 编排文档的基本流程

- 开始：启动 Word 软件，新建或打开文档。
- 操作：输入、编辑、保存、排版、打印。
- 结束：关闭文档或退出 Word 程序。

1.2 Word 2003 操作界面

1. 启动与退出 Word 2003

利用 Word 2003 完成文字处理工作，熟练掌握启动与退出 Word 2003 的方法。

1）启动 Word 2003 程序

- 选择任务栏中的“开始”→“程序”→“Microsoft Office”→“Microsoft Office Word 2003”命令，打开 Word 2003 程序，这是最基本的一种方法。
- 在桌面上双击 Word 2003 的快捷方式图标，即可启动程序，这是最常用的一种方法。
- 双击 Word 文档文件名 中国的植树节，打开 Word 文档文件的同时启动 Word 2003 程序。

2）退出 Word 2003 程序

在 Word 2003 中，完成文档编辑后，不再需要时可退出程序。退出 Word 程序的方法主要有以下几种：

- 单击 Word 2003 操作界面右上角的按钮，这是最常用的一种方法。
- 选择“文件”→“退出”命令，即可退出程序，这是最基本的一种方法。
- 双击标题栏左侧的程序图标。
- 单击标题栏左侧的程序图标，在弹出的菜单中选择“关闭”命令，如图 1-4 所示。
- 直接按【Alt+F4】组合键，退出程序。

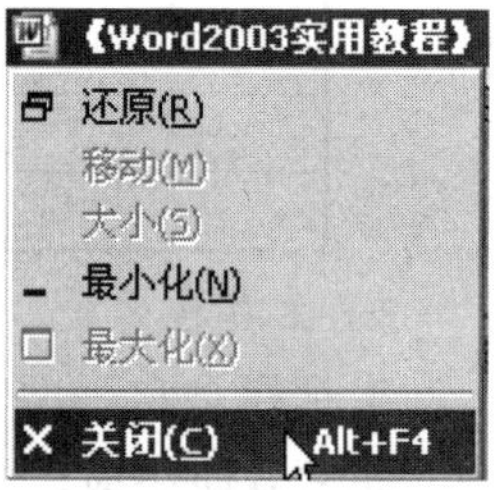

图 1-4 “关闭”快捷菜单

2. 工作界面组成

启动中文 Word 2003 程序后即可进入工作界面，如图 1-5 所示，主要包括标题栏、菜单栏、工具栏、工作区、任务窗格和状态栏等。

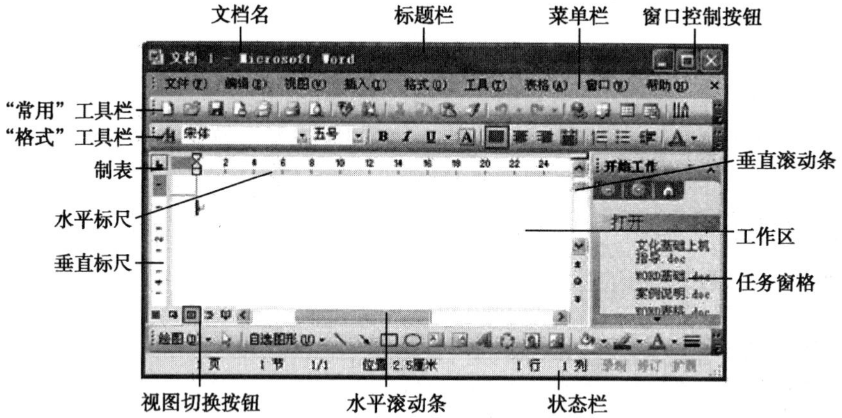

图 1-5　Word 2003 工作界面

1）标题栏

标题栏位于界面顶部。它包含了控制窗口的 3 个按钮（“最小化”、“最大化/还原”/和“关闭”按钮）、程序名称“Microsoft Word”、正在编辑的文档名称等。

2）菜单栏

菜单栏位于标题栏的下方，包括“文件”、“编辑”、“视图”、“插入”、“格式”、“工具”、“表格”、“窗口”和“帮助”9 种类别的菜单选项和一个组合框。可以使用鼠标单击某个菜单中的命令或利用键盘上的【Alt+】菜单名中带下画线的字母，来完成相应的选择。菜单栏功能归纳如表 1-1 所示。

表 1-1　Word 菜单栏功能表

菜 单 名 称	常 用 功 能
文件	新建、打开、关闭、保存、打印
编辑	剪切、复制、粘贴、查找、替换
视图	窗口显示状态、文档的视图方式、工具栏
插入	页码、日期、符号、图片、对象
格式	设置字符、段落、样式、分栏
工具	拼写检查、自动更正、选项、自定义、文档字数统计
表格	在文档中插入表格
窗口	同时打开多个窗口
帮助	为用户提供实时帮助

3）工具栏

工具栏是将一些命令以按钮的形式集成在一起，这样只要单击按钮就可执行某种命令，非常方便快捷。在 Word 2003 中，默认情况下会自动显示“常用”和“格式”两个工具栏。用户可以根据需要显示或隐藏某个工具栏。

4）标尺

标尺分为水平标尺与垂直标尺，用来标记行宽，段落缩进，制表位操作等。通过标尺可以快速调整对象的位置，也可测量对象的大小。可以通过视图菜单中的标尺命令进行标尺的打开与关闭。

5）工作区

工作区位于窗口中部，是用来输入、编辑文本和绘制图形的地方。用光标插入点标记指示当前编辑位置，对文档的编辑只能在工作区中进行。

6）滚动条

滚动条分为水平滚动条和垂直滚动条，可用来进行滚动屏幕、拆分窗口和定位等操作。

7）状态栏

状态栏在界面的底部，用于显示当前操作的提示信息和操作信息，如文档的当前页数、总页数、段落位置、行数、列数、插入与改写状态等。

8）任务窗格

任务窗格是 Word 2003 程序中提供常用命令的窗口。将用户要做的许多工作归纳到不同类别的任务中，并将这些任务以一个“任务窗格”的窗口形式提供给用户，以方便用户的操作和使用。它的位置默认在文档窗口的右侧，可以一边使用这些命令，一边继续处理文件。在需要的时候，任务窗格会自动显示，当然也可以随时打开和关闭它，打开或关闭任务窗格的组合键为【Ctrl+F1】。

3. 文档视图

所谓视图，就是文档显示方式。Word 2003 给用户提供了普通视图、Web 版式视图、页面视图、大纲视图、阅读版式视图和文档结构视图等多种不同的视图模式。使用“视图”菜单可查看并相互切换视图，在文档窗口的左下角也有这 5 个视图的按钮。用户可以根据不同的需要选择不同的视图方式来查阅、编辑文档。

1）普通视图

选择菜单栏中的“视图”→“普通”命令，文档编辑区变为普通视图显示状态。在该视图下能以最快速度进行输入和编辑文本，但不能正确显示图片、分栏、竖排等效果。适合编辑格式较简单的文档，如图 1-6 所示。

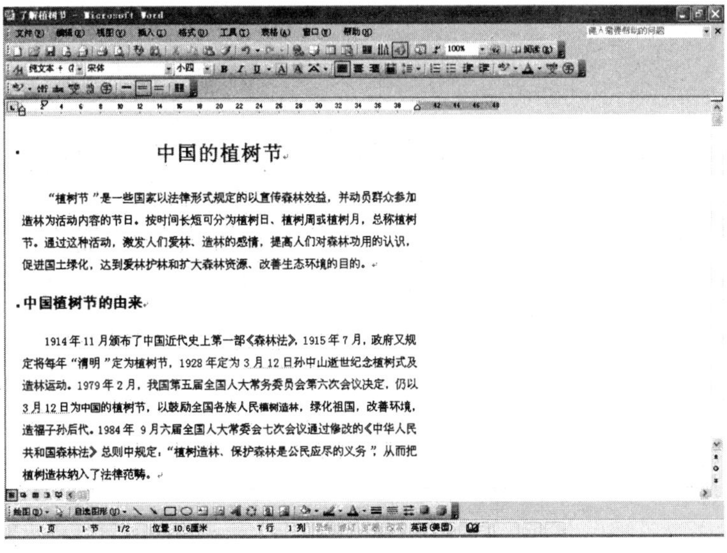

图 1-6　“普通视图”窗口

在进行准确的版面调整或图形操作时，最好切换到页面视图方式。

2）Web 版式视图

选择菜单栏中的“视图”→“Web 版式”命令，文档编辑区变为 Web 版式视图显示状态。在该视图中，Word 能优化 Web 页面，外观与在浏览器中的显示效果或在 Internet 上发布时的外观一致，如图 1-7 所示。此外，在 Web 版式视图方式下，还可以进行浏览和制作网页等操作。Web 版式视图不显示分页、页眉/页脚等信息。

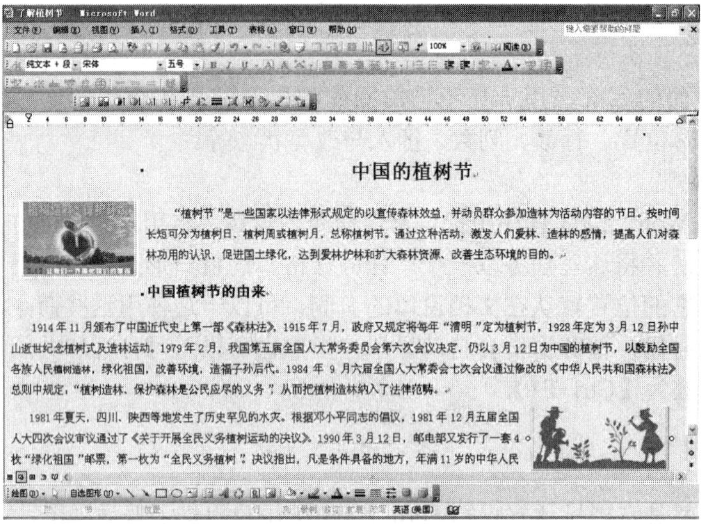

图 1-7 “Web 版式视图”窗口

3）页面视图

选择菜单栏中的“视图”→“页面”命令，文档编辑区变为页面视图显示状态。该视图所显示出来的效果同打印出来的样式是一致的，即“所见即所得”的效果，如图 1-8 所示。页面视图适用于浏览文档的整体效果，它可以显示页面布局、页面大小，进行编辑页眉和页脚、插入页码、添加边框与底纹、分栏、插入编辑图形图片、媒体剪辑和视频剪辑等操作。

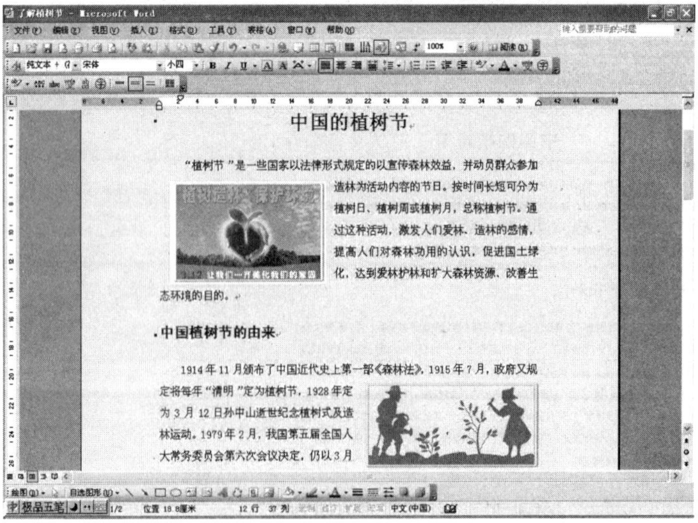

图 1-8 “页面视图”窗口

4）阅读版式

选择菜单栏中的“视图”→“阅读版式”命令，文档编辑区变为阅读版式视图显示状态。该视图可以使文档两页同时显示。适合阅读较长文档，方便进行审阅编辑。单击“阅读版式”工具栏上的“关闭”按钮，或按【Esc】键可退出阅读版式视图，如图 1-9 所示。当进入阅读版式视图时，会弹出“阅读版式”工具栏，可以方便地使用修订记录和注释来标记文档。

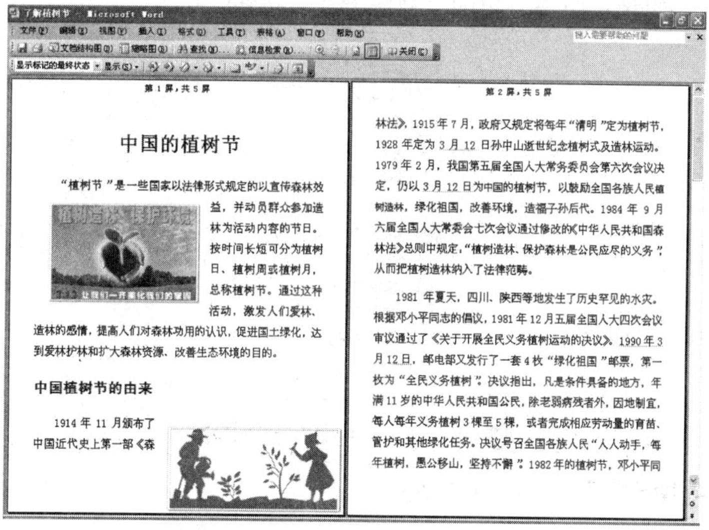

图 1-9 “阅读版式视图”窗口

5）大纲视图

选择菜单栏中的“视图”→“大纲”命令，文档编辑区变为大纲视图显示状态。在该视图中，可以隐藏标题下的文档，也可展开文档，方便查看整个文档和处理文档的结构。还可以用升级和降级标题，调整文本标题。但在大纲视图中不显示页眉/页脚、页边距、图片和背景等，如图 1-10 所示。切换到大纲视图后，系统会自动弹出“大纲”工具栏，工具栏提供了在大纲视图下的全部操作功能。

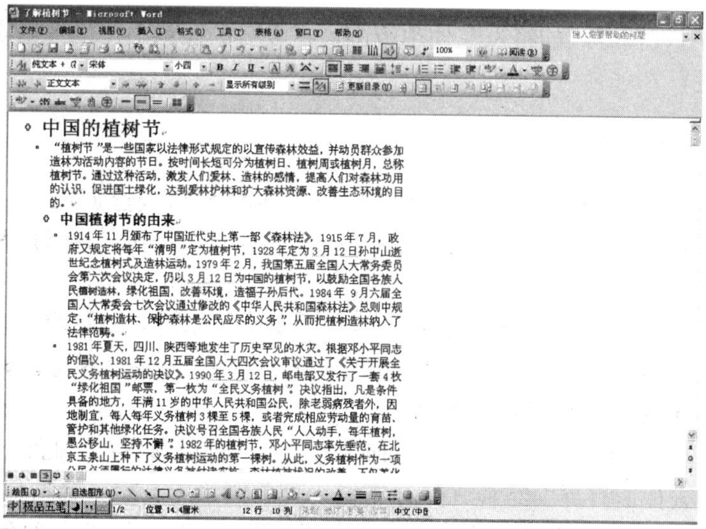

图 1-10 “大纲视图”窗口

提 示

大纲视图要求文章具备如标题样式、大纲符号等表明文章结构的元素。不是所有的文章都具备这样的结构，因此不一定必须用大纲视图来显示所有文档。

设置视图方式主要有以下两种方法：

- 使用“视图”菜单中的视图方式命令，如图 1-11 所示。
- 直接单击编辑选项组左下角的“视图方式”按钮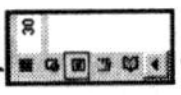。

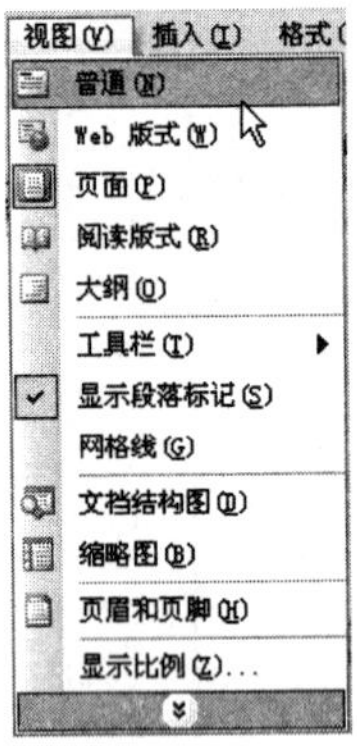

图 1-11 “视图”下拉菜单

Word 2003 视图特点归纳如表 1-2 所示。

表 1-2 Word 2003 视图特点

视图模式	基本特点
普通视图	操作速度快，但丢失较多显示信息
Web 版式视图	浏览、制作 Web 页
页面视图	以实际打印的形式显示文档的视图（最常用）
大纲视图	显示文档结构（适于长文档的结构调整和浏览）
阅读版式视图	便于快速阅读和查找定位所需内容

通过学习各种视图方式的特点及使用范围，在今后的操作中可以根据实际情况和个人喜好进行适当选择。

4. 设置文档显示比例

在 Word 中，可选择文档在屏幕上的显示比例，具体操作步骤如下：

（1）单击“常用”工具栏中“显示比例”框右侧的下拉按钮，进行选择，这是最直接的一种方法，如图 1-12 所示。

（2）在“视图”菜单中，选择“显示比例…”命令，如图 1-13 所示，在“显示比例”对话框中，选中或在百分比数值框中输入显示比例值，单击“确定”按钮，如图 1-14 所示。

（3）按住【Ctrl】键并滑动鼠标滑轮。

（4）全屏显示。“全屏显示”不是 Word 2003 的一种视图方式，而是一种特殊的显示方式，即显示时去掉所有界面组件（如标题栏、菜单栏、工具栏、状态栏、滚动条等），将整个界面全部用来显示 Word 文档的内容，以便在界面上显示更多的文档信息。

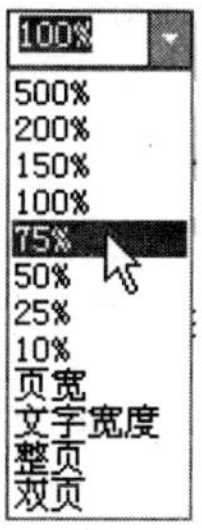

图 1-12 “显示比例”框下拉列表

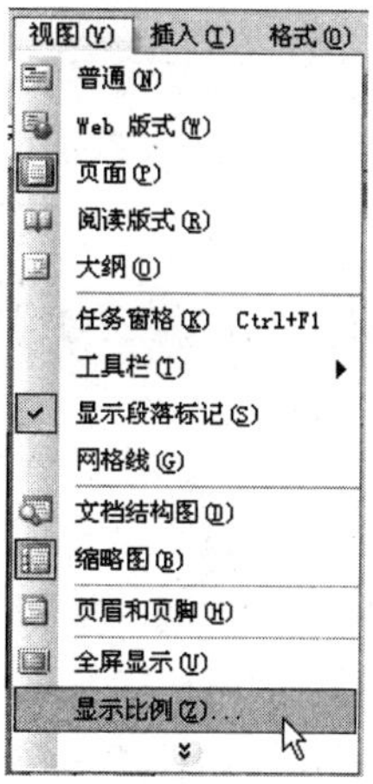

图 1-13 “显示比例”命令

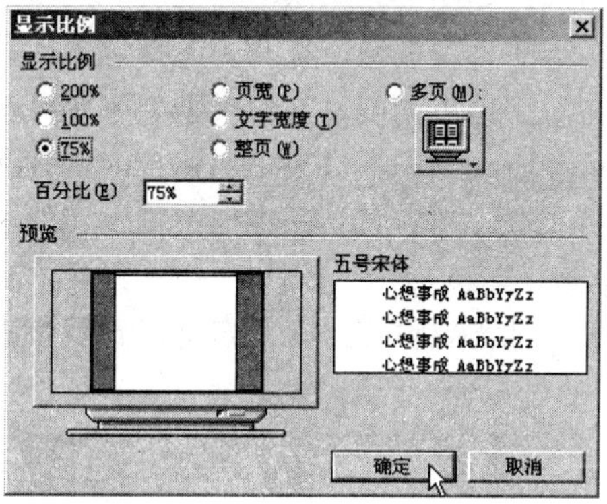

图 1-14 “显示比例”对话框

在“视图”菜单中，选择“全屏显示”命令，如图 1-15 所示，即可全屏显示当前文档。如果要在全屏模式下选择“菜单”命令，可将鼠标指针移动到屏幕顶部，菜单栏即可显示出来。单击“全屏显示”工具栏上的“关闭全屏显示”按钮，或按【Esc】键可关闭全屏显示，切换到原来的视图，如图 1-16 所示。

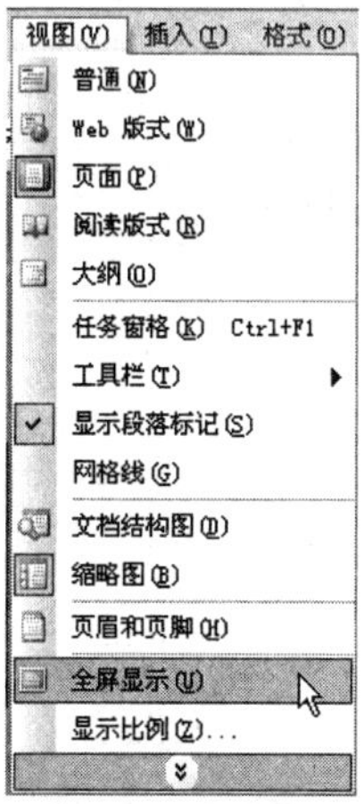

图 1-15 “全屏显示”命令

图 1-16 “全屏显示”工具栏

提 示

全屏显示与 Word 的视图方式并不冲突，任何一种视图方式均可采用全屏显示。

1.3 打开和关闭 Word 文档

1. 打开 Word 文档

对于已经保存过的文档，如果用户要再次打开进行查看或修改，就需要将其调入内存并在 Word 窗口中显示出来。在 Word 2003 中，打开文件的方法主要包括以下几种：

1）打开 Word 文档的基本方法

- 选择“文件”→“打开…”命令或单击“常用”工具栏中的“打开”按钮，则会弹出“打开”对话框，如图 1-17 所示。
- 单击“查找范围”右侧的下拉按钮，在其中选择包含用户要找的 Word 文件的驱动器、文件夹，同时在对话框下面的“文件类型”下拉列表框中选择文件的类型，则在窗口选项组中显示该驱动器和文件夹中所包含的所有文件夹和文件。
- 单击要打开的文件名或在“文件名”文本框中输入文件名。
- 单击“打开”按钮。

归纳：打开 Word 2003 文档需要设置好 3 个参数，查找范围（文件的存放位置）、文件名和文件类型。

提 示

- 如果在文件和文件夹窗口没有显示所需文件，则可在“文件类型”下拉列表中选择相应的显示文件类型或选择“所有文件”进行查找。Word 能打开纯文本文件、Wps 文件等。
- 如果在打开文档时，忘记了文档的文件名和存放位置，或是不小心移动了文件位置，就不容易找到此文件，此时可以用查找功能来查找文件。在“打开”对话框中单击“工具”按钮，如图 1-17 所示，选择“查找…”命令，弹出“文件搜索”对话框，在“文件搜索”对话框中，设定搜索条件，确定搜索范围，单击“搜索”按钮，如图 1-18 所示，找到文件后，即可打开文档。

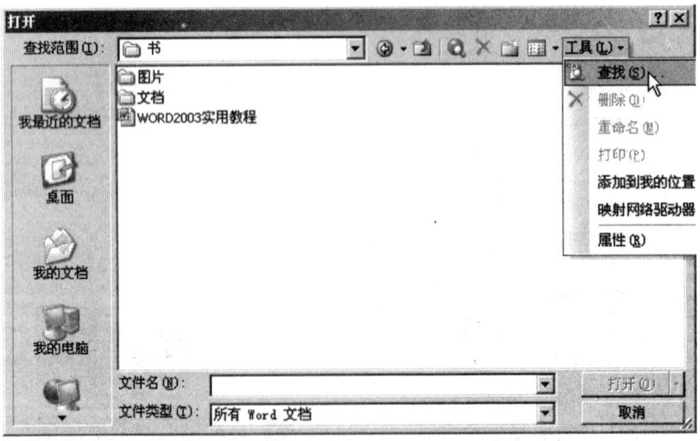

图 1-17 “打开”对话框

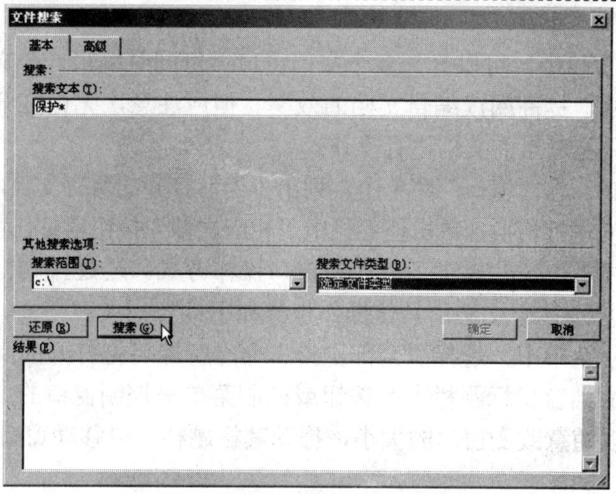

图 1-18 “文件搜索”对话框

2）用其他方式打开 Word 文档

- 单击 Windows 桌面上的“开始”按钮，选择“打开 Office 文档”命令。
- 单击 Windows 桌面上的“开始”按钮，选择“文档”命令，从中打开用户最近使用过的文档。
- 在“我的电脑”或“资源管理器”中，在指定磁盘或文件夹中找到 Word 文档，直接双击 Word 文件名。
- 打开最近使用过的文档。

在“文件”菜单的底部提供了一个最近文件列表，最近编辑的文件都显示在列表中。若要打开的文件是最近编辑的文件，选择后即可打开，如图 1-19 所示。

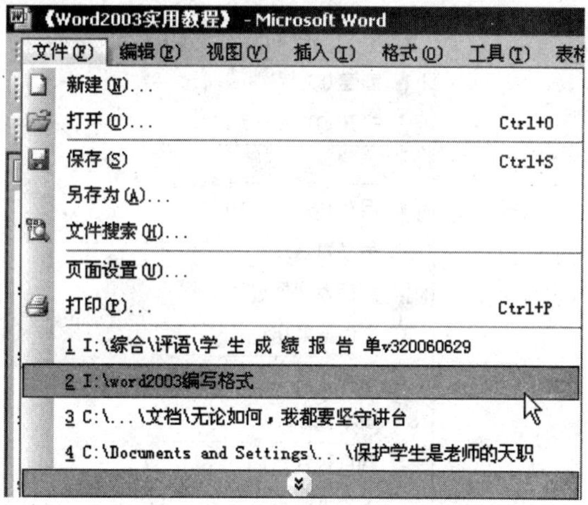

图 1-19 在最近文件列表中打开文件

提 示

当文件出现问题不能正常打开时，单击“打开”按钮右侧的下拉按钮，在弹出的菜单中选择“以副本方式打开”选项，这样可以创建另外一个副本，也可以选择“打开并修复”选项，用此功能保护文件。

3）多窗口操作

在 Word 2003 窗口中，可以打开多个文档窗口，可同时编辑一个文档的多个部分，也可快速显示多个文档，提高阅读编辑文档的效率。但应注意，无论打开的文档有多少，当前窗口只有一个，只能对当前文档进行操作。

- 切换文档窗口。在“窗口”菜单中，列出了当前打开的所有文档，单击文档名即可在各文档窗口间进行切换，单击任务栏中“相应文件”按钮也可任意切换文档窗口。
- 多窗口的重排。Word 提供了灵活的窗口操作方式。通过排列窗口功能，可在一个屏幕中同时显示多个文档，具体操作步骤如下：

在“窗口”下拉菜单中，选择“全部重排”命令，即可把打开的文档窗口排列在当前屏幕上，可以使用文档窗口标题栏上的按钮或控制菜单来控制窗口的大小。直接用鼠标拖动窗口的边沿，可以随意改变窗口的大小，拖动其标题栏可以移动窗口的位置。

提 示

Word 支持同时打开多个文档。在打开文件的对话框中选择想打开的多个文件名（按住【Shift】键或【Ctrl】键，再单击要打开的文件名），然后单击“打开”按钮即可。

2. 关闭 Word 文档

对文档浏览和编辑完毕，进行保存后，可将其关闭。若不再使用 Word 2003 可退出程序，同时也就关闭了打开的文档，退出程序在前面已经讲过。但若要求只关闭当前文件，可以采用以下几种方法：

（1）在“文件”下拉菜单中，选择“关闭”命令，即可关闭当前文档。如果要关闭所有已打开的文档，可在按住【Shift】键的同时，单击“文件”菜单中的“关闭”命令，如图 1-20 所示。

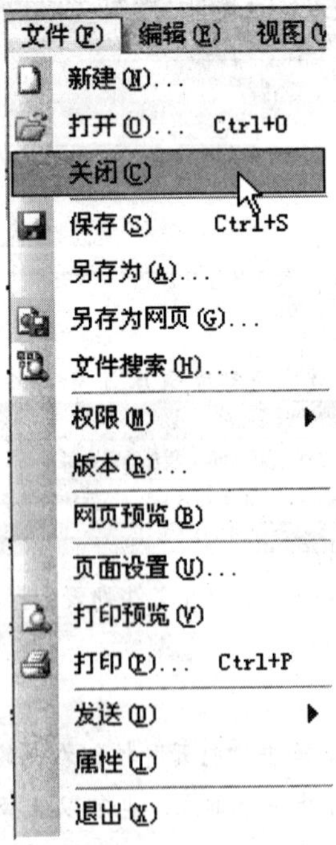

图 1-20 “文件”菜单

（2）单击菜单栏右侧的“关闭”按钮 ☒。

（3）按组合键【Ctrl+F4】。

提 示

在不退出程序的情况下关闭所有打开的文档，可按住【Shift】键并选择“文件”→“全部关闭…”命令。

小技巧

1. 在文件菜单下，设定最近打开的文件个数

选择“工具”下拉菜单中的“选项”命令，在“选项”对话框中，选择“常规”选项卡，勾选“列出最近所用文件”复选项，并指定文件个数，然后单击“确定”按钮，便可完成设定，如图 1–21 所示。

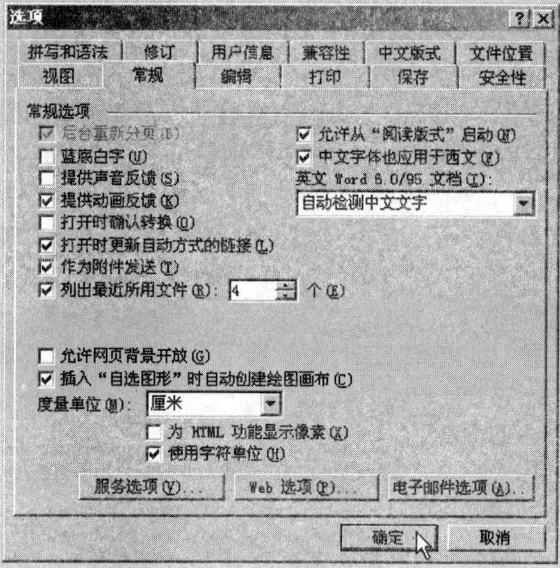

图 1–21　“选项”对话框

2. 自定义工具栏

可以给工具栏添加或删除按钮，按照自己的需要来改变工具栏，也可以创建新的工具栏，使其包含最常用的命令按钮，为操作提供便捷。

1）添加按钮

打开要添加按钮的工具栏，在“工具”菜单栏中选择“自定义…”命令，在如图 1–22 所示的“自定义”对话框中，选择“命令”选项卡，如图 1–23 所示，在“类别”列表框中选择要添加的按钮，拖动“命令”列表框中的按钮到工具栏，单击“关闭”按钮。

2）删除按钮

在“自定义”对话框中，选择“命令”选项卡，将要删除的按钮拖出工具栏，单击“关闭”按钮。

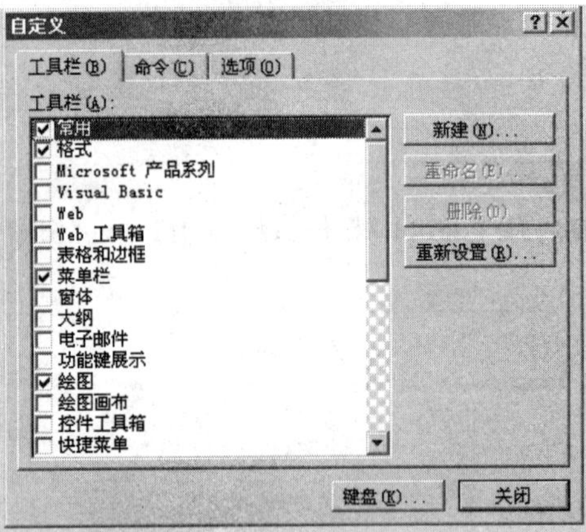

图 1-22 “自定义”对话框

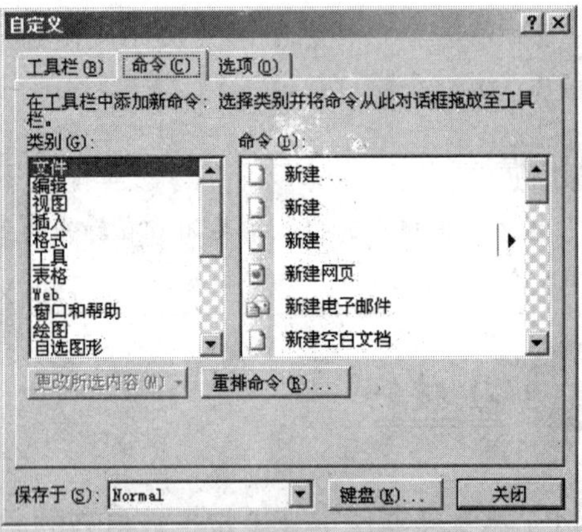

图 1-23 “命令”选项卡

3）建立新的工具栏

在“自定义”对话框中，选择“工具栏”选项卡，在对话框中单击“新建”按钮，打开“新建工具栏”对话框。在“新建工具栏”对话框中，在“工具栏名称”文本框中输入新工具栏的名称，选择“工具栏有效范围”，单击“确定”按钮。

4）删除自建工具栏

在“自定义”对话框中，选择“工具栏”选项卡，选择需要删除的自定义工具栏，单击“删除”按钮，确认是否删除，单击“确定”按钮。

提 示

不能删除 Word 2003 原有的工具栏。

5）恢复工具栏原有设置

在“自定义”对话框中，选择“工具栏”选项卡，选择需要复原的工具栏，单击“重新设置”按钮，选择有效范围，单击“确定”按钮。

6）移动工具栏

将鼠标指向工具栏的最左端，当鼠标指针变成十字箭头时，拖动鼠标可以在屏幕上移动工具栏。

双击工具栏上的标题栏，工具栏可还原到原处。

1.4 Word 2003 的新增功能（选学）

与前面的版本相比，Word 2003 具有全新的外观改进设计，方便的联机帮助，智能感知功能，及时显示帮助信息，功能强大的文档制作和管理技术。用户可通过互联网得到最新的技术支持，特别是当用户想快速查看阅读较长文档、在文档之间进行比较、中英文互译、对文档进行加密保护和上网即时搜索资料等。下面详细介绍 Word 2003 的新增功能。

1. 使用“缩略图功能”快速浏览长文档

在 Word 2003 中，可方便地使用“缩略图功能”快速查看阅读较长文档。当需要在文档中快速查找某些元素时，使用“缩略图任务窗格”可节省大量宝贵的时间。使用“缩略图功能”还可将光标快速定位到文档中某一指定的位置。

在微软 Office 2003 推出之前，需使用 Word 打印预览同时查看多页整体布局，而使用 Word 2003 可不必离开文档的编辑状态就可以同时查看多页的缩略图。在 Word 2003 中，“普通视图”、“页面视图”、“阅读版式视图”和“大纲视图”这四种视图都支持以“缩略图”形式来查看页面。可以通过选择“视图”菜单中的“缩略图”命令，打开“缩略图”窗格，如图 1-24 所示，“缩略图”窗格在 Word 窗口的左边显示，如图 1-25 所示。

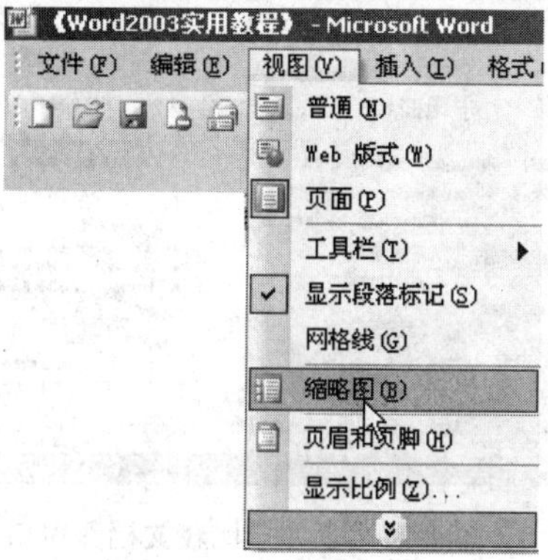

图 1-24 “视图”菜单

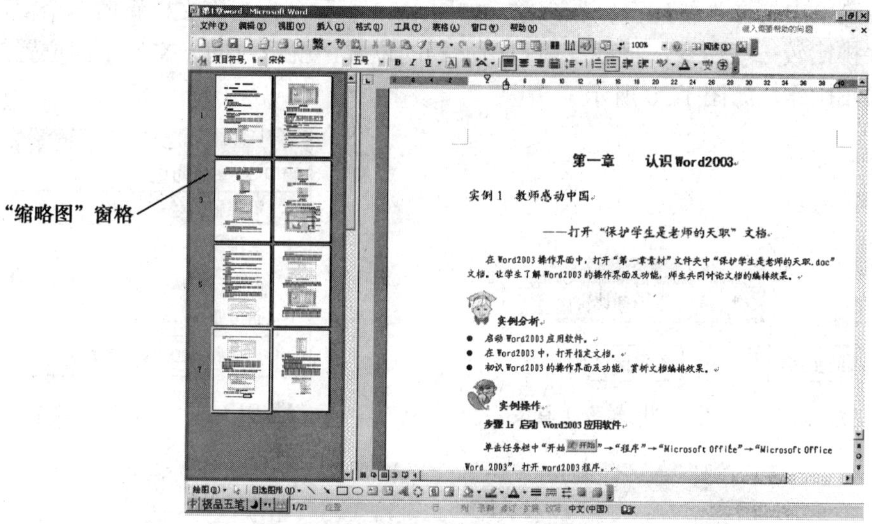

图 1-25 “缩略图”窗格

使用“缩略图”窗格可以同时查看多页文档的整体布局，还可直接在“缩略图”窗格中单击某一页缩略图跳转至该页，从而快速选择要阅读的页面。选择文字，单击“增大/减少字号”按钮，可使文字大小更符合阅读习惯。在阅读过程中，也可进行各种编辑操作。

2. 并排比较文档

在阅读文档时，有时需要将当前文档与其他文档进行阅读比较，这时便可在“窗口”下拉菜单中选择“并排比较…”命令，如图 1-26 所示，即可将打开的两个文档左右并排，如图 1-27 所示。同时显示并排比较工具条，如图 1-28 所示。在

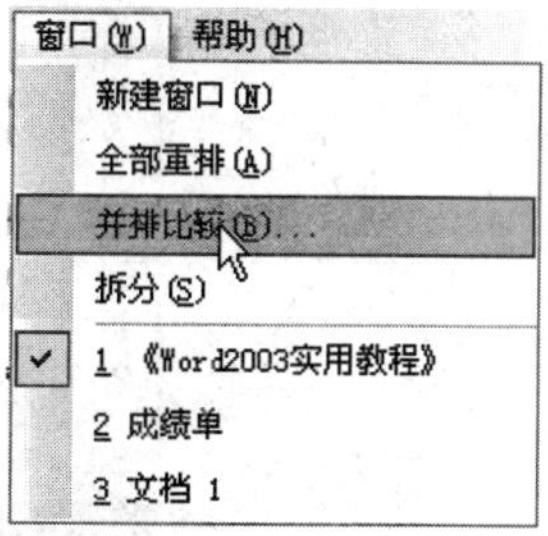

图 1-26 “并排比较”菜单

工具条中有三个按钮：“同步滚动”按钮、“重置窗口”按钮、“关闭并排比较”按钮。

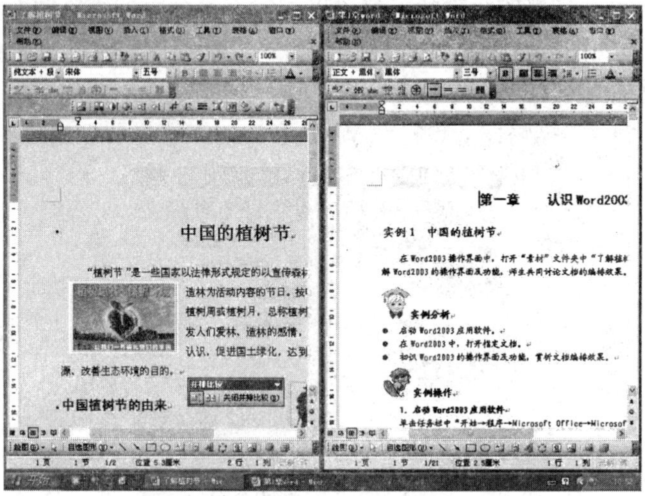

图 1-27 “并排比较文档”窗口

另外，可以用“并排比较”功能来比较一篇文档的不同版面。打开某文档后，在“窗口”下拉菜单中选择“新建窗口”命令，如图 1-29 所示，为当前文档新增一个窗口，然后选择“并排比较…”命令，再改变窗口中文档的位置，就可对同一文档不同位置的文本内容进行比较操作，如图 1-30 所示。

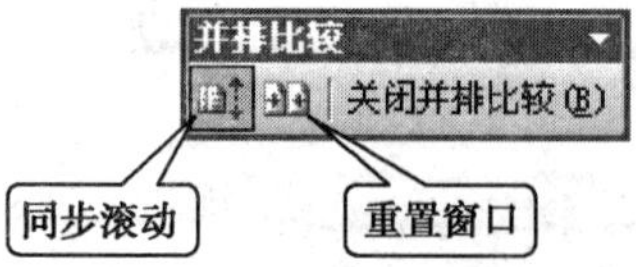

图 1-28 “并排比较”工具条

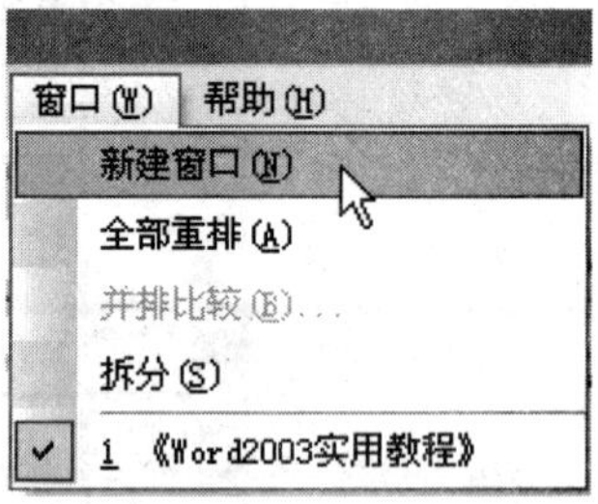

图 1-29 “窗口”菜单

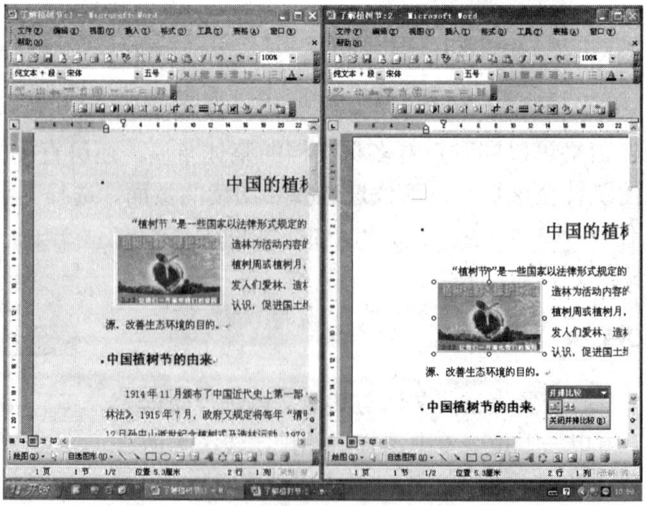

图 1-30 “并排比较同一文档”窗口

3. 强大的翻译功能

Office 2000/XP 具有英汉翻译功能，而 Office 2003 中的翻译功能更加强大，不仅可以英汉互译，还支持日文、朝鲜语、俄语、法语等 10 多种语言的翻译，并进行上述语言的全文翻译。

在 Word 文档中单击鼠标右键，弹出快捷菜单如图 1-31 所示，选择“翻译”命令，弹出“信息检索”任务窗格。在“搜索”文本框中输入要翻译的内容，选择相应翻译的类型（如将英文翻译为中文），单击“搜索”文本框右边的箭头，就可得到翻译结果，如图 1-32 所示。

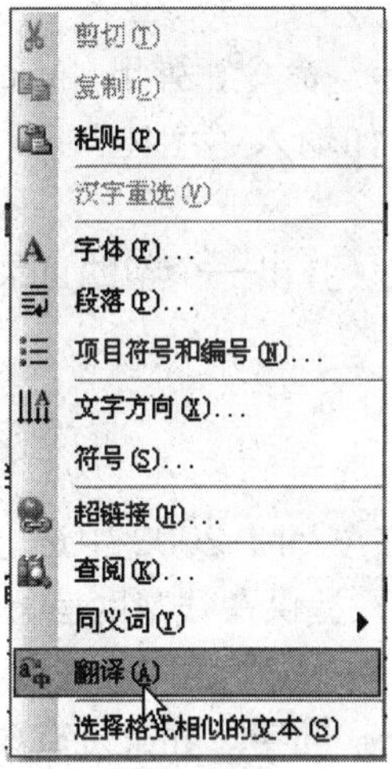

图 1-31　快捷菜单

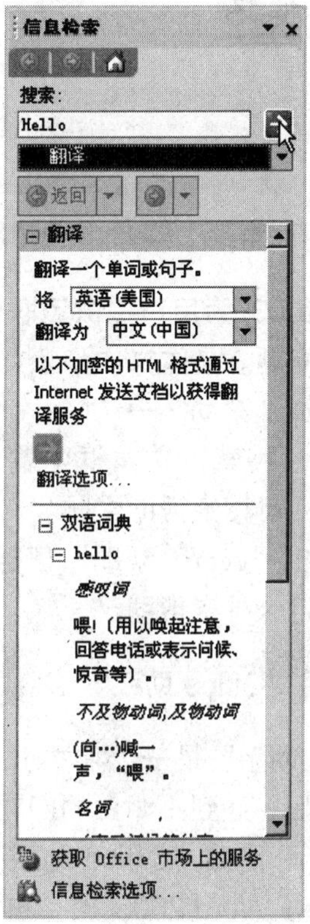

图 1-32　“信息检索”任务窗格

4. 完善的文档保护功能

如果不想自己费尽心思编辑的文档被别人修改，可以使用 Word 2003 的文档保护功能。Word 2003 除了继承以往版本的修订保护、批注保护等功能外，还新增了文本格式保护，可通过选择“工具”→“保护文档…”命令进行设置。

文本格式保护功能一旦启用，将禁止其他人对这个文档进行编辑操作，有效地保护了个人文档的完整性。如果要对文档进行修改或其他操作，可选择“工具”菜单中的“停止保护”命令，并需要输入密码，解除保护。

5. 搜索功能显著增强

在输入编辑文档的过程中，经常需要上网搜索一些相关资料，过去需要离开 Word 到 IE 浏览器中去搜索查找，而现在可直接利用 Office 2003 内嵌的搜索引擎来搜索资料。

选择“工具”菜单中的“信息检索…”命令，在“信息检索”任务窗格底部单击“信息检索选项…”，在弹出的“信息检索选项”对话框中，单击“添加服务…”按钮，添加经过微软认可的搜索引擎网址，在“信息检索”窗格的“搜索”文本框中输入关键字，选择下拉框中的“搜索引擎”，即可快捷地查找资料。

小技巧

在 Word 2003 中如何获得帮助

1. 使用“帮助”菜单中的“Microsoft Office Word 帮助”菜单命令获取相关信息

Word 2003 为用户提供了联机帮助文档，使用它可以随时解决用户在使用 Office 组件时遇到的问题。具体操作步骤如下：

（1）选择“帮助”→“Microsoft Office Word 帮助…”命令，弹出“Word 帮助”任务窗格。在“搜索”文本框中输入要查找帮助的主题，如输入“字体”，单击“开始搜索”按钮，即可搜索帮助主题。

（2）单击“Word 帮助”任务窗格中的“目录”按钮，弹出一个帮助目录，用户可以选择相应的目录寻求帮助。

2. 使用“Office 助手”

“Office 助手”是一个独立于 Word 窗口的小窗口，在 Word 2003 中进行文字处理编辑操作时，如果遇到不明白的问题，可以求助于帮助系统，提供在线帮助信息。

1）显示和隐藏“Office 助手”

首次启动 Word 2003 时，屏幕上将会显示一个 Office 助手。如果没有显示，可选择“帮助”下拉菜单中的“显示 Office 助手”命令，将其显示出来，如图 1-33 所示。在“帮助”菜单中选择“隐藏 Office 助手”命令，或在“Office 助手”上单击鼠标右键，在弹出的快捷菜单中选择“隐藏”命令，均可隐藏“Office 助手”，如图 1-34 所示。

2）查找帮助信息

使用“Office 助手”查找帮助信息的具体操作步骤如下：

单击“Office 助手”，将弹出“请问您要做什么？”提示框，在其文本框中输入要查找的信息关键词，然后单击“搜索”按钮，如图 1-35 所示，在“搜索结果”任务窗格中将列出与关键词相关的帮助主题，然后单击需要查看的主题，在打开的窗口中列出了相关的详细说明，从而获得解决相关问题的详细信息，如图 1-36 所示。

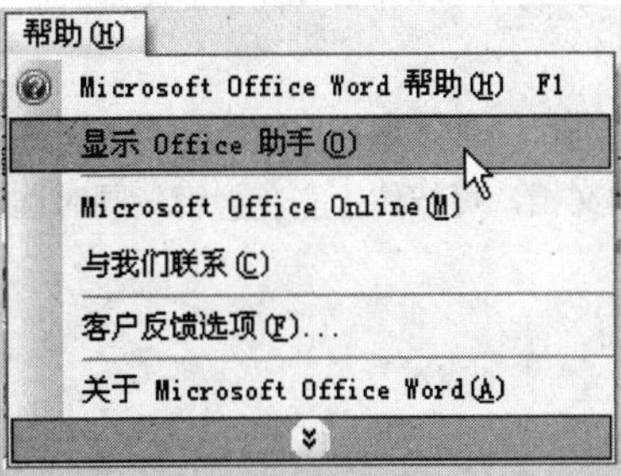

图 1-33　“帮助”菜单

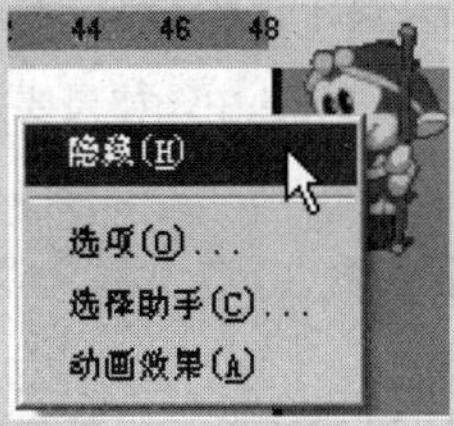

图 1-34　快捷菜单

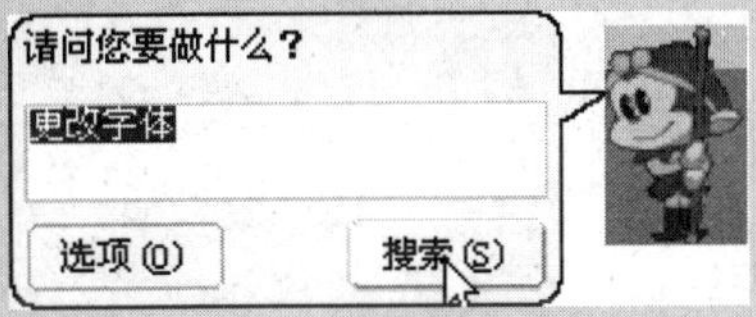

图 1-35　“请问您要做什么？”提示框

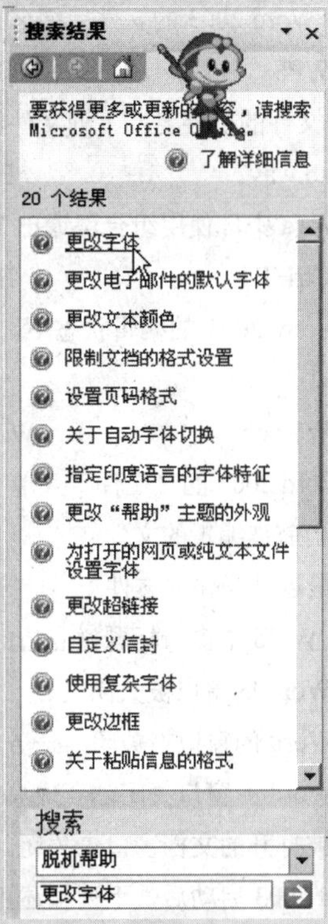

图 1-36　“搜索结果”任务窗格

思考与实训

一、填空题

1．启动 Word 2003，应________击桌面上的 Microsoft Office Word 2003 快捷方式图标。

2．在 Word 2003 程序窗口中，要显示或隐藏工具栏应使用________菜单。

3．双击 Word 主窗口的控制图标，则________。

4．Word 2003 提供了五种视图方式，在________方式下可以显示水平标尺和垂直标尺。

5．按________键，可以打开 Word 2003 帮助任务窗格。

6．通常 Word 文档默认扩展名是________。

7．在 Word 2003 中，打开文档的组合键是【________+O】。

8．在 Word 2003 中，可使用“缩略图功能”快速查看阅读较长文档，可以通过选择________菜单中的“缩略图”命令，打开“缩略图”窗格。

9．在并排比较工具条中有三个按钮：________按钮、“重置窗口”按钮和“关闭并排比较”按钮。

10．在 Word 2003 中，如果要关闭所有已打开的文档，可按住________键，同时选择“文件”菜单中的“关闭”命令。

二、选择题

1．中文 Word 2003 的运行环境是（　　）。

A．Wps　　B．Dos　　C．Linux　　D．Windows

2．中文 Word 2003 的文件后缀名是（　　）。

A．WPS　　B．DOC　　C．XLS　　D．DOT

3．根据文件的扩展名，下列文件属于 Word 文档的是（　　）。

A．ab.wav　　B．ab.txt　　C．ab.bmp　　D．ab.doc

4．在 Word 中，使用组合键退出 Word 的方法是（　　）。

A．Ctrl+F4　　B．Alt+F4　　C．Alt+F5　　D．Alt+Shift

5．在 Word 2003 的编辑状态下，依次打开了 W1.doc、W2.doc、W3.doc 和 W4.doc，则当前窗口是（　　）的窗口。

A．W1.doc　　B．W2.doc　　C．W3.doc　　D．W4.doc

6．在 Word 2003 的“文件”菜单下方，显示有很多文件名，这些文件名对应的文件是（　　）。

A．当前被编辑的文件　　B．当前已经打开的文件

C．最近被操作的文件　　D．扩展名为.doc 的所有文件

7．单击 Word 主窗口标题栏右边的“最小化”按钮后，（　　）。

A．Word 的窗口被关闭

B．Word 的窗口被关闭，任务栏出现上一按钮

C．Word 的窗口关闭，变成桌面上的图标

D．被打开的文档窗口未关闭。

8．Word 2003 启动后，下列叙述正确的是（　　）。

A．可能没有状态栏　　B．可能没有标尺

C．可能没有标题栏　　D．状态栏、标尺、标题栏一定都有

9．在 Word 2003 窗口中，“文件”菜单中“关闭”命令的意思是（　　）。

A．关闭 Word 2003 窗口连同其中的文档窗口，返回 Windows 中

B．关闭文档窗口，返回 Windows 中

C．关闭 Word 2003 窗口连同其中的文档窗口，退回 DOS 状态下

D．关闭文档窗口，但仍在 Word 2003 窗口中

10．关于 Word 文档窗口的说法，正确的是（　　）。

A．只能打开一个文档窗口

B．可以同时打开多个文档窗口，被打开的窗口都是活动的

C．可以同时打开多个文档窗口，只有一个是活动窗口

D．可以同时打开多个文档窗口，只有一个窗口是可见文档窗口

11．在 Word 中，（　　）显示方式可查看与打印效果一致的各种文档。

A．大纲视图　　B．页面视图　　C．普通视图　　D．主控文档

12．在 Word 中，只显示文档而无工具栏、标尺和其他屏幕元素，可选择“视图”菜单的（　　）命令。

A．页面视图　　B．大纲视图　　C．全屏显示　　D．普通视图

13．下列视图中，不是 Word 提供的视图是（　　）。

A．普通视图　　B．页面视图　　C．打印视图　　D．合并视图

14．下列操作中，不能关闭 Word 的是（　　）。

A．双击标题栏左边的“W”　　B．单击标题栏右边的“×”

C．单击文件菜单中的“关闭”　　D．单击文件菜单中的“退出”

15．在 Word 编辑状态下，如果设置了标尺，可以同时显示水平标尺和垂直标尺的视图方式是（　　）。

A．普通视图　　B．页面视图　　C．大纲视图　　D．全屏显示

三、简答题

1．启动 Word 2003 有哪几种方法？

2．使用“缩略图”功能快速浏览长文档有哪些优点？

3．Word 2003 提供了哪几种视图方式？

4．在 Word 2003 中打开文件的方法主要有哪几种？

5．退出 Word 2003 有哪几种方法？

四、上机实训

要求：

（1）从任务栏的“开始”菜单，打开 Word 2003 程序。

（2）指出 Word 2003 操作界面的基本组成。

（3）打开“素材”文件夹中的“我要坚守讲台”文档。

（4）采用不同视图方式、不同比例来显示文档，并比较每种操作的不同特点。

（5）使用“缩略图”功能快速浏览文档，将光标快速定位到第三页第一行第一句话之后。

（6）打开“素材”文件夹中“保护学生是老师的天职”文档，利用 Word 的并排比较文档功能，使两个文档以平铺方式排列，比较对照这两个文档的编辑差异。

（7）用三种不同方法关闭打开的文档。

（8）退出 Word 2003。

模块2

文档的基本编辑

学完本模块，应能够独立进行 Word 文档的新建、保存、打开和关闭；掌握文字的录入和文本的编辑；掌握在文档中插入一些常用符号的操作及熟练应用一些文本的编辑工具。

实例 2：热爱公益，从我做起——制作“植树节倡议书”文档

使用 Word 2003 制作简单文档。要求在 D 盘根目录下，建立“植树节倡议书”文档，并进行基本编辑操作。

实例分析

- 掌握创建 Word 文档的操作方法。
- 熟练掌握组合键的使用、切换。
- 准确快速地输入文本和安排段落，使其规范。
- 熟练应用“插入”菜单。
- 实现文档的基本编辑。

操作步骤

1. 启动 Word 2003 应用软件，完成“新建文档”的基本操作

在 Word 2003 中，选择“文件”→“新建…”命令，如图 2-1 所示。在“新建文档”任务窗格中，选择新建“空白文档”命令，如图 2-2 所示。新建名称为“文档 1”的空白文档，如图 2-3 所示。

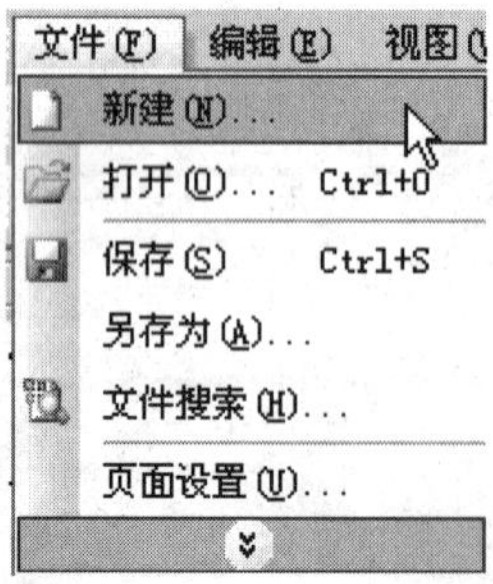

图 2-1 “文件”菜单

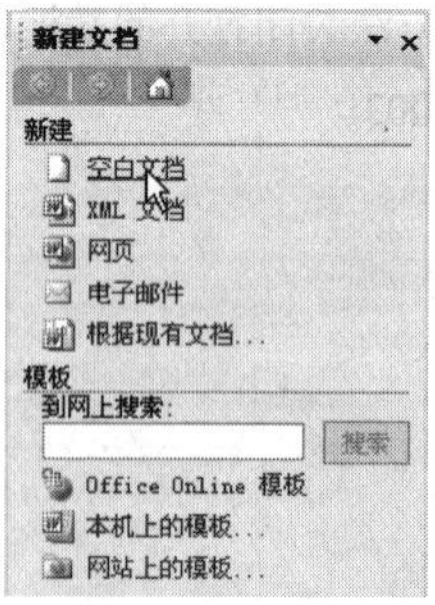

图 2-2 “新建文档”任务窗格

2. 光标定位并选择输入方法

确定插入点，选择汉字输入方法，实现各种输入法的切换。

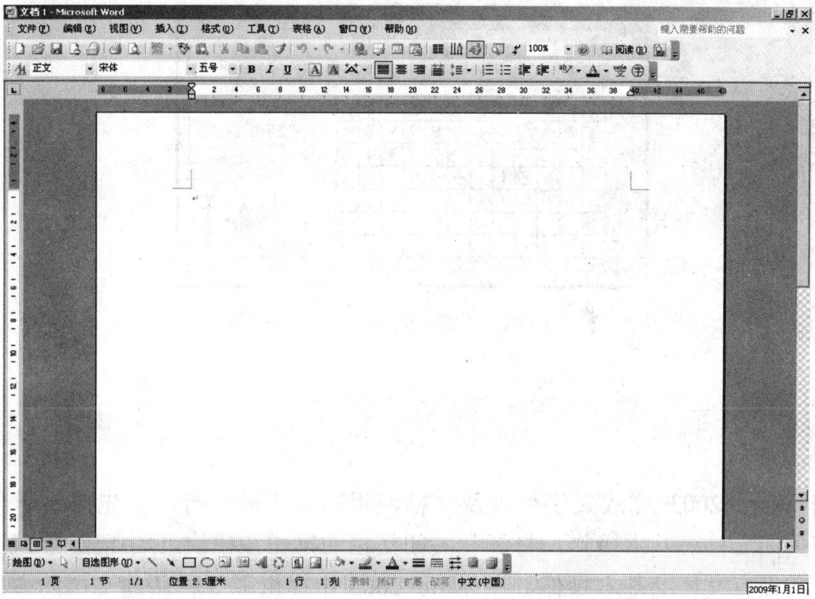

图 2-3　“文档 1”窗口

3. 输入文稿与文稿的基本编辑操作

按照如图 2-4 所示的内容输入文稿，要求如下：

输入文字时不要人为地添加多余的空行或空格，不要用空行调整段落与段落、行与行的间距，也不要通过增加空格产生文档的首行缩进效果，这些将在后面的格式设置中完成。根据录入原则，输入文字（按系统默认值全部为宋体、五号），在每一个自然段的结束处按【Enter】键。

★“建绿色家园，树红色理想” 植树节倡议书★
亲爱的同学们：
春回大地，万象更新。在这春意盎然，生气勃勃的阳春三月，我们又迎来了一年一度的 3.12 植树节。
“植树节”是国家以法律形式规定的以宣传森林效益，并动员群众参加造林为活动内容的节日。通过植树造林，促进国土绿化，达到改善生态环境的目的。为使同学们能在生活中增强环保意识，养成爱护环境的良好习惯，在植树节来临之际，校团委发出如下倡议：
1、不破坏绿化，这包括：不采摘花朵，不践踏绿化、不穿越开放式草坪等。
2、参加社区、学校的护绿活动，看到不文明的行为及时劝阻。
3、使自己的家变成一个绿色花园。选择一些适合在家种植的植物如仙人球、蟹爪兰等，种在阳台上、房间里。
4、在学校或家附近种一棵树苗，让树苗陪伴着你成长。
我们要爱护每一片绿叶、每一株幼苗。保护地球，爱护环境，绿化校园，从我做起，从身边做起。让我们携起手来齐努力，使我们的天更蓝、地更绿、水更清！
校团委
2012-03-10

图 2-4　倡议书文稿

4. 在文档中插入符号和时间

在标题前单击鼠标定位，选择“插入”→“特殊符号…”命令，在“插入特殊符号”对话框中，选中要插入的符号“★”，如图 2-5 所示，单击“确定”按钮。按上述步骤在标题后插入同样的符号“★”。将光标移动到文档结束处单击鼠标左键。选择“插入”→“日期和时间…”命令，在“日期和时间”对话框中，选择可用格式，单击“确定”按钮。

5. 基本编辑操作

为了保持与文稿内容完全一致，在输入过程中，完成对文稿的基本编辑操作，如选择、添加、删除、复制、移动、查找/替换文字等基本编辑操作。

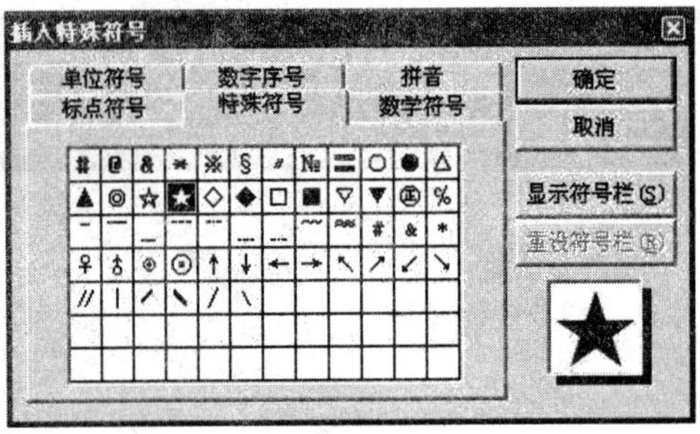

图 2-5 “插入特殊符号”对话框

2.1 新建文档

在使用 Word 2003 完成文字处理及文档编辑的基本操作时，首先需要学会新建、保存、打开和关闭文档等基本操作。打开和关闭文档的操作在模块 1 中已经学习过，本节主要学习新建和保存文档的基本操作。在 Word 2003 中提供了 3 种新建文档的方式，分别为新建空白文档、根据现有文档新建和根据模板新建文档。

1. 新建空白文档

启动 Word 2003 时，系统自动创建一个名为“文档 1”的空白文档，用户可以直接进行输入编辑文档的内容，相当于建立一个新文档。如要再次创建新文档，可按以下几种方法进行操作：

- 在常用工具栏中，单击“新建空白文档”按钮，可新建一个空白文档。
- 选择菜单栏中“文件”→“新建…”命令，在“新建文档”任务窗格中，选择 空白文档 命令，可新建一个空白文档。
- 按【Ctrl+N】组合键，可新建一个空白文档。

2. 根据现有文档新建

根据现有文档新建是指将现有文档中的内容放到新建的文档中，这样生成一篇内容完全一样的新文档，然后进行保存即可。

根据现有文档新建文档的操作步骤如下：

选择菜单栏中“文件”→“新建…”命令，在“新建文档”任务窗格中，选择 根据现有文档... 命令，打开“根据现有文档新建”对话框，在“查找范围”下拉列表框中，选择现有文档所在的位置，选中文档，单击“创建”按钮，如图 2-6 所示。

3. 使用模板新建文档

模板是一种特殊文档，包含已设置好的文档样式、格式和页面设置。在 Word 2003 中，模板包括“Office Online 模板”、“本机上的模板”和“网站上的模板”3 种。

- 选择 Office Online 模板 命令，打开“模板类别”网页，如图 2-7 所示。选择相应类别，将打开相关网页，选中相应模板类型，单击“下载”按钮。

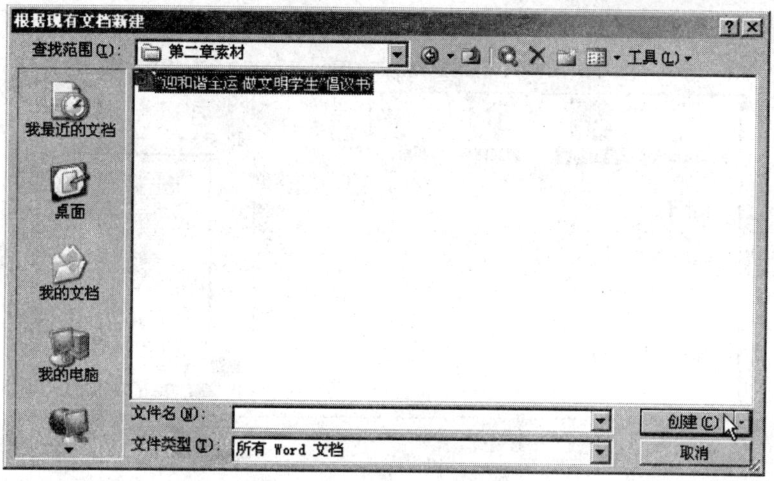

图 2-6　“根据现有文档新建”对话框

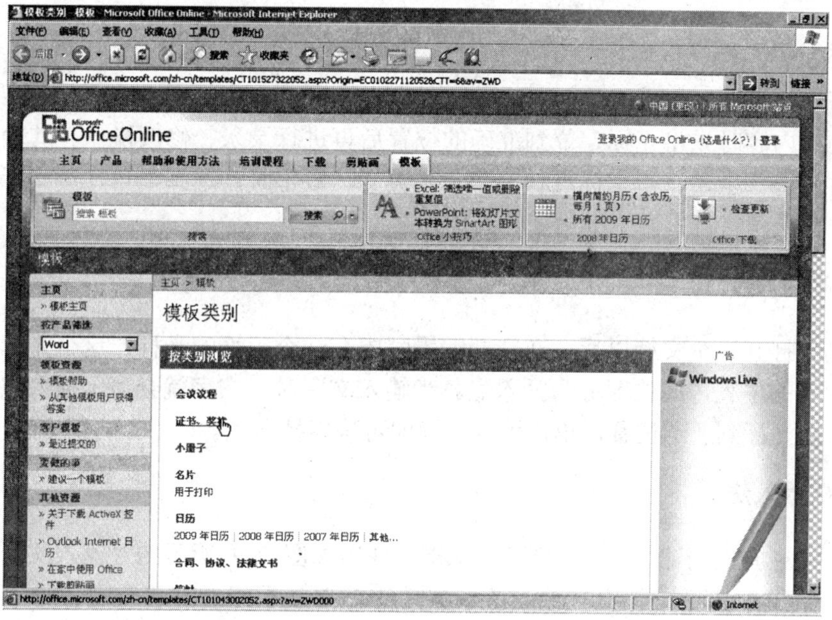

图 2-7　“模板类别”网页

- 选择 网站上的模板... 命令，打开“基于网站上的模板新建”对话框，确定“查找范围”，选择文件，单击“创建”按钮。
- 在不能上网的情况下，只能使用“本机上的模板”，这也是经常用到的一些模板。选择“文件”→“新建…”命令，在“新建文档”任务窗格中，选择“本机上的模板”命令，弹出“模板”对话框，如图 2-8 所示。在“模板”对话框中，提供了多种类型的模板，包括报告、备忘录、出版物、信函和传真等，在每一个选项卡中又包括多种格式的模板，单击所需要的模板，在“新建”一栏中选择“文档”单选按钮，在对话框右侧可以预览模板的整体版式，单击“确定”按钮，将新建一个应用了此版式的文档，完成利用本机上的模板新建文档的操作，然后再根据需要更改内容，完成相应的操作。

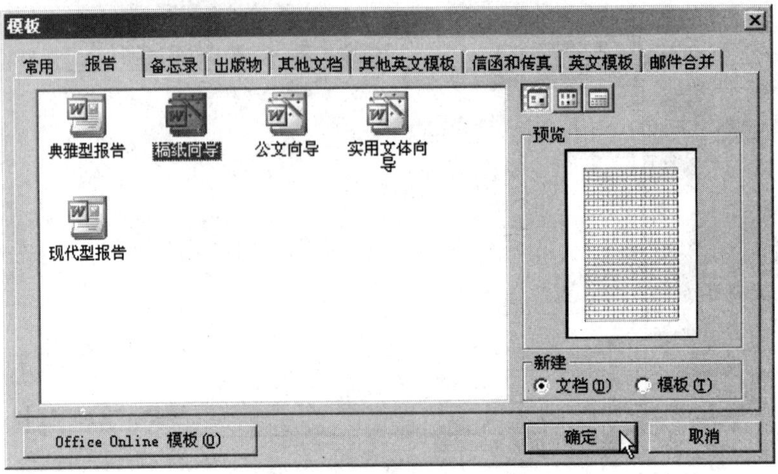

图 2-8 “模板”对话框

2.2 输入文档内容

输入文档内容时先将光标定位到准确的位置后再进行录入、修改操作。其输入原则是输入中文时，选择全角、中文标点状态；输入英文、数字时，选择半角、英文标点状态。在屏幕上一个全角字符占两个半角字符的位置。

1. 设置插入点

在新建或打开一个文档以后，在文档编辑区中有一个闪烁的光标，这个光标代表的是当前文本输入的位置，此位置称为插入点。当输入文字时，文字就会显示插入点所在的位置。移动鼠标光标到所选位置，单击鼠标左键即可确定插入点。

2. 选择输入法

单击任务栏右侧的输入法指示器图标，弹出如图 2-9 所示的“输入法”菜单，在弹出的快捷菜单中选择一种中文输入法，按【Ctrl+Shift】组合键可实现各种输入法间的切换。

以智能 ABC 输入法为例，此时屏幕上出现输入法工具栏，如图 2-10 所示。

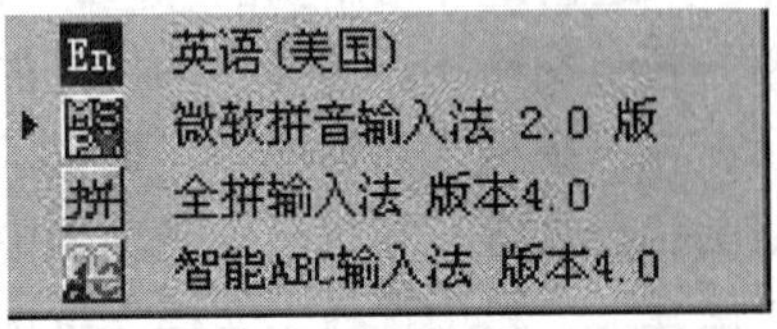

图 2-9 “输入法”菜单

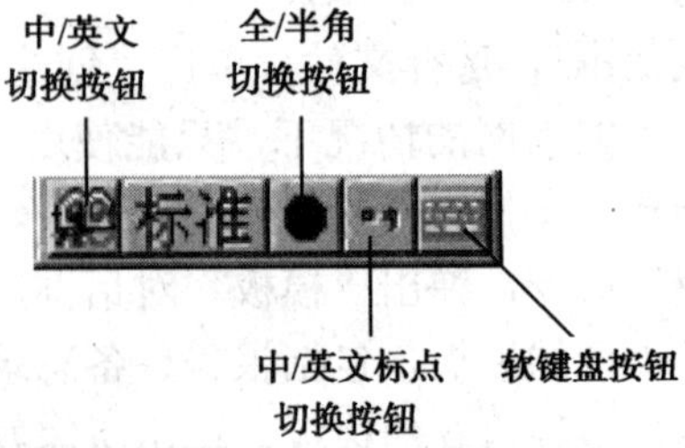

图 2-10 “输入法”工具栏

在文本输入过程中，经常用到一些组合键，快速实现不同功能的切换操作。常用组合键功能归纳如表 2-1 所示。

表 2-1　常用组合键及功能

组合键	功能
Ctrl+Shift	不同输入法间切换
Ctrl+空格	中/西文切换，在智能 ABC 输入法状态下，也可按下【Caps Lock】键输入英文，若输入小写英文可按【Shift】键
Shift+空格	全/半角切换，或单击输入状态栏上的全角按钮，半角按钮来切换
Ctrl+.	中/西文标点切换，或单击输入状态栏上的中文标点按钮，西文标点按钮来切换
Caps Lock 键	英文字母大/小写切换

3. 输入文字

Windows XP 中文版提供了微软拼音、全拼、智能 ABC 等多种汉字输入法。智能 ABC 输入法易学易用，其功能强大，较适合初学者使用。因此，这里以智能 ABC 输入法为例介绍输入汉字的基本方法。

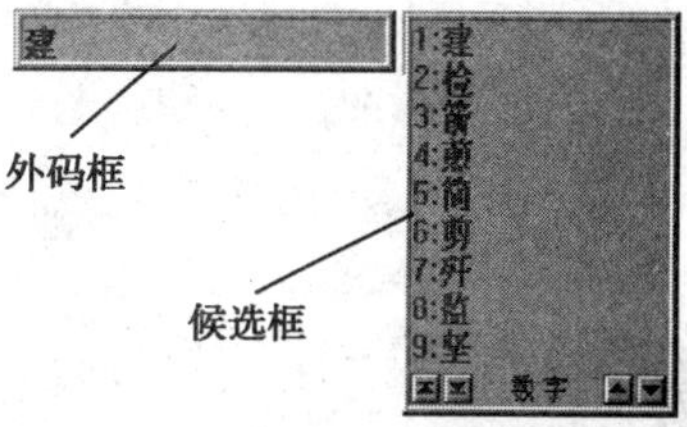

图 2-11　外码框和候选框

输入文本：输入相应的拼音后按空格键，系统会根据输入的拼音自动匹配对应的字或词，并显示在外码框和候选框中，如图 2-11 所示。

- 按空格键，选取外码框中的汉字或词。
- 按相应的数字键，选取候选框中对应的汉字或词。
- 按、或【Page Up】键，向前翻一页候选框中的汉字或词。
- 按、或【Page Down】键，向后翻一页候选框中的汉字或词。
- 用鼠标单击候选框中的汉字，选取相应的汉字。
- 单击按钮，候选框中的汉字翻到最首页。
- 单击按钮，候选框中的汉字翻到最末页。
- 单击按钮，候选框中的汉字向前翻一页。
- 单击按钮，候选框中的汉字向后翻一页。
- 如果系统把多个单字当作词组处理，按【Backspace】键可拆分词组。

提 示

- 在文本输入过程中，Word 会根据页面设置，输入内容到达页面右边界，系统会自动换行；一个自然段输入完成后，可按回车键分段；换行不换段落，可按【Shift+Enter】组合键强制换行。
- Word 2003 提供了插入和改写两种输入模式，默认情况下是插入模式，在此模式下，输入的文字出现在光标所在位置，而该位置原有的文字将依次向后移动。在状态栏中，“改写”选项呈黑色显示时为改写模式，在此状态下，输入的文字向后移动，并且依次覆盖后面已有的文字，以实现对文档的修改，如图 2-12 所示。

图 2-12　“插入/改写”状态

切换输入模式的方法如下：

- 反复按【Insert】键，可在两种模式之间进行切换。
- 双击状态栏上的“改写”按钮，也可转换输入模式。
- 选择“工具”→“选项…”命令，打开“选项”对话框。在“选项”对话框中，选择“编辑”选项卡，选中或取消“改写模式”复选项，单击“确定”按钮，如图 2-13 所示。

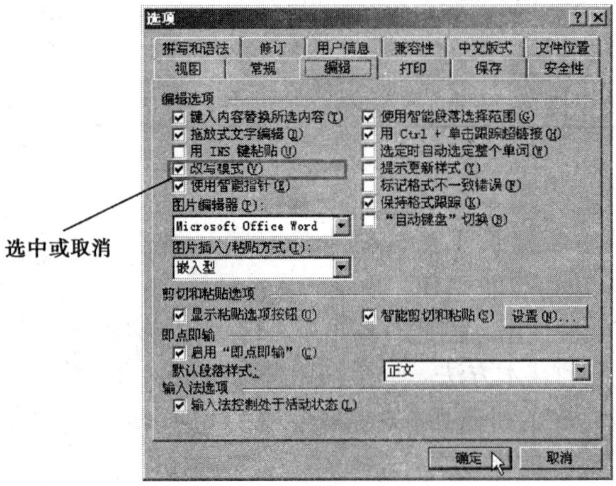

图 2-13　“选项”对话框

4. 插入符号

在输入文档过程中，如果要向 Word 文档中输入方块、箭头、希腊字母、几何图形及拼音等一些无法用键盘输入的符号，就需要使用 Word 2003 提供的插入符号功能来完成。

（1）插入符号命令。

- 将插入点移动到要插入的位置。
- 选择“插入”→“符号…”命令，在“符号”对话框中，选择“符号”或“特殊字符”选项卡，如图 2-14 所示。

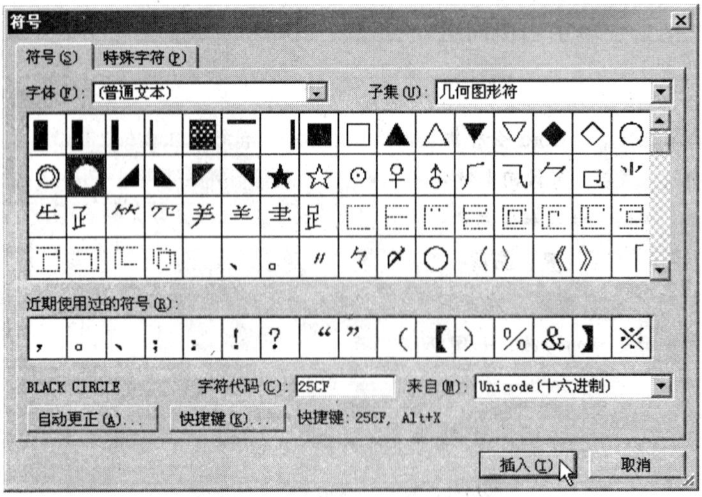

图 2-14　“符号”对话框

- 双击要插入的符号（或选中要输入符号，然后单击“插入”按钮），即可将符号插入当前插入点处。

（2）选择“插入”→“特殊符号…”命令，在“插入特殊符号”对话框中，选中要插入的符号，单击“确定”按钮，插入所需符号，如图 2-5 所示。

（3）常用符号的插入还可通过输入法工具栏的“软键盘”来快速实现，具体方法如下：

- 将输入法切换到“五笔型”输入状态或“标准”汉语拼音输入状态，会出现中文输入法浮动条。
- 在中文输入法浮动条右侧的“软键盘”按钮上单击鼠标右键，弹出“软键盘”菜单，如图 2-15 所示。
- 勾选任意一个特殊键盘，窗中口会出现相应的软键盘，如图 2-16 所示。
- 单击键盘上要插入的符号，则选取的符号将被插入到当前光标所在处。
- 应用完毕，再次单击“软键盘”按钮，关闭软键盘。

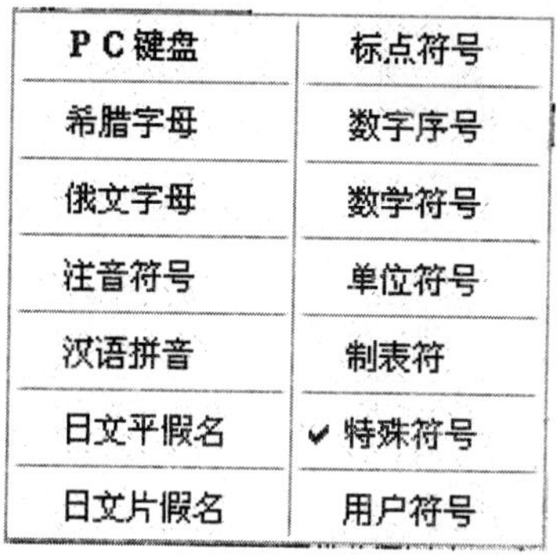

图 2-15　“软键盘”菜单

图 2-16　“软键盘”符号

5. 插入日期和时间

在 Word 文档中插入日期和时间有三种方式：直接输入方式、静态方式插入和自动更新方式插入。

（1）直接输入方式：在文本编辑区，用键盘直接输入日期和时间。

（2）静态方式插入：以静态方式插入日期和时间，一旦插入，会一直保持不变，其操作步骤如下。

- 将插入点移动到要插入日期和时间的位置。
- 选择“插入”→“日期和时间…”命令，在“日期和时间”对话框中，选择可用格式，单击“确定”按钮，就会按选中的格式将日期插入到插入点处，如图 2-17 所示。

（3）自动更新方式插入：把日期和时间插入后，日期和时间会随着系统日期和时间的改变而自动更新，在打印文档时，打印出的总是当前日期和时间，这种方式适用于通知、公告、信函等文档类型。具体操作步骤如下。

确定插入点位置。选择“插入”→“日期和时间…”命令，在“日期和时间”对话框中，选择可用格式后，勾选“自动更新”复选项，单击“确定”按钮，如图 2-18 所示。

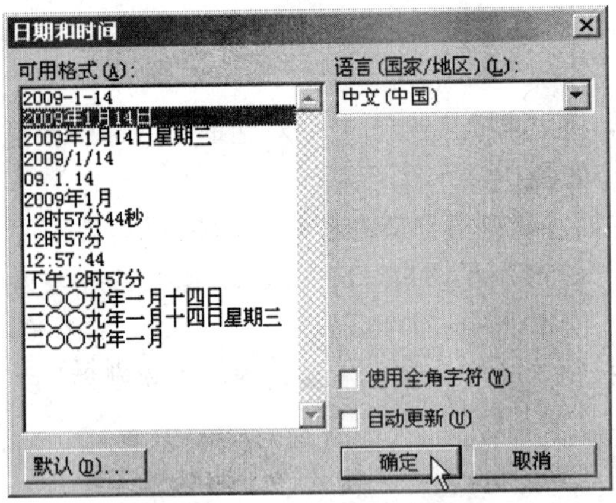

图 2-17 “日期和时间”对话框

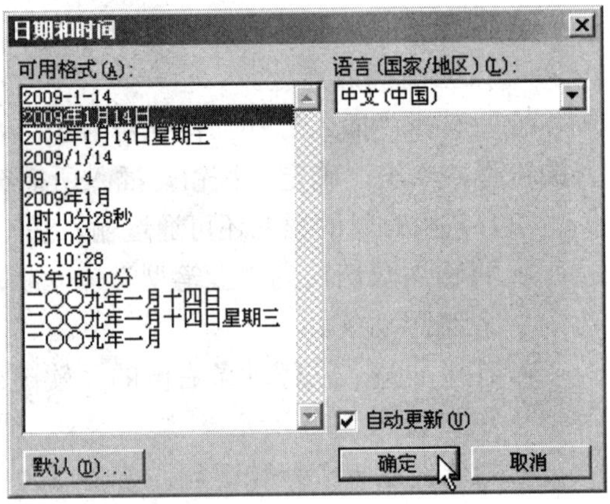

图 2-18 “自动更新”方式插入

实例 3：保护环境，铭记于心

继续实例 2 的操作，保存“植树节倡议书”文档。在 D 盘根目录下，保存录入的“植树节倡议书”文档，并进行基本编辑操作。

实例分析

- 掌握 Word 文档保存的几种操作方法。
- 设置自动保存。
- 设置文档的安全。

操作步骤

1. 保存文档基本操作

选择“文件”→“保存…”命令，弹出如图 2-19 所示的“另存为”对话框。

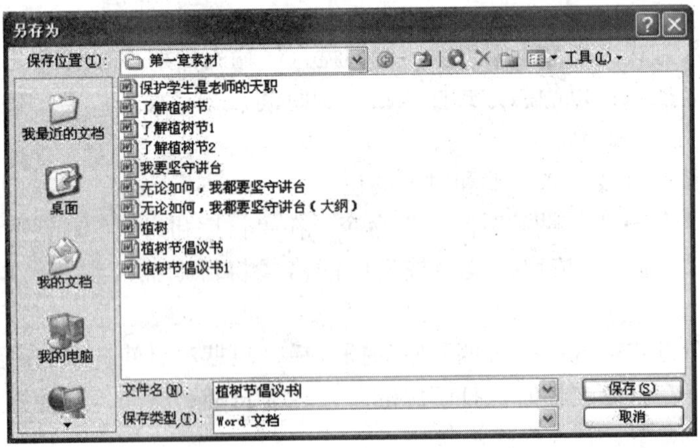

图 2-19 “另存为”对话框

- 单击窗口中“保存位置”右侧的下拉箭头，设置“保存位置”为 D 盘。
- 在“文件名”文本框中，输入文件名“植树节倡议书”。
- 在“保存类型”下拉列表框中选择 Word 文档（*.doc）类型。

➢ 单击“保存”按钮，完成操作。

2. 设置自动保存

为保护文档安全，输入文字时，设置定时自动保存文档，经常保存文档，防止文档意外丢失。选择“工具”→“选项…”命令，在“选项”对话框中，选择“保存”选项卡进行设置。

3. 设置文档保护

选择“工具”→“选项…”命令，在“安全性”选项卡进行打开文件权限和修改文件权限的密码设置。

2.3 保存文档

保存文档是指将文档内容以文件形式存储到磁盘中。Word 2003 在处理文档时，文档的内容只驻留在计算机内存和磁盘的临时文件中，若出现停电、死机等意外情况，不保存文档就退出 Word 2003，文档内容极易丢失，所以文档创建完成后，应及时对其进行保存。常用保存文档的方法有以下几种。

1. 保存新建文档

➢ 选择“文件”→“保存…”命令，在“另存为”对话框中，选择保存位置，确定保存类型，在“文件名”文本框中，输入文件名，单击“保存”按钮，如图 2-19 所示。

➢ 单击“常用工具栏”中的“保存”按钮，弹出“另存为”对话框，用同样的方法保存文档，这种方法更加快捷。

2. 保存已有的文档

保存已有的文档有两种形式：第一种，是将文稿依然保存到原文稿中；第二种，是另建文件名进行保存。

➢ 当打开一个已有的文档并对其进行编辑修改后，按【Ctrl+S】组合键或单击工具栏上的“保存”按钮，也可以选择“文件”→“保存…”命令，程序将自动把该文档的最新内容以原有的路径和文件名保存下来，覆盖式存盘。

➢ 有时需要保存修改编辑后的结果，又想保留一份原有的文档或转换不同类型保存，就可以选择“文件”→“另存为…”命令，在“另存为”对话框中，可以设置另存文档的位置、名称及类型，方法与前面所讲的保存新建文档的方法一致。

提 示

➢ 同时保存所有打开的文档可按住【Shift】键，选择“文件”→“全部保存”命令。

➢ 为避免录入文字意外丢失，在编辑过程中保存操作随时进行，组合键为【Ctrl+S】。

3. 设置文档安全

为防止他人对某些重要文档（如密函、个人对账单等）进行打开和修改，Word 2003 允许用户为文档设置保密口令。给打开的文档设置密码有以下两种操作方法：

（1）利用“另存为”对话框中的“工具”→“安全措施选项”进行设置。

（2）选择菜单栏中的“工具”→“选项”→“安全性”选项卡设置。

文档加密具体操作步骤：选择“工具”→“选项…”命令，在“选项”对话框中，选择“安全性”选项卡，在“打开文件时的密码”文本框中输入密码，在“修改文件时的密码”文本框中输入密码（密码需区分大小写），单击“确定”按钮，如图 2-20 所示，将弹出“确认密码”对话框，在对话框中输入打开文件时的密码，单击“确定”按钮，如图 2-21 所示。再次弹出“确认密码”对话框，再输入修改文件时的密码，单击“确定”按钮，完成对文档的加密操作，如图 2-22 所示。当再次打开或修改文档时，均要求输入密码，否则将无法打开或修改文档。

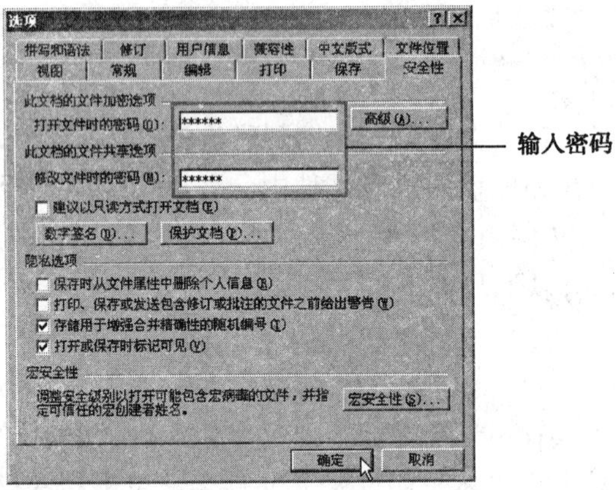

图 2-20 “选项”对话框

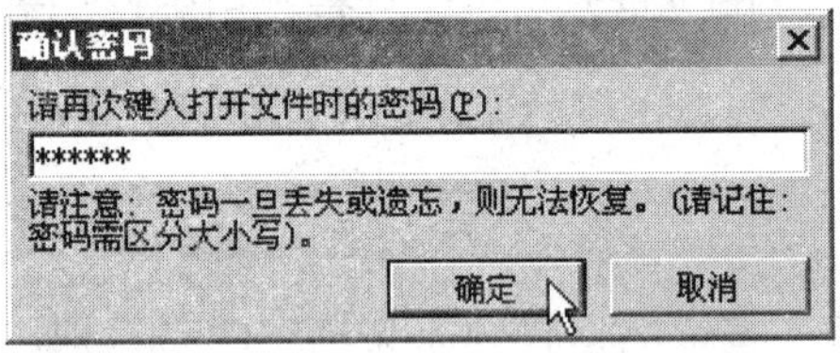

图 2-21 “确认密码”对话框

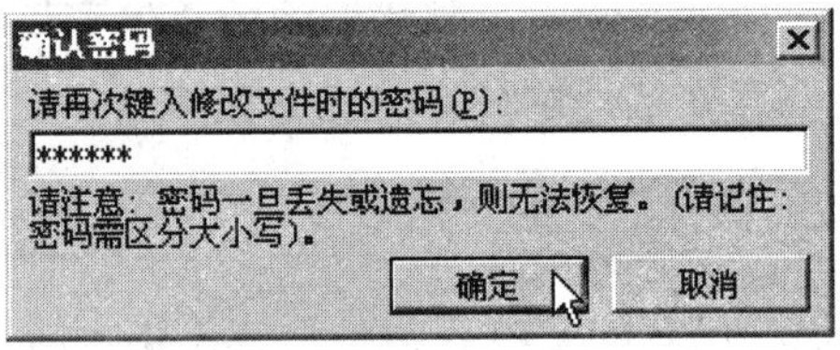

图 2-22 “确认密码”对话框

文档解密是指将文档中的密码删除。解密的方法与设置密码的方法类似，都要在“选项”对话框的“安全性”选项卡中进行设置，删除打开文件时的密码和修改文件时的密码，然后单击“确定”按钮，即可对文档解密，如图 2-23 所示。

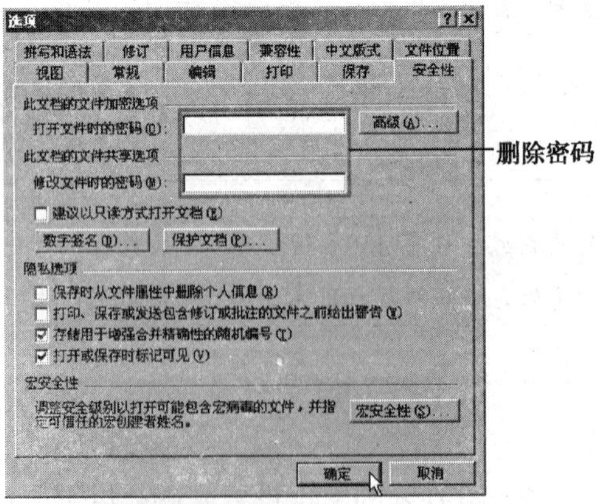

图 2-23 “选项”对话框

提　示

可以设置两种密码，一种是打开权限密码，用于设置文件打开时的密码；另一种是修改权限密码，用于对文件进行修改时的密码。需要注意的是，用户设置保密口令后务必记清，否则自己也不能打开文档。

4. 设置自动保存

在编辑文档的过程中，Word 会遇到死机、断电或非法操作等意外情况，文档未保存的内容很容易丢失。为了将意外造成的损失降到最低，Word 2003 提供了自动保存的功能，根据设定的时间间隔，不需用户干预，系统直接保存文档。

具体操作步骤：选择“工具”→“选项…”命令，在“选项”对话框中，选择“保存”选项卡，选中“自动保存时间间隔”复选项，并在后面的文本框中输入时间，单击“确定”按钮，系统将会每隔一段时间自动保存一次文档，如图 2-24 所示。

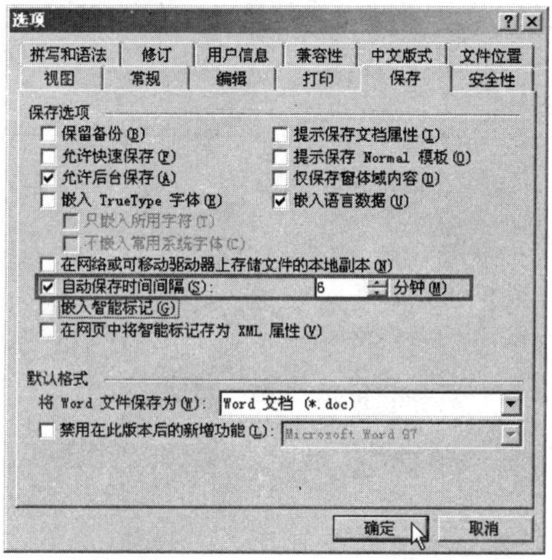

图 2-24　自动保存文档设置

文档保存归纳：文档的保存需要设置 3 个参数，首先选择保存位置，然后输入文件名、选择文件类型，最后单击“保存”按钮。文件默认类型为*.doc，还可保存为模板文件（文档模板）*.dot，文本文件（纯文本）*.txt，还允许保存为 Web 页（•HTML 或•HTM 文件类型），以便在浏览器中浏览。

提　示

在退出 Word 2003 之前，用户应对正在编辑的文档进行存盘，否则在退出时系统将弹出“保存”提示框，以提示用户是否将编辑的文档存盘，若为失误操作请单击“取消”按钮，如图 2-25 所示。

图 2-25　“保存”提示框

实例4：关注生活，发掘快乐——编辑“趣味银行”文档

Word 2003的文本编辑操作。打开“素材”文件夹中“趣味银行”文档，根据题目要求编辑文档。对文档进行文本的选中、移动、复制与删除、文本的查找/替换、撤销/恢复等基本编辑操作。

具体要求：

（1）打开“素材”文件夹中“趣味银行”文档。

（2）将第一段和第二段互换位置。

（3）把修改后的第二段（即“银行最早出现……”这一段）中的第二句话“为什么长凳会演变成为银行这个词呢？”复制到第一段的开始处。

（4）把文档中（除标题之外）所有“银行”一词替换为“Bank”。

（5）在标题之前插入符号“$”。

（6）保存文档，给文档设置打开和修改文档的密码为“123456”。

（7）统计文档的字数。

实例分析

- 打开指定的文档。
- 进行文本块的选取。
- 对选中文本块进行复制和移动操作。
- 进行查找和替换操作。
- 开启/关闭Word 2003的“拼写和语法检查”功能。
- 保存文档并对文档加密。

操作步骤

1. 打开文档

在Word 2003应用软件中，选择“文件”→“打开…”命令，将弹出“打开”对话框，在“查找范围”下拉列表框中找到“素材”文件夹，选中“趣味银行”文档，单击“打开”按钮。

2. 选中文本

将鼠标移动到“第一段落”最左边空白处（即文本选中区），鼠标变成向右上倾斜的箭头时，拖动鼠标选择第一段文本，或者在此段落中，三击鼠标左键。

3. 移动文本

选择“编辑”→“剪切”命令，把鼠标光标移到“第二段落”的下一行段落回车位置，单击鼠标左键，选择“编辑→粘贴”命令，完成操作。

4. 复制文本

选中第二段中的第二句话“为什么长凳会演变成为银行这个词呢？”文本，选择“编辑”→“复制”命令，把光标定位到第一段落的第一行文字开始处，选择“编辑”→“粘贴”命令，完成操作。

5. 替换文本

在文本选中区拖动鼠标，选择除标题外的两段文本。选择“编辑”→“替换…”命令，打

开“查找和替换”对话框。在“查找和替换”对话框中，选择“替换”选项卡，在“查找内容”文本框中，输入“银行”，在“替换为”文本框中，输入“Bank”，单击“全部替换”按钮，完成替换操作，如图 2-26 所示。

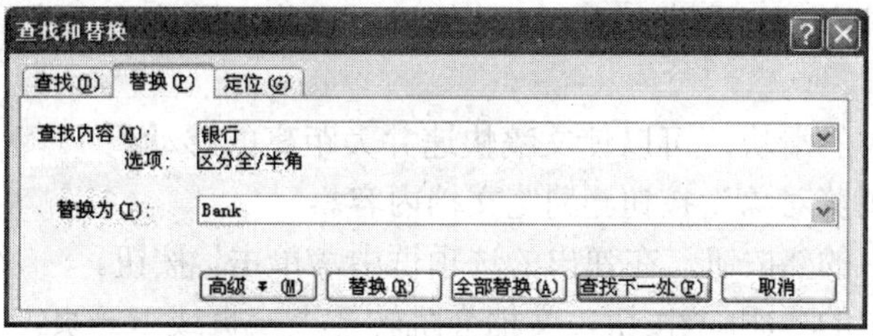

图 2-26 “查找和替换”对话框

6. 插入符号

将鼠标移动到标题“银行”前单击定位，选择“插入”→“特殊符号…”命令，在“插入特殊符号”对话框中，选中“单位符号”选项卡中的符号“$”，单击“确定”按钮，插入所需符号。

7. 拼写/检查与自动更正

在意大利语“Banco（长凳）”单词下面带有下画线，这是 Word 具有的拼写和语法检查功能。对检查出来的错误进行更正，可在标记有“Banco”红色波浪线的单词上单击鼠标右键，在弹出的快捷菜单中，选择“全部忽略”命令。

8. 保存文档

（1）保存文档，按组合键【Ctrl+S】。

（2）文档加密，选择“工具”→“选项…”命令，在“选项”对话框中，选择“安全性”选项卡，在“打开文件时的密码”和“修改文件时的密码”文本框中输入密码“123456”，单击“确定”按钮，如图 2-20 所示，将弹出“确认密码”对话框，在对话框中输入打开文件时的密码，单击“确定”按钮，如图 2-21 所示。再次弹出“确认密码”对话框，输入修改文件时的密码，单击“确定”按钮，完成对文档的加密操作，如图 2-22 所示。

9. 查看当前文档的字数

选择“工具”→“字数统计”命令，即可查看当前文档字数。

2.4 文本基本编辑

对文档中的内容和格式进行修改，称为编辑。制作文档主要是针对文本进行输入和编辑等基本操作。下面主要介绍文档的基本编辑操作，包括定位插入点、选择文本、删除文本、复制/移动文本、查找/替换文本、撤销/恢复文本等基本操作。

1. 定位插入点

在 Word 文档的编辑过程中，经常需要移动插入点，特别是较长文档的查看与修改，更需要准确快速定位插入点，因此熟练掌握插入点定位是提高工作效率的必要条件。

在 Word 2003 中，插入点定位的方法主要包括以下几种：

1）利用鼠标定位

“即点即输”是 Word 2003 保留 Word 2000 的功能，它有助于用户快速在页面上的任意位置定位并输入文字。在文本输入区，鼠标光标经常会变换形状，鼠标光标的旁边附着一个段落对齐的标志，这些标志就是即点即输的提示，可使用鼠标双击空白区域定位插入点。

2）利用垂直滚动条和水平滚动条

- 单击滚动条中的、、、按钮，可以将文稿内容向上、下、左、右一行或一列滚动。
- 移动滚动条中的滑块，可以使文稿快速并大距离的移动。
- 运用“选择浏览对象”按钮浏览文档内容。
- 单击滚动条中的按钮，在弹出的选项框中，单击按钮。
- 单击滚动条中的和按钮，文档会跳转至上一页或下一页。

3）利用键盘定位

使用键盘上的方向键和组合键也可以移动光标。使用键盘定位插入点具有快速、准确的优点，Word 2003 中文版还提供了许多快捷键，来满足用户定位插入点的需要，“插入点定位”快捷键如表 2-2 所示。

表 2-2 “插入点定位”快捷键

按　键	插入点定位位置
↑、↓、←、→	向上、下、左、右分别滚动一个字符
Page Up	向前滚动一页
Page Down	向后滚动一页
Home	移至行首
End	移至行尾
Ctrl+Home	移至文档的起始处
Ctrl+End	移至文档的结尾处

4）运用定位命令

- 选择菜单栏中的“编辑”→“定位…”命令（或按键盘上的【Ctrl+G】组合键），将弹出“查找和替换”对话框。
- 在“定位目标”选项框内选择相应的目标单位，在“输入页号”文本框内，输入需要浏览的相应数值，如在“页”选项中输入 5。
- 单击 定位(T) 按钮后，窗口中会立刻显示出第 5 页的文稿内容。

2. 选择文本

Windows 中对各种对象的操作遵循的原则是“先选择，后操作”。当对文档内容进行格式化排版时，首先要选择相应的文档内容。选择文本的方法主要有三种：用鼠标选择文本、用键盘选择文本、用鼠标与键盘组合选择文本。

1）用鼠标选择文本

- 拖动鼠标选择文本：这是最基本也是最常用的方法，在要选择文本的起始位置按下鼠标左键并向后拖动鼠标，直到选中所需的文本，再释放鼠标，选中的文本呈反显。此方法可以选择任意长度的文本，可以是一个字，也可以是整个文档，但选择一个较长文本时不太方便。
- 选择单词：用鼠标双击单词的某一部位，可选中单词。

➢ 选择一行：用鼠标单击该行最左侧的空白处（也叫文本选中区或选中栏）。
➢ 选择多行：在文本选中区拖动鼠标，可选择多行文本。
➢ 选择一段：在段落中，三击鼠标左键，或在段落文本选中区双击鼠标左键。
➢ 选择矩形区域：将鼠标指针移到该区域的左上角（右上角），按住【Alt】键，拖曳鼠标到右上角（左上角）。
➢ 选择整个文档：在文本选中区中，三击鼠标左键。
➢ 选择其他对象：在图形或其他对象的任意处单击鼠标。

2）用键盘选择文本

➢ 将光标置于被选文本的前（后）面，按住【Shift】键的同时，按键盘上的【→】或【←】方向键，可向后或向前选择文本。
➢ 如果要实现文本的竖向选择，按住【Shift】键的同时，按键盘上的【↑】或【↓】方向键。
➢ 按键盘上的【Ctrl+A】组合键，可选取整篇文档。
➢ 选择菜单栏中的“编辑”→“全选”命令，也可选取整篇文档。

3）取消文本选择

只需在文件的其他任意位置单击鼠标即可。

3. 删除文本

在输入文本时，难免有错字，这时就要用到【Backspace】（退格键）和【Delete】（删除键），每按一次【Backspace】键就删除光标左侧一个字符，每按一次【Delete】键就删除光标右侧的一个字符。不过要删除大段文字或段落时，这两种方法就不适合了，需要用其他方法进行删除。

（1）用清除命令。选择要删除的文本，然后选择“编辑”→“清除”→“内容”命令，如图 2-27 所示。

（2）选择要删除的文本，按【Delete】键。

（3）选择要删除的文本，选择“编辑”→“剪切”命令。

（4）按组合键【Ctrl+X】。

另外，也可只删除文本的格式。选择要删除格式的文本，选择“编辑”→“清除”→“格式”命令，还原到默认文本格式。

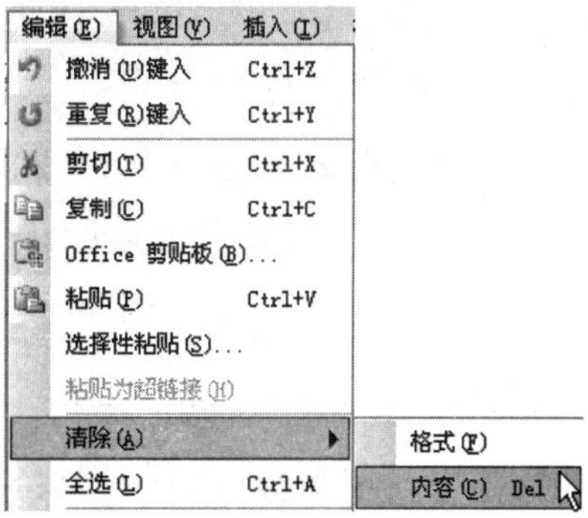

图 2-27　“编辑”菜单

4. 复制与移动文本

1）复制文本

在对文字输入和编辑时，当某部分文档内容与另一部分的内容相同时，可以利用复制命令将其复制过来，有效地节省时间，加快编辑速度。复制文本包括复制与粘贴两个步骤。首先需要执行“复制”操作，将选择的内容复制到剪贴板上，再执行“粘贴”操作，将剪贴板中的内容粘贴到指定位置。完成复制文本的操作，可采用以下几种方法：

➢ 选中要复制的文本，选择“编辑”→“复制”命令，将插入点移到存放新位置，选择“编辑”→“粘贴”命令，这是最基本的一种方法。

- 选中要复制的文本，单击“常用”工具栏中的“复制”按钮，将插入点移到存放新位置，单击“常用”工具栏中的“粘贴”按钮，这是最常用的一种方法。
- 选中要复制的文本，在选中的文本上，单击鼠标右键。在快捷菜单中，选择“复制”命令，将插入点移到存放新位置，单击鼠标右键，在快捷菜单中，选择“粘贴”命令。
- 选中要复制的文本，按【Ctrl+C】组合键，将插入点移到存放新位置，按【Ctrl+V】组合键。
- 选中要复制的文本，按住【Ctrl】键的同时，拖动选中的文本至新存放位置，然后释放鼠标。

2）移动文本

移动文本是指将选中文本从原位置移除，在目标位置显示。首先需要执行“剪切”操作，将选择的内容移动到剪贴板上，再执行“粘贴”操作，将剪贴板中的内容粘贴至指定的位置。完成移动文本的操作，可采用以下几种方法：

- 选中要移动的文本，选择“编辑”→“剪切”命令，将插入点移到存放新位置，选择“编辑”→“粘贴”命令，这是最基本的一种方法。
- 选中要移动的文本，单击“常用”工具栏中的“剪切”按钮，将插入点移到存放新位置，单击“常用”工具栏中的“粘贴”按钮，这是最常用的一种方法。
- 选中要移动的文本，在选中的文本上，单击鼠标右键。在快捷菜单中，选择“剪切”命令，将插入点移到存放新位置，单击鼠标右键，在快捷菜单中，选择“粘贴”命令。
- 选中要移动的文本，按【Ctrl+X】组合键，将插入点移到存放新位置，按【Ctrl+V】组合键。
- 选中要移动的文本，按住鼠标同时拖动选中的文本至新的存放位置，然后再释放鼠标。

提示

使用一键粘贴解决频繁粘贴操作的方法：选择“工具”→“选项”命令，在“选项”对话框中，单击“编辑”选项卡，并选中“编辑选项”中的“用 INS 键粘贴”即可。

提示

1. 移动与复制的区别

移动：原位置上被选中的文本被移走，只能执行一次粘贴。

复制：原位置上被选中的文本仍留在原处，一次复制可以多次粘贴。

2. 注重系统资源优化

被复制或剪切的内容保存到剪贴板后，会占用系统资源，影响系统的运行速度。可以清空剪贴板来回收系统资源，选择“编辑”→“Office 剪贴板…”命令，即会在工作区的右面出现“剪贴板”任务窗格，单击“全部清空”即可。

5. 查找与替换文本

在编辑文档的过程中，查找与替换是经常使用的操作，它可以在文档中快速查找或删改多个分散在文档中的相同内容，在 Word 2003 中，不仅是对文字进行查找和替换，还可以查找/替换指定的格式、段落标记、分页符和其他项目等，可以使用通配符来简化查找操作。

1）普通查找和替换

➢ 查找文本。打开一个 Word 文档，选择“编辑”→“查找…”命令，打开“查找和替换”对话框，如图 2-28 所示。在“查找和替换”对话框中，选择“查找”选项卡，在“查找内容”文本框中输入查找内容，单击“查找下一处”按钮，如图 2-29 所示。

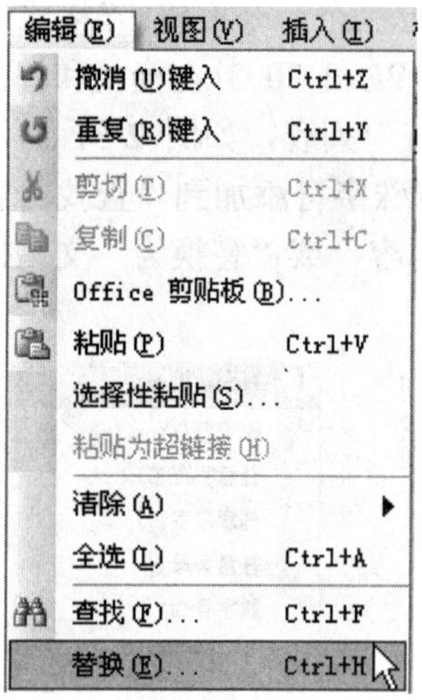

图 2-28 “编辑”菜单

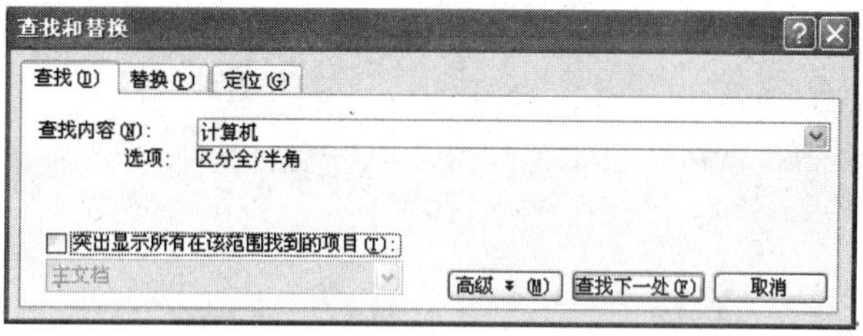

图 2-29 “查找和替换”对话框

为方便查看查找内容在文档中的位置，可在“查找”选项卡中，选择“突出显示所有在该范围找到的项目”复选项。

➢ 替换文本。在文档中，选择“编辑”→“替换…”命令，打开“查找和替换”对话框，如图 2-28 所示。在“查找和替换”对话框中，选择“替换”选项卡，在“查找内容”文本框中，输入查找内容，在“替换为”文本框中，输入替换内容，然后单击“替换”或“全部替换”按钮。每单击一次“替换”按钮，则替换一处，而单击“全部替换”按钮，则将替换全部查找到的内容。

小技巧

巧用替换操作完成文本的批量删除。在“查找和替换”对话框的“替换”选项卡中，在“查找内容”文本框中输入要删除的内容，“替换为”文本框为空，单击“全部替换”按钮，即可快速全部删除。

2）高级查找和替换

➢ 相关选项的功能。“查找和替换”对话框中的查找和替换选项卡下都有“高级(M)”按钮，单击该按钮后，“查找和替换”对话框会多出一些选项和按钮供进一步详细地设置查找和替换的条件，如图 2-30 所示。

搜索组合框：帮助设定搜索范围，可以用上下光标读到“向上”、“向下”和“全部”

三个选项。如“向下”表示搜索范围是从光标当前位置到文档末尾，而“全部”则表示搜索范围是整个文档。

区分大小写复选框：表示搜索结果将与查找内容完全相符，否则搜索结果可以忽略大小写。

全字匹配复选框：表示搜索结果将与查找内容完全相符，否则搜索结果可以是输入单词中的一部分字母。

使用通配符复选框：表示可以在“查找内容”和“替换为”文本框中输入通配符，否则不允许。

在“查找和替换”对话框的“替换”选项卡底部，还有三个命令按钮：“格式”、“特殊字符”和“不限定格式”。单击“格式”按钮，可以使用 Word 2003 在查找和替换过程中附加格式条件。单击“特殊符号”按钮，弹出“特殊字符”列表，如图 2-31 所示。在“特殊字符”列表中进行选择，就可以将要查找和替换的特殊字符添加到“查找内容”或“替换为”文本中。“不限定格式”按钮是用来取消“查找内容”或“替换为”文本框下的格式搜索条件的。

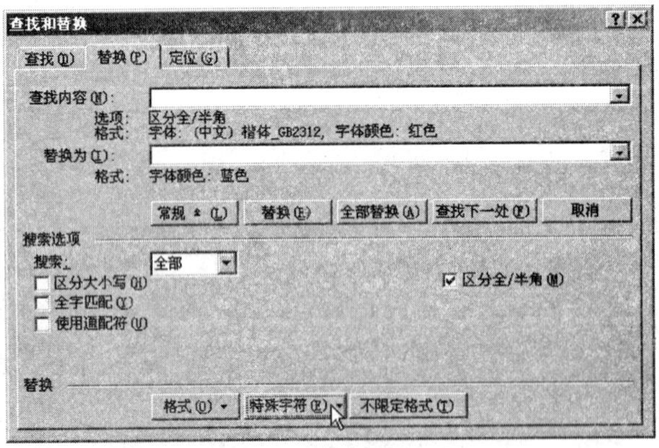

图 2-30 “查找和替换”高级对话框

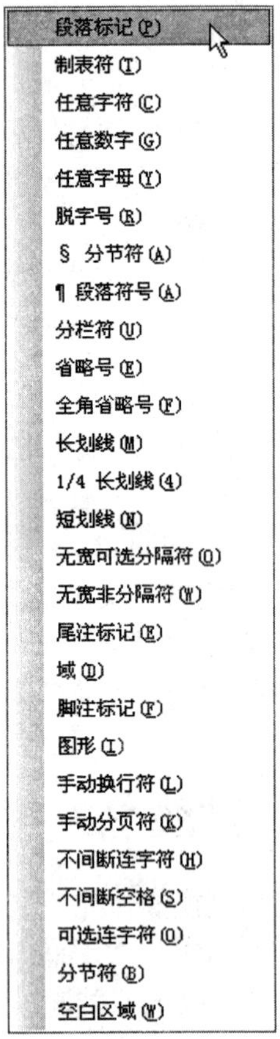

图 2-31 “特殊字符”列表

➤ 使用通配符查找和替换文本。Word 2003 允许使用通配符代替查找内容中不确定的字符，对文档内容进行模糊查找和替换。通配符包括“*”和“？”，其中“？”代表任意一个字符，“*”代表任意多个字符。例如要将文中以“a”开头的由 3 个字母组成的单词替换成“good”，在“查找和替换”对话框中“查找内容”文本框中输入“a??”，在“替换为”文本框中输入“good”，单击“高级”按钮，选择“使用通配符”复选项，然后单击“全部替换”按钮即可，如图 2-32 所示。

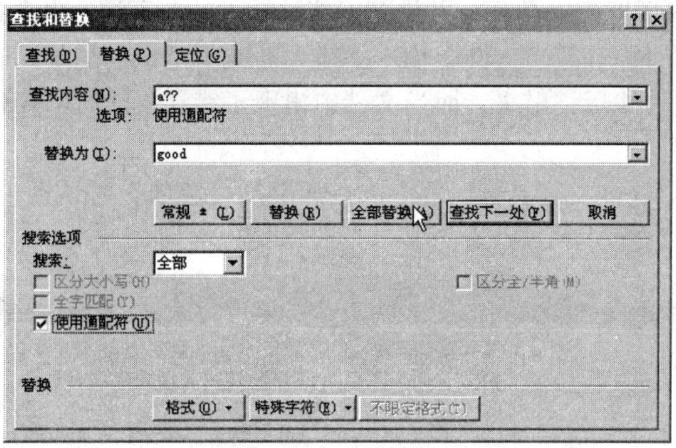

图 2-32　使用通配符查找和替换

查找和替换知识点归纳。

➢ 定位：快速找到需要编辑的某个特殊位置。
➢ 查找：快速定位到指定的文本、格式、字符。
➢ 替换：快速地将查找内容替换成指定内容。

6. 文本编辑工具

Word 提供的一系列文本编辑工具为编辑文本带来很大方便。

1）撤销与恢复

在文档的输入编辑过程中，Word 2003 会自动记录已执行的操作，这就使得撤销误操作和恢复被撤销的操作成为可能，但有些操作是不能撤销的，如保存文档、关闭文档、退出程序等。

➢ 撤销。在输入编辑文档的过程中，若出现了错误的操作，或打算放弃刚才的操作回到上一步操作状态时，单击“常用”工具栏中的“撤销”按钮，可撤销最近一步操作，如图 2-33 所示。要撤销多步操作，单击“撤销”右侧的下拉三角按钮，从打开的下拉列表中，选择要撤销的操作，如图 2-34 所示。

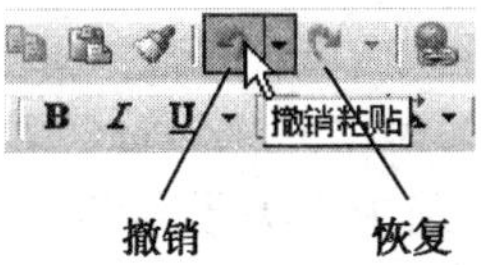

图 2-33　“撤销”按钮

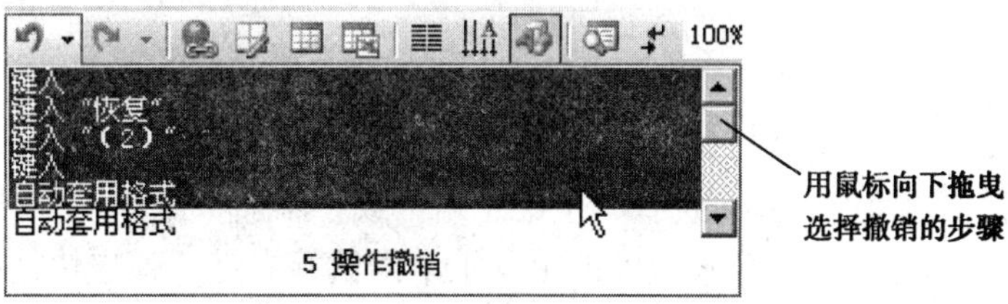

图 2-34　“撤销”下拉列表

➢ 恢复。单击“常用”工具栏中的“恢复”按钮，可以恢复被撤销的操作。如果要恢复被撤销的多步操作，单击“恢复”右侧的下拉三角按钮，从打开的下拉列表中，选择要恢复的操作。

进行“撤销”与“恢复”的基本操作，也可使用“编辑”菜单中“撤销”和“恢复”命令来实现。

2）拼写/检查与自动更正

Word 的拼写和语法检查功能主要用于查找英文文档中的拼写和语法错误，可以快速查找出与 Word 词典不匹配的单词，并推荐可能性较大的若干词语供选择。

➢ 设置自动拼写检查。当文档中输入了错误的或不可识别的单词时，Word 会在其下方用红色波浪线标记出来，而当文档中出现了错误语法时，Word 会在其下方用绿色波浪线标记出来。

① 选择“工具”→“选项…”命令，在弹出的“选项”对话框中，选择“拼写和语法”选项卡，如图 2-35 所示。

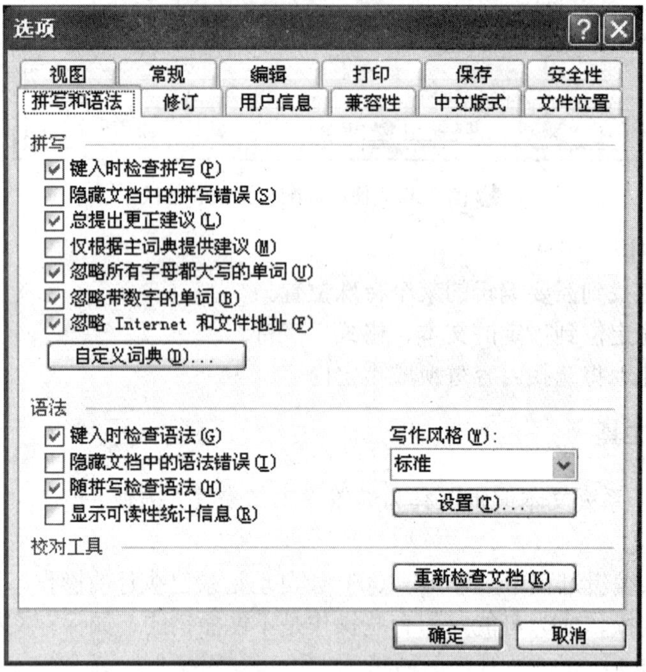

图 2-35 “选项”对话框

② 选中“拼写”选项下的“键入时检查拼写”和“总提出更正建议”及“语法”选项下的“键入时检查语法”和“随拼写检查语法”复选框，单击“确定”按钮，设置完成后，Word 就具有了进行自动拼写和语法检查的功能。

➢ 对检查出来的错误进行更正。

① 手动更正。在标记有红色波浪线的单词（或词语）上单击鼠标右键，弹出快捷菜单，选择“自动更正”命令，打开子菜单后 Word 会提供正确的单词（或直接给出正确词语），若没有错误可选择“全部忽略”或“添加”命令。

在标记有绿色波浪线的单词上单击鼠标右键，弹出快捷菜单，选中“关于此句型”命令，会自动显示“Office 助手”提示错误是属于哪一类型的错误。

② 键入时自动更正，选择“工具”→“自动更正选项…”命令，打开“自动更正”对话框，如图 2-36 所示。

自动更正是中文版 Word 2003 提供的一种自动功能，主要用于更正错误，修改在输入文档时一些常见的错误。例如：在文档中输入英文单词“HEllo”，按空格键后，系统自动将其改为“Hello”，此时将光标指针移至“He”字母上，就会显示“自动更正”按钮▬，将指针移至该按钮上，它将显示为按钮，单击该按钮，在打开的“自动更正”菜单中，可以设置各自动更正选项，如图 2-37 所示。

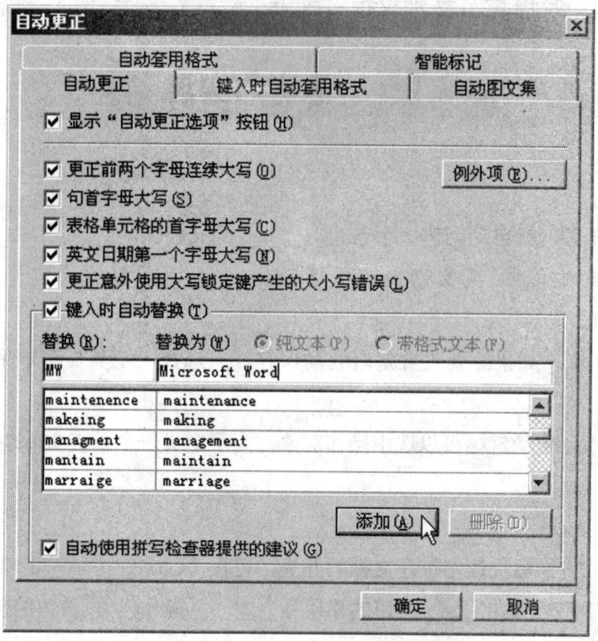

图 2-36　“自动更正”对话框

3）查看当前文档的字数

在输入编辑文档的过程中，经常需要查看文档的字数，选择“工具”→“字数统计…”命令，通过“字数统计”对话框，可快速知晓整篇文档到底包含多少字符，而且还分计空格和不计空格两种信息，如图 2-38 所示。

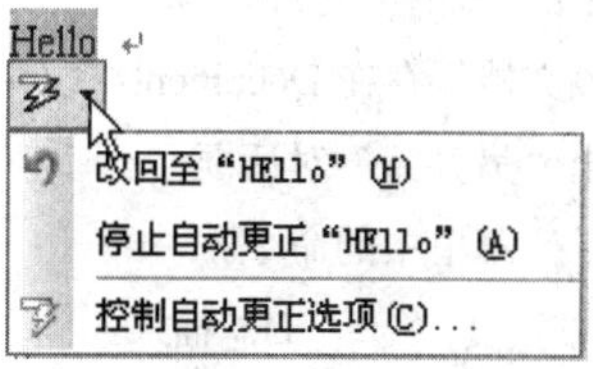

图 2-37　“自动更正”下拉菜单

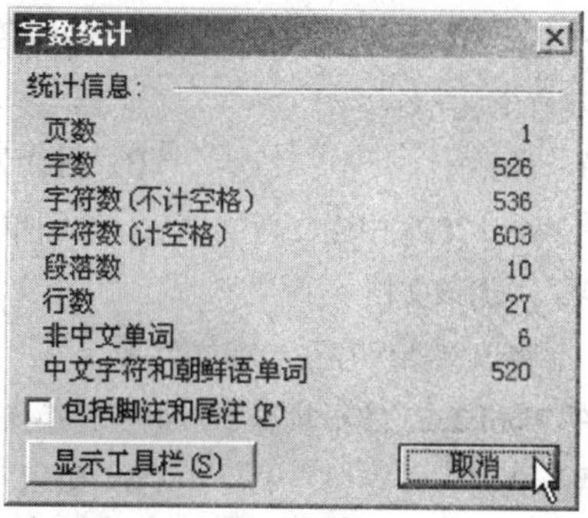

图 2-38　“字数统计”对话框

小技巧

即时英汉互译

在 Word 2003 中，附带了英汉词库，可以轻松进行英汉互译，这是一项很实用的功能。具体操作步骤：选择“工具”→“语言”→“翻译…”命令，在“搜索”文本框中输入要翻译的内容（中文或英文），选择相应的翻译方式，按回车键就可以在下面看到已经翻译的内容。翻译内容非常丰富，包括该词的本意、同义词、词组及简单用法等。合理利用 Word 的这个功能，对提高英文水平很有帮助。

思考与实训

一、填空题

1. 启动 Word 2003 后，就自动创建一个名为________的文档。

2. 在 Word 2003 中，中/英文切换可按【Ctrl+__________】组合键，各种输入法切换可按【Ctrl+________】组合键。

3. 在 Word 2003 中，如果想要设置定时自动保存，应选择“工具”菜单里的_________命令来实现。

4. 在 Word 2003 中，拖动鼠标可以选中操作对象，为了定义一个垂直文本块，可以在拖动鼠标之前按住________键。

5. 在智能 ABC 输入法中，拼音“ü”用________代替。

6. 在文档编辑中，将光标快速定位在文档的开头，可按【Ctrl+________】组合键。

7. Word 2003“常用”工具栏上按钮的作用是________操作，按钮的作用是________操作。

8. 在 Word 2003 中，如果要将文档中的某一个词组全部替换为新词组，可以选择“编辑”菜单中的________命令。

9. 在 Word 2003 中，选择整个文档可按【Ctrl+________】组合键。

10. 在 Word 2003 中，选择要删除的文本，按________键，即可删除选中文本。

二、选择题

1. 在中文 Word 2003 中，打开一个文件名为“A”的文档，现将其保存为“B”，可以选择文件菜单的（　　）命令。

A．保存　　B．另存为　　C．发送　　D．打印

2. 在 Word 2003 中建立新文档后，立即单击“常用”工具栏上的“保存”按钮，将（　　）。

A．关闭该文档　　B．将该文档保存在 Documents 文件夹

C．将该文档保存在当前文件夹　　D．弹出“另存为”对话框

3. 在 Word 2003 编辑状态下，进行替换操作，应当使用（　　）菜单中的命令。

A．文件　　B．编辑　　C．格式　　D．插入

4. 在 Word 2003 的文档中，选中文档某行内容后，使用鼠标拖动的方法将其移动时，配合的键盘操作是（　　）。

A．按住【Esc】键　　B．按住【Ctrl】键

C．按住【Alt】键　　D．什么键都不按

5. 在中文 Word 的编辑区，要删除一段已被选中的文字，正确的操作是按（　　）键。

A．【Backspace】或【Delete】　　B．【Insert】或【Backspace】

C．【Delete】或【Insert】　　D．【Insert】或【Esc】

6. 在 Word 2003 中，新输入的文字被显示在（　　）。

A．文档尾部　　B．鼠标指针位置

C. 插入点位置　　D. 当前行的行尾

7. 要快速选中一行文本或一个段落，首先将鼠标光标移到文档左侧的（　　）中，当鼠标指针变成向右倾斜的箭头形状时单击鼠标可以选中一行，双击鼠标可选中一个段落。

A. 选中栏　　B. 工具栏　　C. 符号栏　　D. 标题栏

8. 要一次性保存或关闭多个文档，按下（　　）键后打开“文件”菜单，选择“全部保存”或“全部关闭”命令。

A. Shift　　B. Ctrl　　C. Alt　　D. Ctrl+Alt

9. 在 Word 的编辑状态下，当选择“编辑”菜单中的“复制”命令后，（　　）。

A. 选择的内容被复制到插入点　　B. 选择的内容被复制到剪贴板中

C. 插入点所在的段落内容被复制到剪贴板中　　D. 光标所在的内容被复制到剪贴板中

10. 在 Word 编辑的内容中，文字下面有红色波浪下画线表示（　　）。

A. 已修改过的文档　　B. 对输入的确认

C. 可能有拼写错误　　D. 可能有语法错误

11. 要在当前 Word 文档中插入一个特殊符号，应在（　　）菜单中去寻找。

A. 插入　　B. 工具　　C. 视图　　D. 格式

12. 当输入一个 Word 文档到右边界时，插入点会自动移到下一行最左边，这是 Word 的（　　）功能。

A. 自动更正　　B. 自动回车　　C. 自动格式　　D. 自动换行

13. 下列说法错误的是（　　）。

A.【Ctrl+C】组合键是执行剪贴板的复制操作

B.【Ctrl+V】组合键是执行剪贴板的粘贴操作

C.【Ctrl+X】组合键是执行剪贴板的剪切操作

D.【Ctrl+S】组合键是执行全选操作

14. 在 Word 编辑状态下进行“替换”操作，应使用（　　）菜单命令。

A. 工具　　B. 格式　　C. 视图　　D. 编辑

15. Word 文档默认的模板名是（　　）。

A. Normal.dot　　B. Normal.doc　　C. Word.dot　　D. Common.doc

三、简答题

1. 在 Word 2003 中，新建文档有哪几种方法？
2. 在 Word 2003 中，保存文档有哪几种方法？
3. 在 Word 2003 文档中，如何插入特殊符号？
4. 在 Word 2003 文档中，如何删除文本？
5. 在 Word 2003 文档中，如何复制和移动文本？

四、上机实训

1. 要求

（1）启动 Word 2003，进入 Word 2003 操作窗口。

（2）打开“素材”文件夹中的“北京欢迎你 2”文档。

（3）在“素材”文件夹中，新建“北京欢迎你 3”文档，把“北京欢迎你 2”文档的全部内容复制粘贴到“北京欢迎你 3”文档中。

（4）在“北京欢迎你 3”文档中，删除每行前表示时间的文本，如“[00:18.62]”等（要求：至少用两种方法完成）。

（5）在“北京欢迎你 3”文档中，删除每行前中括号及中括号中的内容，如“【陈天佳】”等（要求：用“替换”操作完成）。

（6）在“北京欢迎你 3”文档中，将文中所有的“↓”替换为“↵”。

（7）删除没有内容的段落。

（8）将“北京欢迎你 3”文档保存到“D 盘根目录”，并对文档加密。

（9）关闭所有文档，退出 Word 2003。

2．步骤提示

（1）启动 Word 2003，新建文档。

（2）打开指定的文档。

（3）进行文本的选中、复制和删除等基本编辑操作。

（4）进行文本的查找和替换操作。

（5）进行文档的加密和保存。

（6）关闭文档，退出 Word 2003。

模块3

设置文档格式

文档经过录入、编辑、修改成为一篇正确、通顺的文章后，为使整篇文档显得美观还需进行排版。文档的排版实际上就是对文档进行格式设置。学完本模块，应掌握设置字符格式、段落格式、边框和底纹、项目符号和编号等。

实例 5：绿化环境，美化人生——设置“植树节倡议书”文档格式

设置字符格式与段落格式。打开保存在“素材”文件夹中的“植树节倡议书”文档，变换字体、字号、字形和颜色，对文本进行格式化；对段落进行首行缩进、段间距等设置，使文本更加条理清晰和外表美观；使用格式刷快速实现复制文本格式。

实例分析

- 通过“格式”工具栏和“字体”对话框设置文本格式。
- 通过“格式”工具栏和“段落”对话框设置段落格式。
- 应会用格式刷工具复制格式。

操作步骤

1. 打开文档并设置文本的字体、字号及字符间距

（1）打开前面录入的 Word 文档“植树节倡议书”。

（2）选中所有正文，单击正文第一个字符后，按住【Shift】键，单击正文最后一个字符。

（3）单击“格式”工具栏中的字体工具按钮 楷体_GB2312 ，选择“楷体_GB2312”，字号工具按钮 五号 选择“小四”。

（4）选中第一行文字，设置字体为“隶书”、字形为“加粗”、字号为“小三”。选中正文最后一小段，设置字体为“黑体”、颜色为“绿色”、效果为“阳文”。

（5）选中标题，选择“格式”→“字体…”命令，打开“字体”对话框，选择“字体”选项卡，如图 3-1 所示，设置字体为“黑体”、字形为“加粗”、字号为“小三”、下画线线型为“双线”、颜色为“红色”。选择“字符间距”选项卡如图 3-2 所示，设置间距加宽“2 磅”，单击“确定”按钮。

2. 设置段落格式

（1）选中除第一段以外的正文，选择“格式”→“段落…”命令，打开如图 3-3 所示的“段落”对话框，在“特殊格式”选项中选择“首行缩进”命令，并在“度量值”中选择“2 字符”命令；设置行距为“1.5 倍行距”，对齐方式为“两端对齐”，单击“确定”按钮。

图 3-1 “字体”选项卡

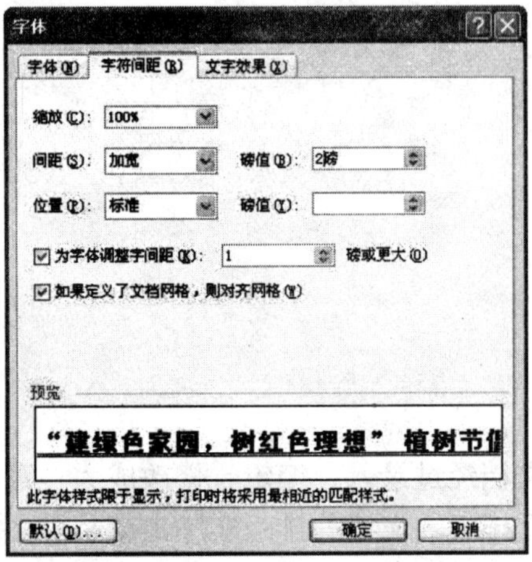

图 3-2 “字符间距”选项卡

（2）选中标题，单击段落格式工具栏的“居中”按钮，使标题居中放置。设置段前、段后间距值为“0.5 行”。

（3）选中文档最后落款，即选择倒数第一行和第二行，单击段落格式工具栏“右对齐”按钮。

3. 应用格式刷复制格式

（1）选中正文“植树节”词语，单击“格式”工具栏的“字符底纹”按钮，添加底纹效果。通过“字体”对话框设置字形为“加粗”、颜色为“绿色”，并具有“赤水情深”的动态效果，单击“确定”按钮。

（2）双击“常用”工具栏的格式刷工具，鼠标指针变成刷子状后，拖动鼠标滑过正文中的“植树节”词语。

（3）再次单击格式刷工具，完成复制。

4. 保存文档

将文档保存在“素材”文件夹中，文件名为“植树节倡议书 1.doc”，效果如图 3-4 所示。

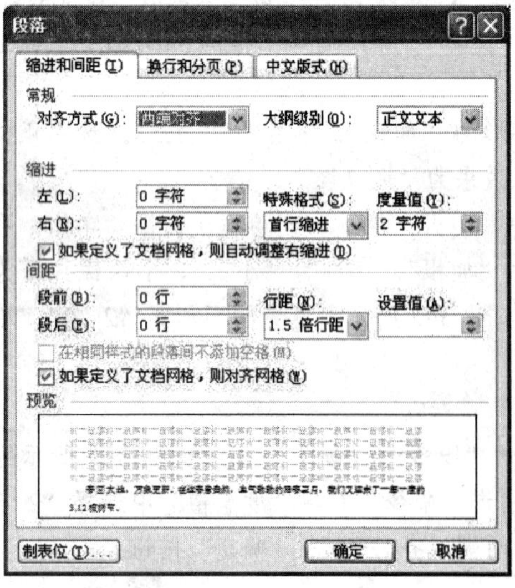

图 3-3 “段落”对话框

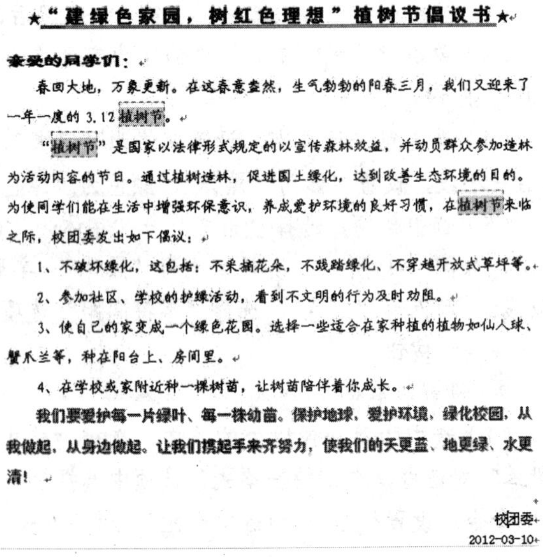
★“建绿色家园，树红色理想”植树节倡议书★

亲爱的同学们：

春回大地，万象更新。在这春意盎然，生气勃勃的阳春三月，我们又迎来了一年一度的 3.12 植树节。

“植树节”是国家以法律形式规定的以宣传森林效益，并动员群众参加造林为活动内容的节日。通过植树造林，促进国土绿化，达到改善生态环境的目的。为使同学们能在生活中增强环保意识，养成爱护环境的良好习惯，在植树节来临之际，校团委发出如下倡议：

1、不破坏绿化，这包括：不采摘花朵，不践踏绿化、不穿越开放式草坪等。

2、参加社区、学校的护绿活动，看到不文明的行为及时劝阻。

3、使自己的家变成一个绿色花园。选择一些适合在家种植的植物如仙人球、蟹爪兰等，种在阳台上、房间里。

4、在学校或家附近种一棵树苗，让树苗陪伴着你成长。

我们要爱护每一片绿叶、每一株幼苗。保护地球，爱护环境，绿化校园，从我做起，从身边做起。让我们携起手来齐努力，使我们的天更蓝、地更绿、水更清！

校团委

2012-03-10

图 3-4 “植树节倡议书 1.doc”编辑后的效果

3.1 设置字符格式

在 Word 文档中输入文本内容后，显示的都是默认状态下的格式，一份优秀的文档，不仅要有充实的内容，更要有完美的形式，因此还需对字符与段落格式进行设置。

字符：在文档中，文字、数字、标点符号及特殊符号统称为字符。

字符格式：字符的格式设置包括设置字体、字形、字号和颜色，改变字符间距、字宽度和水平位置，给文本添加下画线、着重号，设置文字动态效果，给文本添加边框和底纹。字符格式可通过“字体”对话框进行设置，也可通过“格式”工具栏完成。

1. 运用“格式”工具栏设置字符格式

选择菜单栏中的“视图”→“工具栏”→“格式”命令，弹出“格式”工具栏，如图 3-5 所示。

通过“格式”工具栏设置字体格式时，首先选中要设置格式的文本内容，然后在“格式”工具栏中单击相应的按钮或在相应的下拉列表框中选择所需的选项即可。

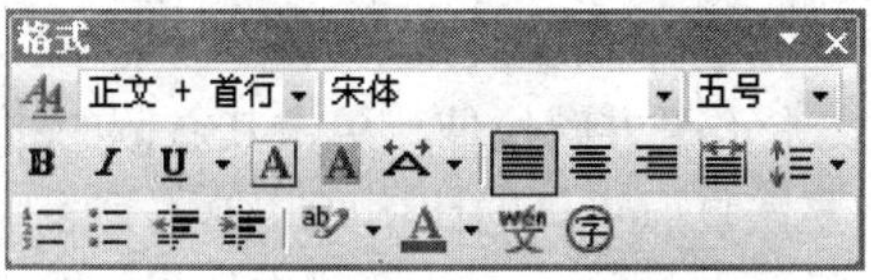

图 3-5 “格式”工具栏

1）设置字体格式

常用字体有宋体、仿宋体、黑体、楷体、隶书等。

单击“格式”工具栏中的宋体下拉按钮，弹出“字体”列表，用于改变字符的外观形状，只要是操作系统中安装了的字体，均可用来改变选中文字的字体，Word 的默认字体为宋体。

操作：选中需要设置的文字，单击列表框中的任意字体（如隶书、宋体、黑体、仿宋体等）。

2）设置字号

单击“格式”工具栏中的五号下拉按钮，弹出“字号”列表，用来改变字符的大小，它以磅值和字号来衡量，磅值越大字号越小，文字就越大，反之，文字就越小，Word 的默认字号为五号，相当于 10.5 磅。

操作：选中需要设置的文字，单击列表框中的任意字号（如初号、二号、小三、10.5、16、22 等）。也可以在框内自行设置数值，然后按【Enter】键确认。“字号”与“磅”的对应关系如表 3-1 所示。

表 3-1 “字号”与“磅”的对应关系

字号	初号	小初	一号	小一	二号	小二	三号	小三	四号	小四	五号	小五	六号	小六	七号	八号
磅	42	36	26	24	22	18	16	15	14	12	10.5	9	7.5	6.5	5.5	5

小技巧

在 Word 中设置特大号文字的方法：直接在字号一栏中输入字体的大小，可以任意设置字体的大小，如果输入的字号足够大，则可以实现在 Word 中编排设置特大号字。

3）设置字形

按钮：用以改变字符的外表形式，包括常规、斜体、粗体、粗斜体、带下画线。Word 的默认字形为常规字形。

加粗按钮，将选取的文本加粗。

倾斜按钮，使选取的文本以倾斜显示。

下画线按钮，给所选字符加下画线，单击按钮右边的按钮，在弹出下拉列表中可以选择不同的线型及颜色。

4）美化字符

给字符添加边框、底纹，进行缩放，加底色、着重号和删除线等。

字符边框按钮，为所选字符添加边框。

字符底纹按钮，为所选字符添加底纹效果。

字符缩放按钮，将文本水平方向拉伸，单击其右侧的按钮，在弹出的下拉列表中可以选择字符的缩放比例。要恢复原字体的比例时，单击列表中的 100%按钮即可。

突出显示按钮，为所选文本覆盖一种颜色来衬托，从而起到突出文本的效果。单击其右侧的按钮，在弹出的颜色框中可以选择不同的颜色。要取消文本的突出显示时，单击颜色板中的“无”按钮即可。

字体颜色按钮，改变文字本身的颜色，单击其右侧的按钮，在弹出的颜色框中可以选择不同的字体颜色。Word 的默认字体颜色为黑色。

2. 运用“字体”对话框设置字符格式

通过“字体”对话框可以对字符格式进行更加详细的设置。首先选中要改变格式的文本内容，然后选择“格式”→“字体…”命令，或在选中的文本上单击右键，在弹出的快捷菜单中选择“字体…”命令，打开“字体”对话框，其中包含了“字体”、“字符间距”和“文字效果”3 个选项卡，单击其中任意选项卡均可做相应的设置。“字体”对话框中各选项卡的参数含义如下：

1）“字体”选项卡

“字体”选项卡如图 3-1 所示，“字体”选项卡与“格式”工具栏中的命令大体相同，对文本进行字体、颜色、大小、删除线等设置。

2）“字符间距”选项卡

“字符间距”选项卡如图 3-2 所示，在“字符间距”选项卡，可以精确设置字符的显示比例、间距及位置。

缩放：设置选中文字的横向扩展或压缩比例，也可手动输入 1～600 的任何值。

间距：调整文字之间距离的大小。根据需要选择“加宽”、“紧缩”或“标准”选项。

位置：调整所选文字相对于标准文字基线的位置。

预览选项：用于对文字效果进行显示，应用上述选项对字体进行设置时，设置后的文字效果将在预览框中显示。

> **提 示**
>
> 字符缩放和字符间距是两个不同的概念，字符间距是指相邻文字之间的距离，而字符缩放是设置一个文字在横向上的大小。

3）“文字效果”选项卡

在“动态效果”框中共有六种动态效果，选择任意一种效果，再单击 确定 按钮，便可添加文字动态效果。如要取消动态效果，在“动态效果”框中，选择“无”即可。为文字添加的动态效果只能在屏幕上显示，不能被打印。

3. 文字排列方向的设置

在 Word 2003 中可以将文字设置成横向、纵向或是其他方向。在默认状态下，文本的文字是横向的。设置其他排列方向的操作步骤如下：

（1）选中需要改变文字方向的文本，选择“格式”→“文字方向…”命令（或右键单击，在弹出的快捷菜单中选择“文字方向”命令），打开如图 3-6 所示的“文字方向”对话框。

（2）选择需要设置的文字方向，并设置应用范围，单击“确定”按钮，完成设置。

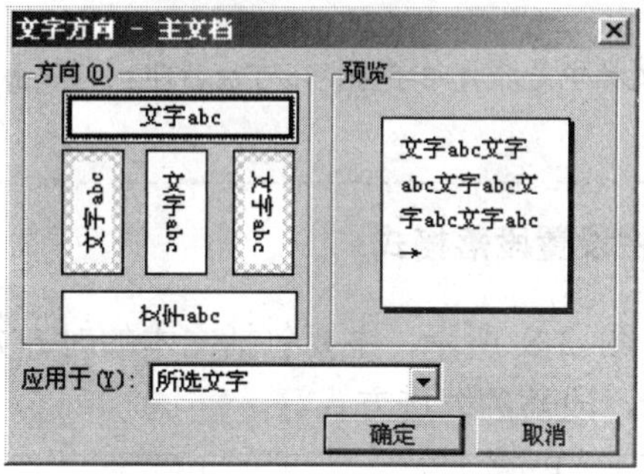

图 3-6 “文字方向”对话框

3.2 设置段落格式

段落指的是以按【Enter】键为结束的内容，段落可以包括文字、图片和各种特殊字符等。段落格式就是对段落进行排版，是对整个段落外观的处理，包括段落的修饰、缩进、对齐、设置行间距和段间距、给段落添加边框和底纹等。

1. 显示或隐藏段落标记

在输入文本的过程中，按【Enter】键可以结束本段另起一段，在显示段落标记的前提下，输入【Enter】的位置会出现一个灰色带弯的小箭头↵，这就是段落标记。段落标记用来标记前一个段落的结束和下一个段落的开始。在编辑区设置显示或隐藏段落标记符的方法有以下两种：

- 选择“工具”→“选项…”命令，在“选项”对话框中，选择“视图”选项卡。在“格式标记”选项区中，选中各格式标记对应的复选框，即可显示格式标记符号，如图 3-7 所示。若要隐藏，取消选择“格式标记”选项区中格式标记对应的复选框即可。
- 通过选择“视图”→“显示段落标记”命令来显示或隐藏段落标记。

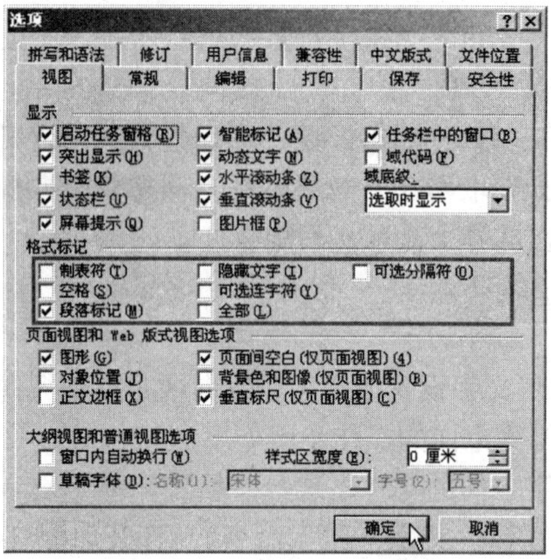

图 3-7 “选项”对话框

提 示

段落标记在 Word 2003 文档中是非打印字符，不可被打印机打印出来。非打印字符除了段落标记外，还有空格和制表符等。

2. 通过“格式”工具栏设置段落格式

段落“格式”工具栏如图 3-8 所示，主要包括文本的对齐方式，行和行之间的距离，为段落添加编号、项目符号，段落的缩进方式等。

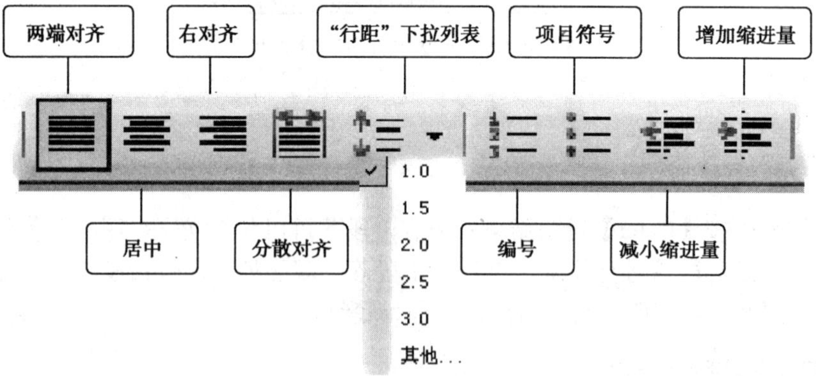

图 3-8 段落“格式”工具栏

1）设置段落对齐

段落对齐指段落在页面中的相对位置。段落对齐包括水平对齐和垂直对齐。水平对齐是段落在文档的左右边界之间的横向排列方式，而垂直对齐则是段落在文档的上下边界之间的纵向排列方式。

水平对齐有左对齐、右对齐、居中对齐、分散对齐和两端对齐 5 种方式；垂直对齐有顶端对齐、居中对齐、基线对齐和底端对齐 4 种方式。在垂直方向上的对齐方式一般不需进行设置，即使设置了，效果也不明显，因此一般情况下所说的段落对齐方式均指水平方向上的对齐格式。段落在水平方向上的对齐方式一般采用默认的两端对齐方式，在这种方式下，Word 将自动调整除该段最后一行之外的所有行中文字的水平间距，使其均匀分布在左右页边距之间。

操作：选中需要设置的段落，单击工具栏上的“左对齐”、“右对齐”、“两端对齐”、“居中”和“分散对齐”按钮来分别完成相应的设置。

2）段落缩进

段落缩进控制的是文字与左右页边距线之间的关系，有“左缩进”、“右缩进”、“首行缩进”和“悬挂缩进”等方式，段落缩进方式及含义如表 3-2 所示。

表 3-2　段落缩进方式及含义

缩 进 方 式	含　　义
首行缩进	将段落的第一行字向里缩进一定的距离，中文的书写习惯是段落开头缩进两个汉字的距离
悬挂缩进	指除段落的第一行不缩进外，其余各行均向里缩进一定的距离
左缩进	段落左侧的所有行均向里缩进一定的距离
右缩进	段落右侧的所有行均向里缩进一定的距离

操作：将鼠标光标置于要调整的段落中的任意位置，单击“增加缩进量”按钮，整段文字将向右移动一个字的距离。单击“减少缩进量”按钮，可将文字向左移动一个字的距离。

3）设置间距

行间距是指段落中行与行之间的距离。默认情况下为单倍行距，也可以将其设置为多倍行距或以指定磅值的方法设置任意行距。单击行距下拉列表框，可以选择 1.0、1.5、2.0 等不同的行距如图 3-9 所示。

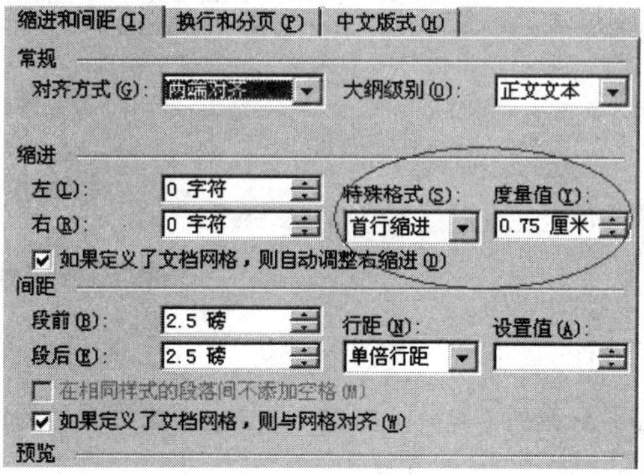

图 3-9　“缩进和间距”选项卡

段间距是指段落与段落之间的距离。默认情况下，Word 会自动调整行距以容纳行内的字符和图形。当然也可以根据需求对行距进行设置。

操作：如果要调整段落的行间距，将光标置于要调整的段落中的任意位置，在“格式”工具栏中，单击按钮右侧的按钮，在弹出的下拉列表中选择合适的行距即可，如 1.5、2、3 等。

3. 通过“段落”对话框设置段落格式

通过“段落”对话框可以对段落格式进行更加详细的设置。首先选中或将光标插入要改变格式的段落中，选择“格式”→“段落…”命令或在选中的段落中单击右键，在弹出的快捷菜单中选择“段落…”命令，打开如图 3-3 所示的“段落”对话框，然后对“段落”对话框中各个选项卡做具体设置。“段落”对话框中各选项卡参数含义如下：

1）“缩进和间距”选项卡

“缩进和间距”选项卡的参数含义如表 3-3 所示。

表 3-3 “缩进和间距”选项卡的参数含义

段落设置项目	参数含义
对齐方式	用于设置段落文本的对齐方式
大纲级别	可将选中的段落转化为某一级别的大纲
缩进	设置段落的左右缩进值，该值仅对选中段落第一行文字有效
间距	设置选中段落的段前、段后间距值
特殊格式	选择段落的特殊缩进方式，当选择了“首行缩进”或“悬挂缩进”之后，可以在后面的数值框中设置缩进值
行距	设置选中段落的行距，若选择“固定行距”，则可在“设置值”数值框中指定一个具体值

提 示

使用下列组合键可快速设定行距：【Ctrl+1】设定 1 倍行距，【Ctrl+2】设定 2 倍行距，【Ctrl+5】设定 1.5 倍行距，【Ctrl+0】在段前增加一个空行。

设置段落缩进与段落间距方法归纳如下：

➢ 段落缩进。

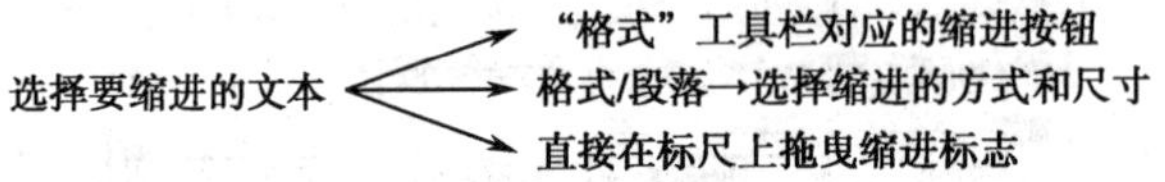

➢ 段落间距。

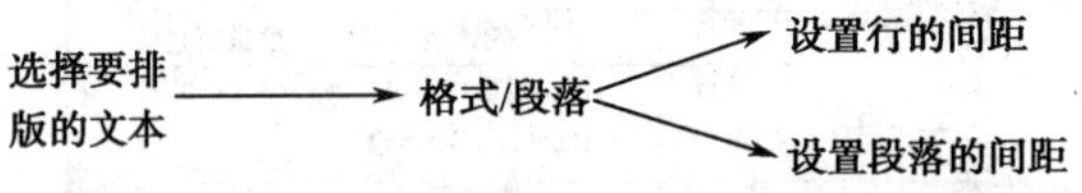

提 示

段落的首行缩进是 Word 提供的一种特殊样式，就是在段落的首行缩进一定距离。在中文文字的日常写作中有在段落起始处缩进两个字符的习惯。

设置一篇文档的首行缩进功能可在段落的“缩进和间距”选项卡中进行设置。在“特殊格式”下拉列表框中可以选择“首行缩进”或“悬挂缩进”格式，并设置缩进的度量值。如图 3-9 所示为首行缩进“0.75 厘米”，段间距为“2.5 磅”，行距为“单倍行距”的段落设置。

2）“换行与分页”选项卡

排版的时候，Word 一般会自动按照用户所设置页面的大小自动进行分页，以美化文档的视觉效果、简化用户的操作，不过系统自动分页的结果并不一定就符合用户的要求，Word 不仅允许手动对文档进行分页，还允许调整自动分页的有关属性，如可以利用分页选项避免文档中出现“孤行”，在段落内部、表格行中或段落之间进行分页等，可满足用户的任何要求，这就要通过如图 3-10 所示的“换行与分页”选项卡中的多个复选框来完成了。

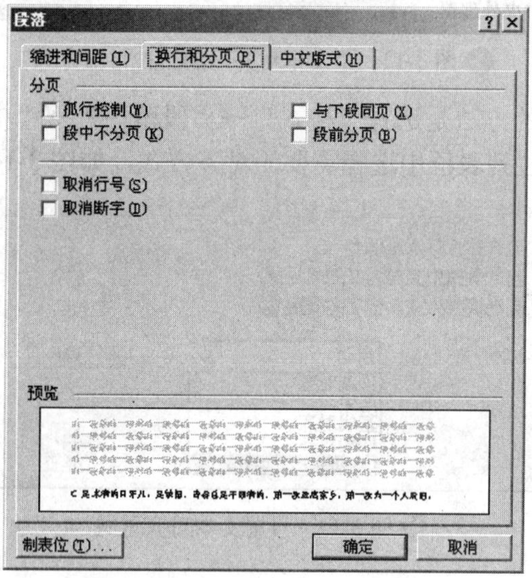

图 3-10　“换行和分页”选项卡

3）“中文版式”选项卡

该选项卡主要用于设置符合中文版式的一些换行及自动调整字符间距时遵循的规则，如图 3-11 所示。单击该选项卡的“选项”按钮，打开“中文版式”对话框，如图 3-12 所示，在该对话框中可以设置中文版式的首尾字符、字符间距调整与压缩时设置的对象。

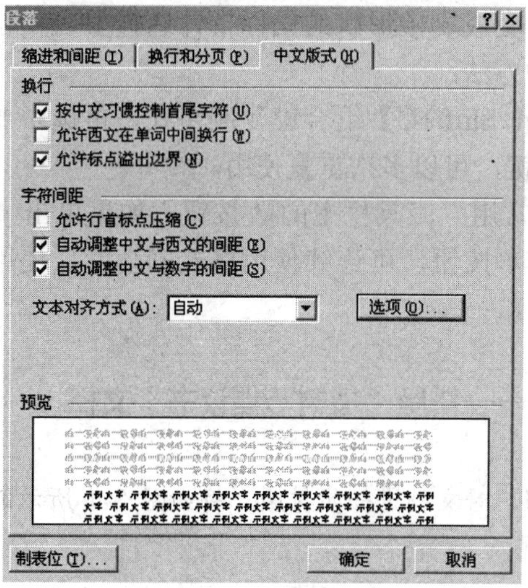

图 3-11　“中文版式”选项卡

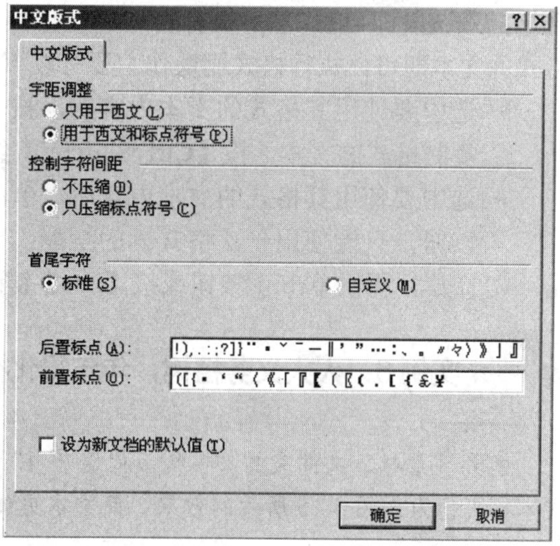

图 3-12　“中文版式”对话框

例如：设置文本对齐方式。在文档中，文本的对齐方式可分为五种，但经常使用的只有三种。文本对齐方式的作用只有在两种不同字号大小的段落中才有效果，特别是在图片与文字之间，效果就特别明显。如图 3-13 所示分别为“底端对齐”、“居中对齐”和“顶端对齐”的文本对齐方式。

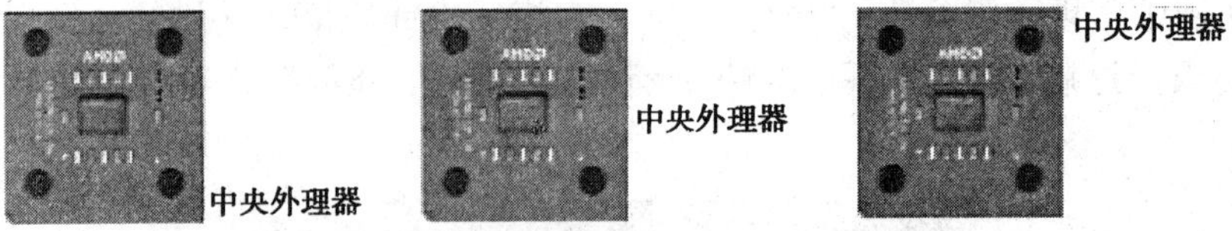

图 3-13　“文本对齐”的三种常用方式

设置文本对齐方式的方法是选择“格式”→“段落…”→“中文版式”命令，在“文本对齐方式”右边的下拉列表框中选择需要的对齐方式，如图 3-14 所示。

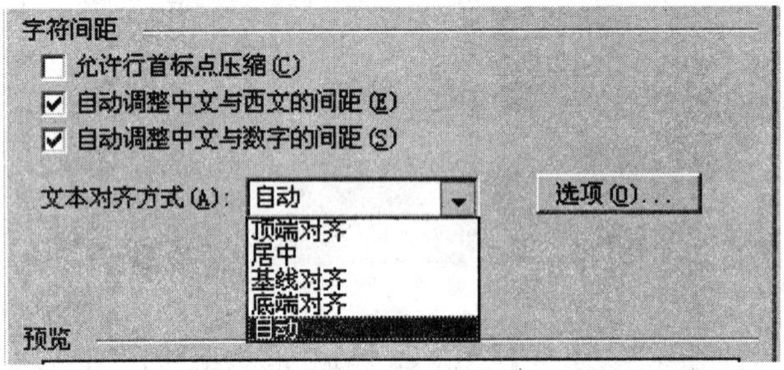

图 3-14　设置文本对齐方式

3.3 使用格式刷复制格式

格式刷是 Word 中进行相同格式设置时的一个利器，它可以将某个已有的格式快速应用到其他文字或段落中。

使用格式刷时需首先选中要使用其格式的文本（如果要使用某个段落的格式，只需将光标插入该段即可），然后执行格式刷操作，再用变成刷子形状的鼠标指针选择要应用该格式的文本即可。执行格式刷操作主要有以下两种方法：

- 选中要使用其格式的文本内容后，按【Ctrl+Shift+C】组合键复制格式，再选中要复制格式的文本，按【Ctrl+Shift+V】组合键，可以多次重复使用。
- 选中要使用其格式的文本内容后，单击“常用”工具栏上的按钮。如果单击按钮，只能使用一次格式刷的功能；双击按钮，可连续使用格式刷功能。使用完毕，再次单击按钮或按【Esc】键退出。

实例 6：人人义务植树，年年绿化祖国——排版“植树节倡议书”文档

打开“素材”文件夹的“植树节倡议书 1”文档，对文档进一步排版，将如图 3-4 所示的文本格式化为如图 3-15 所示的效果，使文本更加美观。

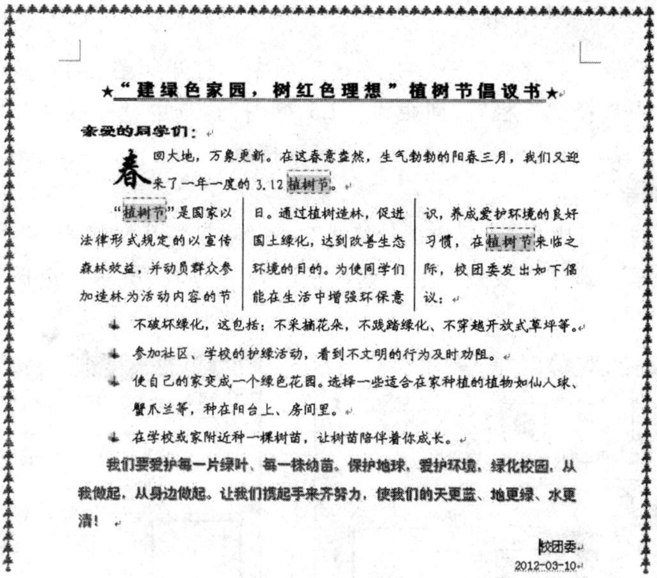

★"建绿色家园，树红色理想"植树节倡议书★

亲爱的同学们：

春回大地，万象更新。在这春意盎然，生气勃勃的阳春三月，我们又迎来了一年一度的 3.12 植树节。

"植树节"是国家以法律形式规定的以宣传森林效益，并动员群众参加造林为活动内容的节日。通过植树造林，促进国土绿化，达到改善生态环境的目的。为使同学们能在生活中增强环保意识，养成爱护环境的良好习惯，在植树节来临之际，校团委发出如下倡议：

- 不破坏绿化，这包括：不采摘花朵，不践踏绿化、不穿越开放式草坪等。
- 参加社区、学校的护绿活动，看到不文明的行为及时劝阻。
- 使自己的家变成一个绿色花园。选择一些适合在家种植的植物如仙人球、蟹爪兰等，种在阳台上、房间里。
- 在学校或家附近种一棵树苗，让树苗陪伴着你成长。

我们要爱护每一片绿叶、每一株幼苗，保护地球，爱护环境，绿化校园，从我做起，从身边做起。让我们携起手来齐努力，使我们的天更蓝、地更绿、水更清！

校团委

2012-03-10

图 3-15　"植树节倡议书"最终效果

实例分析

- 给指定文字分栏。
- 掌握首字下沉设置的方法。
- 掌握添加边框和底纹的方法。
- 掌握项目符号和编号设置的方法。

操作步骤

1. 打开文档

打开前面编辑过的 Word 文档"植树节倡议书 1"。

2. 设置首字下沉

（1）将光标定位在第二段落。

（2）选择"格式"菜单中的"首字下沉"命令，打开"首字下沉"对话框，如图 3-16 所示。在"位置"框中选择"下沉"，字体设置为"华文行楷"，下沉行数设置为"2"，单击"确定"按钮。

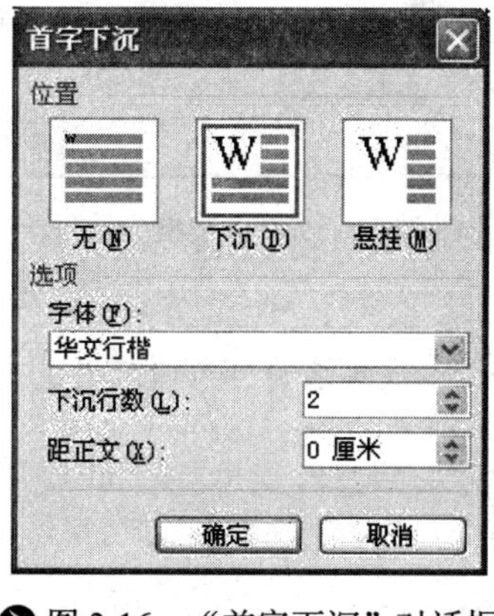

图 3-16　"首字下沉"对话框

3. 文档的分栏

选中第三小段，选择“格式”→“分栏…”命令，打开如图 3-17 所示的“分栏”对话框，在“预设”项中选择“三栏”，间距为“1.5 字符”，选中“分隔线”复选框，在“应用于”下拉列表框中选择“所选文字”，单击“确定”按钮。

4. 添加项目符号

选中“倡议书的第四段文本”，选择“格式”→“项目符号和编号…”命令，弹出“项目符号和编号”对话框，选择“项目符号”选项卡，如图 3-18 所示，选择“花型项目符号”后，单击“确定”按钮。

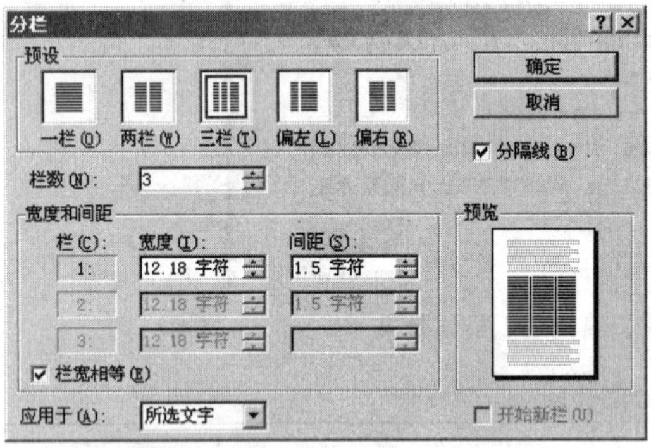

图 3-17 “分栏”对话框

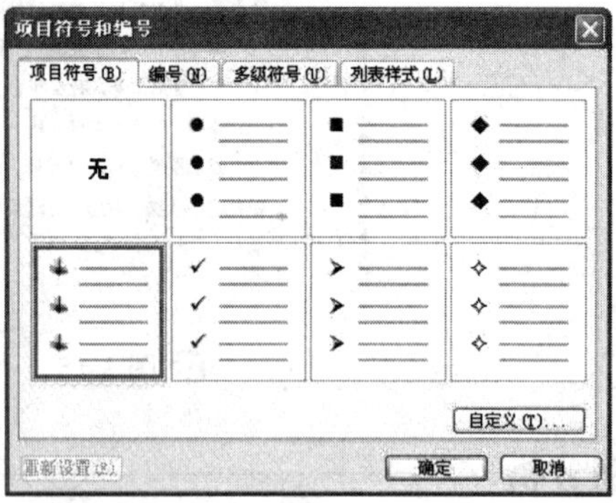

图 3-18 “项目符号”选项卡

5. 为文本添加边框

选择“格式”→“边框和底纹…”命令，弹出“边框和底纹”对话框，选择“页面边框”选项卡，如图 3-19 所示，选择“设置”选项中的“自定义”；在“艺术型”下拉列表框中选择“树型”；“应用于”下拉列表框中选择“整片文档”；宽度为“9 磅”，单击“确定”按钮。

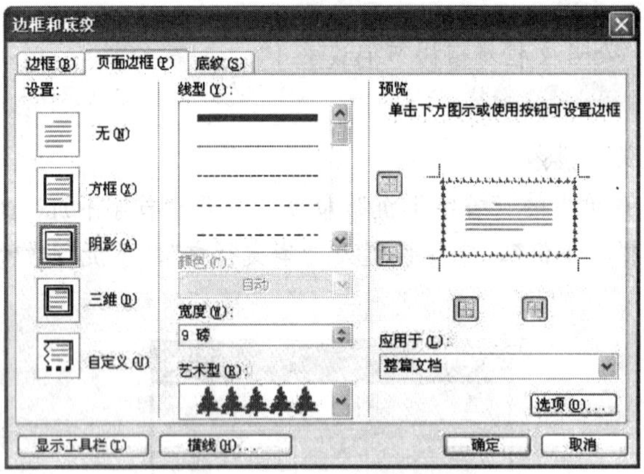

图 3-19 “页面边框”选项卡

6. 保存文档

将文档保存在“素材”文件夹中，文件名为“植树节倡议书 2.doc”，效果如图 3-15 所示。

3.5 设置中文版式

Word 中文版具有中国人使用的特点，它提供了符合中国人排版习惯的许多功能，比如中文版式就是其中之一。中文版式提供了拼音指南、合并字符、带圈字符、纵横混排和双行合一等功能，中文版式的菜单命令在“格式→中文版式”下。中文版式菜单如图 3-20 所示。

提 示

中文版式没有相应的工具栏，只是在如图 3-21 所示的“其他格式”工具栏中有“拼音指南”、“合并字符”和“带圈字符”三个按钮。

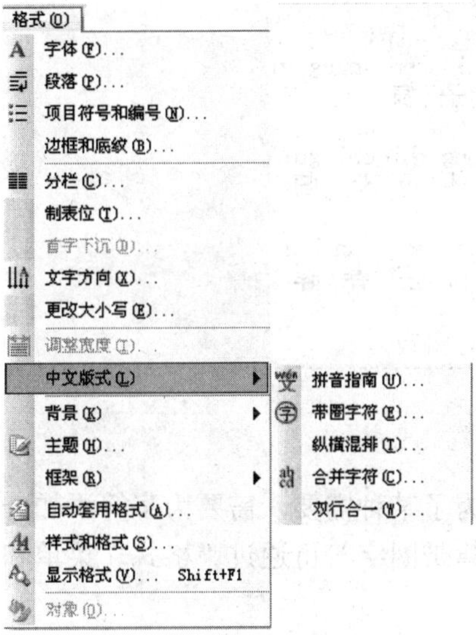

图 3-20　“中文版式”菜单

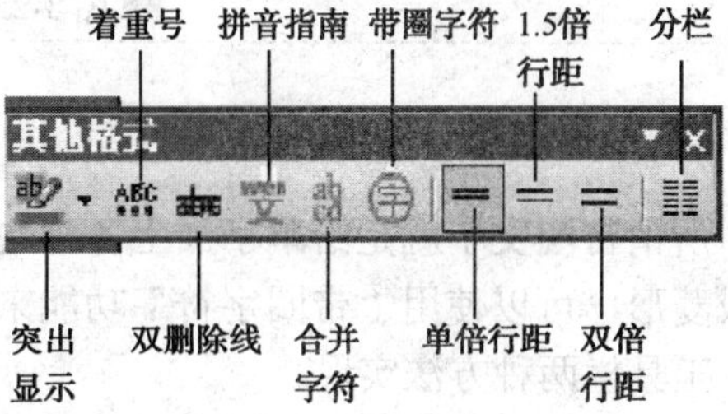

图 3-21　“其他格式”工具栏

1. 给汉语加注拼音

所谓拼音文字就是给中文字符标注汉语拼音。小学使用的语文课本，文字上面就标注有拼音，使用中文版式中的拼音指南就可以轻易实现。拼音指南的设置可通过“格式”菜单和“格式”工具栏两种方法实现。

1）使用“格式”菜单

- 选中要标注拼音的文字（一次最多能选 30 个汉字）。
- 选择“格式”→“中文版式”→“拼音指南…”命令，弹出“拼音指南”对话框。
- 在“拼音文字”文本框内单击可以对每个字的拼音进行修改，在“对齐方式”列表框中选择拼音文字的位置；在“字体”和“字号”列表框中分别选择拼音的字体和大小。单击“组合”按钮 组合(G)，可让所有拼音文字在顶端第一行内显示。单击“单字”按钮，可让所有拼音文字在对话框内分行显示；单击“默认拼音”按钮使用系统提供的拼音，可用于拼音修改错误后的恢复。

2）使用“拼音指南”按钮

选取需要标注拼音的文字后，单击“格式”工具栏中的该按钮，弹出“拼音指南”对话框，设置并单击 确定 按钮，即可为文字添加拼音。要删除拼音时，选取文本，单击“拼音指南”对话框的 全部删除(V) 按钮即可。

提 示

在添加或删除拼音时，选中文字的字符格式不会发生变化，可以在应用拼音指南之后设置字符格式，但如果为带有拼音指南的文字设置格式（如加粗），则拼音指南也将带有相同的格式；若要更改带有拼音指南的文字格式，要先删除拼音指南，再更改格式，然后重新应用拼音指南，给汉语加注拼音效果如图 3-22 所示。

you zi yin
《游 子 吟》

ci mu shou zhong xian　　you zi shen shang yi
慈 母 手 中 线，　　游 子 身 上 衣。

lin xing mi mi feng　　yi kong chi chi gui
临 行 密 密 缝，　　意 恐 迟 迟 归。

shui yan cun cao xin　　bao de san chun hui
谁 言 寸 草 心，　　报 得 三 春 晖。

图 3-22　给汉语加注拼音

2. 创建带圈字符

所谓带圈文字就是给单字加上各种边框。有时为了某种需要，需要为字符添加一个圆圈或菱形，可以使用“带圈字符”功能来实现。创建带圈字符可通过“格式”菜单和“格式”工具栏两种方法实现。

1）使用“格式”菜单

- 选中需要带圈的文字，选择“格式”→“中文版式”→“带圈字符…”命令，打开如图 3-23 左图所示的“带圈字符”对话框。
- 从“文字”选项组中选择用过的字符。选择“样式”和“圈号”后，单击“确定”按钮，即可为选中的文字添加边框，如图 3-23 右图所示为“带圈字符”的各种“圈号”格式。

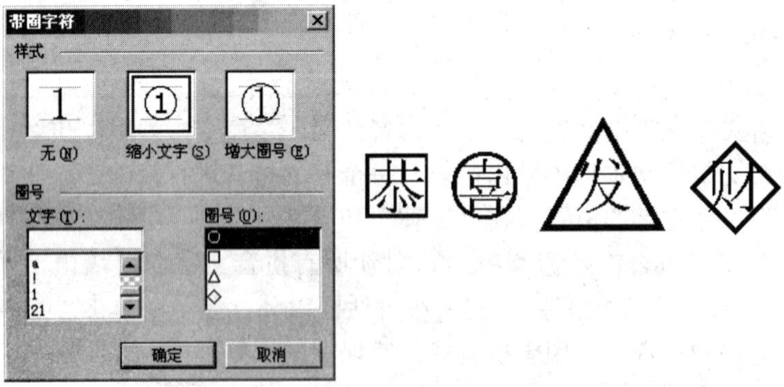

图 3-23　“带圈字符”对话框及实例

2）使用“带圈字符”按钮

选中文字后，单击“格式”工具栏中的该按钮，将弹出“带圈字符”对话框，在对话框中设置选项，再单击按钮，就给文字添加了圈号。

3. 设置双行合一

在 Word 中可以直接把一个语句排成两行，然后放在一行中编排，具体步骤如下：

（1）选中要排成两行的语句，也可以不选，然后选择“格式”→“中文版式”→“双行合一…”命令，弹出“双行合一”对话框，如图 3-24 所示。

（2）在该对话框中，如果选中了语句，那么该语句就会在“文字”下面的文本框中显示，否则就在文本框中输入要双行合一的字符。如果要想在双行字符前面加上括号，可以选中“带括号”复选框，然后在“括号样式”下拉列表框中选择括号的类型，单击“确定”按钮，完成后的效果如图 3-25 所示。

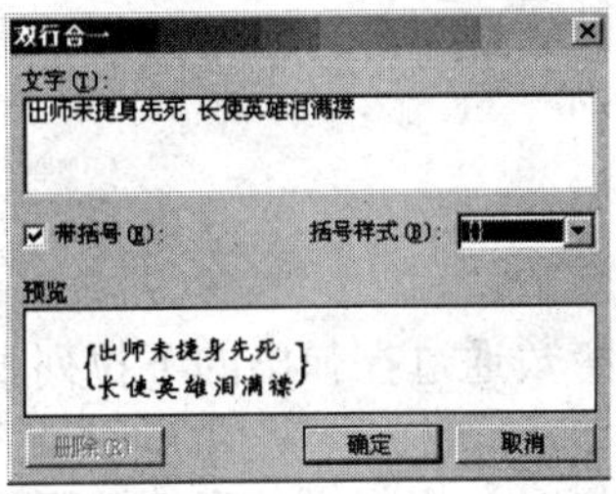

图 3-24　“双行合一”对话框

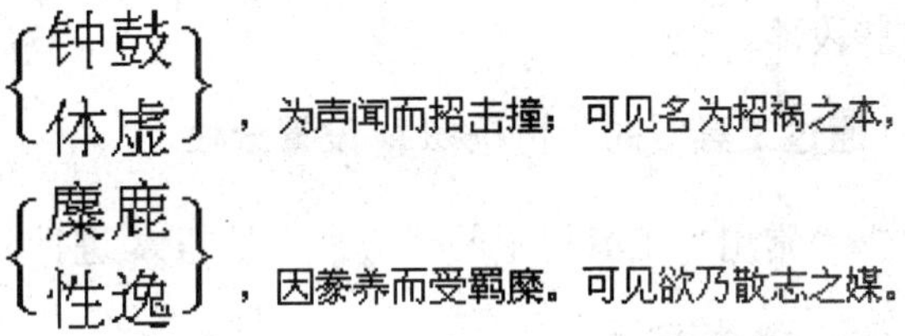

图 3-25　“双行合一”效果

4. 设置首字下沉

所谓首字下沉，就是指文章或段落的第一个字或前几个字使用比文章的其他字的字号要大，或者不同的字体。这样可以突出段落，更能吸引读者的注意力。多用于报刊、杂志和网页。

设置首字下沉的操作步骤如下：

（1）用鼠标选择文章中需要首字下沉的第一个字，也可以把光标放在需要首字下沉的段落内。

（2）选择“格式”→“首字下沉…”命令，打开如前图 3-16 所示的“首字下沉”对话框。

（3）在“首字下沉”对话框中的“位置”选项组中有“无”、“下沉”和“悬挂”3 个选项。通常下沉行数不要太多，大概 2～5 行就适合了，否则文字太突出，反而影响文章的美观。

（4）在“选项”组中选中首字的字体，填入下沉行数和距后面正文的距离。

（5）单击“确定”按钮。

例如：设计如图 3-26 所示的效果。

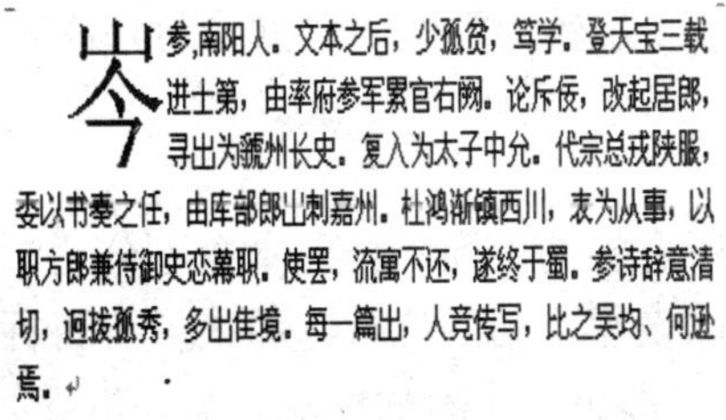

图 3-26　“首字下沉”的效果

在“位置”选项组选择“下沉”；在“字体”、“下沉行数”选项中，分别设为“宋体”、“3 行”；在“距正文”微调框中输入下沉的字符与段落正文的间距量，单击“确定”按钮。如果觉得效果不是很好，可以重新修改各选项参数，直到满意为止。

3.6 分栏排版

使用 Word 的分栏排版功能可以制作出较有特色的文档版面，使整个页面更具观赏性，这种版式广泛应用于报刊、杂志等形式的媒体中。

切换到页面视图下，可通过“格式”工具栏和“分栏”对话框两种方式实现分栏设置；如要对整个文档分栏，则将插入点移到文本的任意处，如要对部分段落分栏，则应先选中这些段落。

1. 通过工具栏的分栏按钮设置分栏

单击“常用”工具栏中的“分栏”按钮进行分栏，栏数通过在弹出的下拉列表中拖动鼠标选择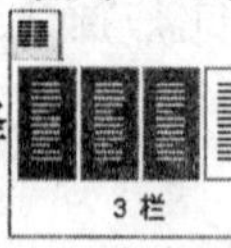

，最多为 4 栏。使用该方式设置分栏时，栏与栏之间的间距值只能采用默认值，且各栏将被均分。

2. 通过“分栏”对话框设置分栏

选择“格式”→“分栏…”命令，打开“分栏”对话框，如前图 3-17 所示，在该对话框中可以设置分栏间距，以设置出不等宽的分栏。“分栏”对话框中各选项卡参数含义如下。

预设：选择系统预设的常用分栏样式。

栏数：设置分栏数，当超过 3 栏时，只能在该数值框中设置分栏数，最多可以设为 11 栏。

分隔线：设置是否在栏与栏之间添加分隔线。

宽度和间距：设置栏与栏之间的间距与栏宽，默认情况下为均等栏宽，选择了分栏数，即确定了栏宽。

栏宽相等：使各栏栏宽相等。如果取消勾选该复选框，则可设置不均等的栏宽。

应用于：选择分栏版式是应用于选中的部分还是整篇文档；若没选中任何文本，则可在此选择是应用于当前光标插入点之后或是整篇文档。

用户也可利用表格分栏，如果要分 4 栏，可用 4 列的表格，设置成虚框，在里面填写文字，这种方法在某些情况下使用较为简便，可以达到分栏的效果。

3. 制作跨栏标题

有时希望文章标题位于所有栏的上面，标题本身不分栏，此时就需要对文档进行分节处理。在文档中每个节都可以设置不同的栏数，现在只要将标题单独作为一节，该节只设置 1 栏（也就是标题不分栏），即可产生跨栏标题。操作步骤如下：

（1）将光标移至标题的下面，正文的第一个字前。

（2）选择“插入”→“分隔符…”命令，弹出如图 3-27 所示的“分隔符”对话框。

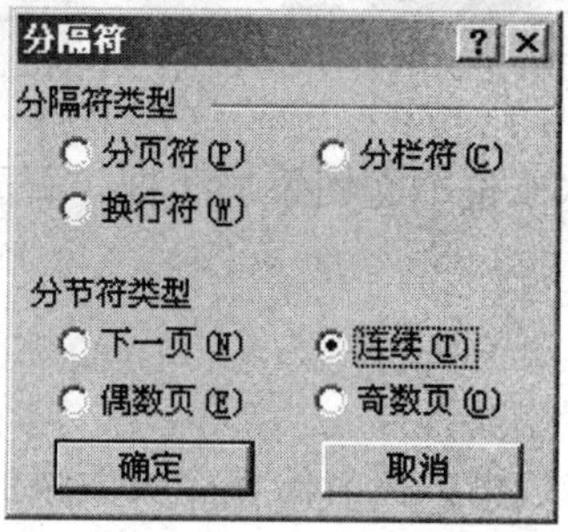

图 3-27　“分隔符”对话框

（3）在“分节符类型”组中选择“连续”，单击“确定”按钮，就在标题和正文之间插入一个分节符。

（4）把光标放在需要分栏的节内，选择“格式”→“分栏…”命令，弹出“分栏”对话框。

（5）在“预设”选项组中选择分栏的格式，或者自己设置分栏格式，如在“预设”选项组中选择“三栏”。

（6）在“应用于”下拉列表框中选择“本节”，单击“确定”按钮，关闭“分栏”对话框，这时在页面视图中就可以看到跨栏标题的效果了。

如果在分栏的过程中，已经连标题也一起分栏了，如图 3-28 所示，可以选取标题文字，单击常用工具栏中的分栏按钮，在弹出的菜单中选择“1 栏”，也就是不分栏，完成后效果如图 3-29 所示。

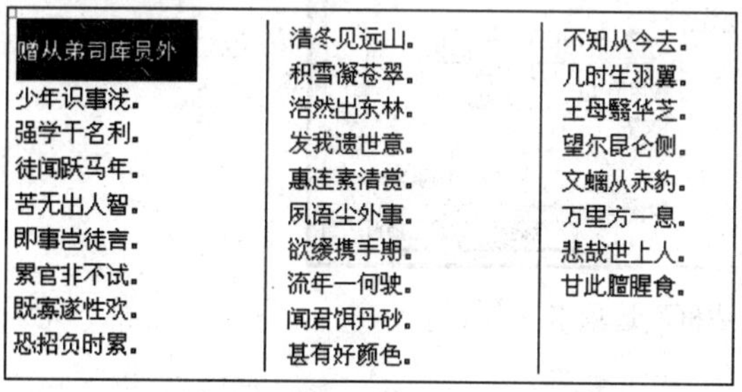

图 3-28　不跨栏的标题

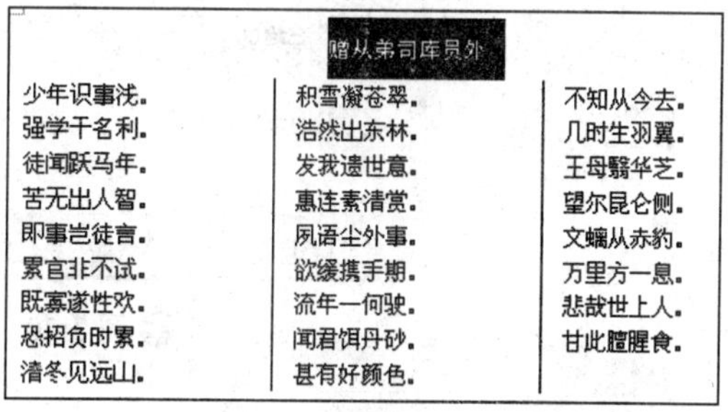

图 3-29　跨栏标题

提 示

- 建立等长栏的方法：在栏的最后一个字符后面插入一个连续的分节符，就可以得到等长栏的效果。将插入点移至分栏文本的结尾处，在“插入/分隔符”中选择连续即可。
- 快速更改分栏的宽度：在页面视图下，将鼠标放置在水平标尺上相应的分栏标记上，拖动水平标尺上的分栏标记即可。
- 对最后一段进行分栏操作时，在选择段落时，不能选中文章末尾的回车符，否则会导致文字全部偏向栏的左边。

3.7 段落修饰

段落修饰是对所选中的文本或整个文档添加边框、页面边框和底纹等操作，从而使文档更加漂亮美观。

1. 添加边框

可以单独为文字和段落添加边框，或者给整个页面添加边框，操作步骤如下：

选中需要添加边框的文字或段落，选择“格式”→“边框和底纹…”命令，打开“边框和底纹”对话框，如图 3-30 所示。

- 选中“边框”选项卡“设置”组中的选项，如三维、阴影等。如果只需要添加两条竖边框，那么在“预览”组中把多余的边框线取消即可。
- 在“线型”组中选择线型、线型的宽度及颜色。
- 在“应用于”下拉列表中选择应用的范围，可选择“文字”或“段落”。

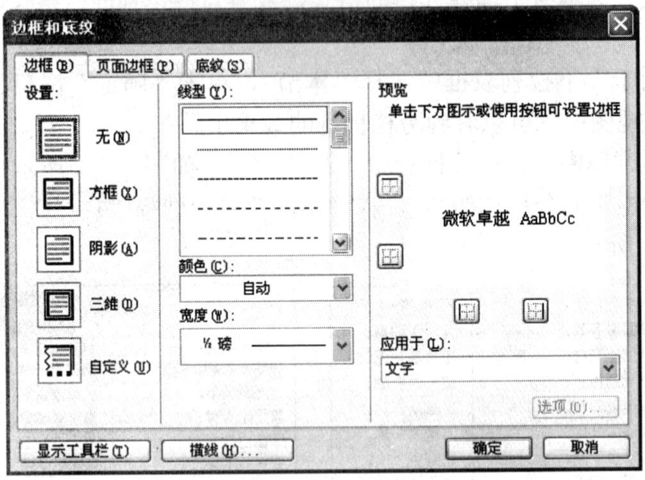

图 3-30 “边框”选项卡

2. 添加页面边框

若要添加页面边框，在“边框和底纹”对话框中切换到“页面边框”选项卡，依次操作即可，添加页面边框时，还可以在“艺术型”下拉列表中选择用于页面边框的艺术线型。

1）添加“艺术”页面边框

- 单击“格式”→“边框和底纹…”命令，打开“边框和底纹”对话框，切换到“页面边框”选项卡，如前图 3-19 所示。
- 在“设置”组中选择“方框”选项。
- 在“艺术型”列表框中选择喜欢的样式，也可以选择线型边框样式，在“宽度”下拉列表框中调整边框的宽度。
- 单击“选项…”按钮，打开如图 3-31 所示的“边框和底纹选项”对话框，可以完成其他边距和位置的设置，效果如图 3-32 所示。

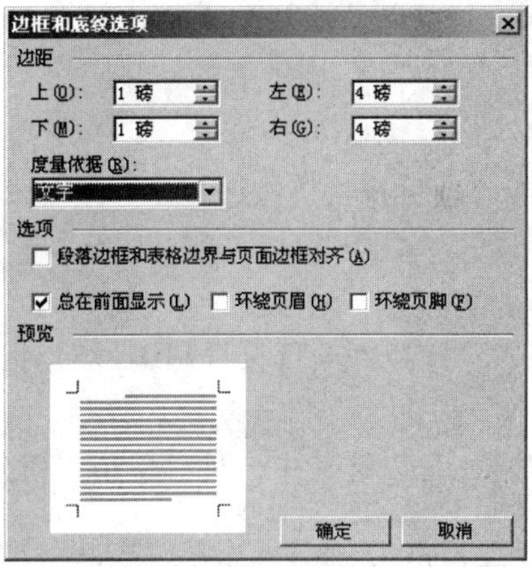

图 3-31　“边框和底纹选项”对话框

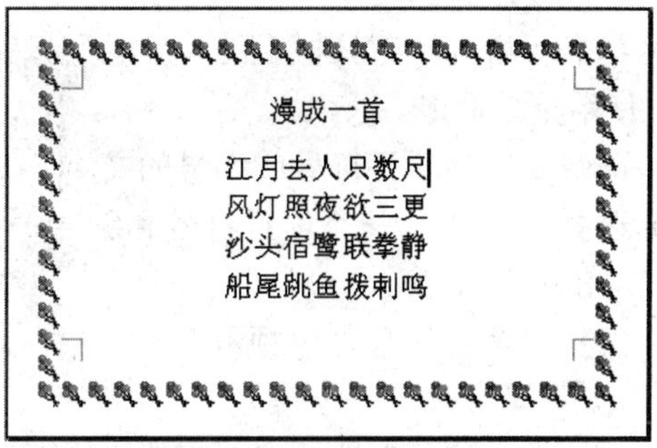

图 3-32　添加页面边框的效果

2）添加底纹

添加底纹不同于添加边框，它只能对文字或段落添加，而不能对页面添加，操作步骤如下：

- 选中要添加底纹的一个或多个段落。
- 选择“格式”→“边框和底纹…”命令，打开“边框和底纹”对话框，切换到“底纹”选项卡，如图 3-33 所示。
- 在“填充”组中选择底纹的颜色。在“样式”下拉列表中选择底纹样式，即选择底纹颜色含量的百分比；在“颜色”下拉列表中选择底纹内填充的颜色；在“预览”框中观看其效果。
- 在“应用于”下拉列表中选择“段落”或“文字”选项，单击“确定”按钮，完成添加底纹效果。

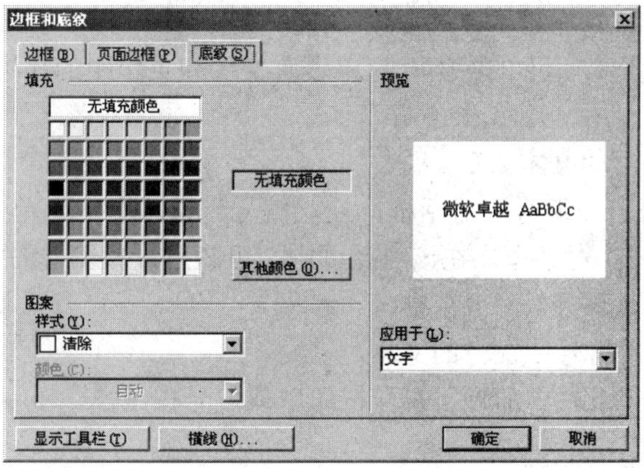

图 3-33　“底纹”选项卡

段落修饰归纳如下。

- 修饰边框：样式、线型、颜色、线宽。
- 修饰底纹：填充颜色、底纹图案、底纹颜色。

3. 编号和项目符号

项目符号与编号用于文档中几个并列的项目，它可以使文档变得条理清晰。

1）添加项目符号和编号

➢ 使用“格式”工具栏创建项目符号和编号。

① 选中要添加的文本。

② 单击“格式”工具栏上的“编号”按钮或“项目符号”按钮。

➢ 使用菜单命令。

① 选中要添加项目符号或编号的文本。

② 选择“格式”→“项目符号和编号…”命令，打开“项目符号和编号”对话框，如前图3-18所示。

③ 选择“项目符号”选项卡，有7种项目符号，可以选其中一种，单击“确定”按钮。

④ 若单击“编号”选项卡，可选择需要添加的编号样式。

⑤ 若单击“多级符号”选项卡，则可以选择合适的多级项目符号样式。

2）修改项目符号和编号

如果已经添加了项目符号和编号，还可以对其进行一系列的修改和调整。

➢ 修改项目符号。

① 选择项目符号列表或编号列表中的文本。

② 选择“格式”→“项目符号和编号…”命令，打开“项目符号和编号”对话框，选择“项目符号”选项卡，从中选择与列表原有的项目符号列表相匹配的格式。

③ 单击“自定义”按钮，弹出“自定义项目符号列表”对话框。

④ 单击 字体(F)... 按钮，弹出“字体”对话框，在该对话框中，可以设置项目符号的大小。

⑤ 单击 字符(C)... 按钮和 图片(P)... 按钮，在弹出的“符号”和“图片项目符号”对话框中，都包含了多种样式的项目符号，可以任意选取。

⑥ 在“项目符号位置”选项下的参数，可以设置项目符号和页边距的缩进。

⑦ 在“文字位置”选项下的参数，可以设置文字和页边距的缩进。

➢ 修改编号。

① 选取要修改编号的文本。

② 打开“项目符号和编号”对话框，在“编号”选项卡中，单击 自定义(T)... 按钮，弹出“自定义编号列表”对话框，在该对话框中，可随意设置编号的大小、位置和样式。

3）删除项目符号或编号

➢ 选择要删除项目符号或编号的文本。

➢ 单击“格式”工具栏中的项目符号按纽或编号按纽。

提 示

- 对于简单的项目符号和编号，可用“格式”工具栏的对应按钮。
- 结束自动添加项目符号，可以按【Backspace】键删除插入点前的项目符号，或再按一次【Enter】键。
- “多级符号”选项卡主要用于有大纲的各种标题和副标题。

小技巧

1. 利用边框和底纹在 Word 中制作整行横线

在使用 Word 的过程中，经常需要在文档中画出整行的横线，尤其是在制作试卷时，更是需要整段的横线。通常情况下，采用以下两种方法：

第一种是根据需要按空格键，然后给这些空格设置下画线；第二种方法是直接用绘图工具画出一条直线。如果只需要短横线的话，第一种方法比较适合，但如果要整段的横线，则比较麻烦。

第二种方法的缺点是在后期排版中，需要进行细致的调整。下面介绍一种方法，可以迅速地制作出整段的横线。

在需要制作横线处，连续按回车键，需要几行就按几个。选中连续的回车符，选择“格式”→“边框和底纹…”命令，弹出“边框和底纹”对话框，在“设置”选项组中选择“自定义”，再选择合适的线型、颜色、宽度，在如图 3-34 所示的地方用鼠标各单击一下，在下方的“应用于”列表框中选择“段落”，单击“确定”按钮即可。

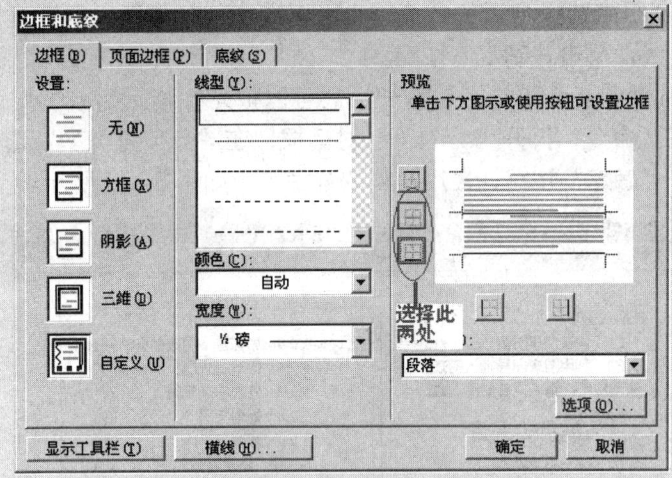

图 3-34 制作整行横线

2. 为目录分栏

一般书的目录都分为两栏，这样看上去比较美观也便于查阅，这种形式的目录该怎么做呢？如果采取为文字分栏的方法为目录分栏，则会出现右半侧页码消失的现象，解决这一问题的方法如下：

（1）选中刚建立的目录，单击鼠标右键，从快捷菜单中选择“段落…”命令，如图 3-35 所示。

（2）在打开的“段落”对话框的“缩进和间距”选项卡中单击“制表位”按钮，弹出如图 3-36 所示的“制表位”对话框。

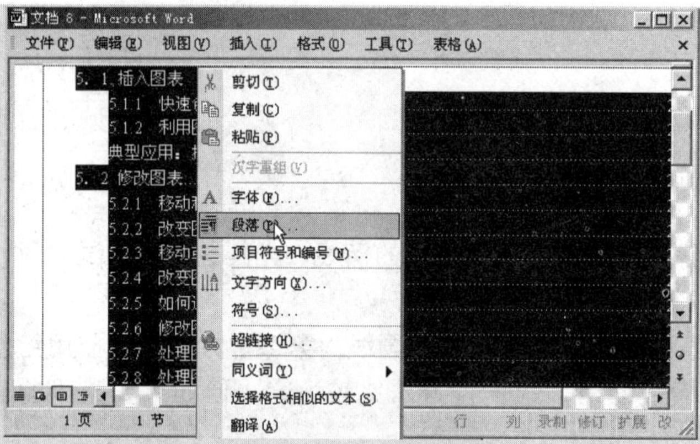

图 3-35 快捷菜单

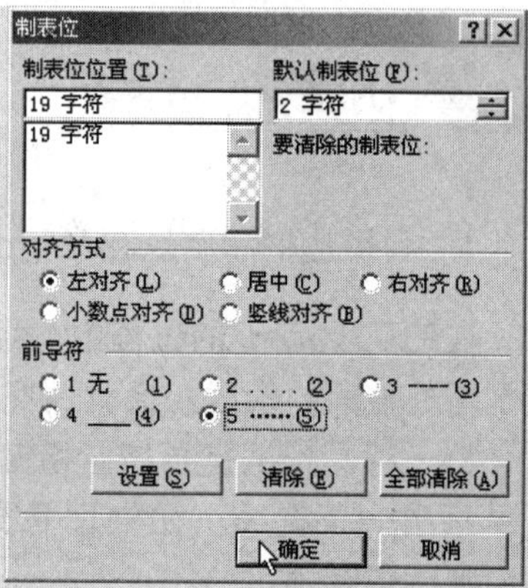

图 3-36 “制表位”对话框

（3）在“制表位位置”文本框内输入合适的数值，如“19 字符”，这个值为没有分栏前整个页面制表位位置数值的一半（假设当前文档的版心每行是 38 个字符）。在“对齐方式”选项组中选择“左对齐”单选按钮，在“前导符”选项组中选择其中一种形式。

（4）单击“设置”按钮，再单击“确定”按钮。

（5）选择“格式”→“分栏…”命令，在“预设”选项组内选中“两栏”选项，在“宽度和间距”选项组中选择合适的数值，也可以选中“分隔线”复选框，为左右两排目录之间加一条分隔线，单击“确定”按钮。

（6）此时得到的目录可能并不是等长栏，可以把光标移到目录的结尾处，选择“插入”→“分隔符…”命令，打开“分隔符”对话框，在“分节符类型”选项组中选择“连续”复选框，单击“确定”按钮，最后得到的分栏目录如图 3-37 所示。

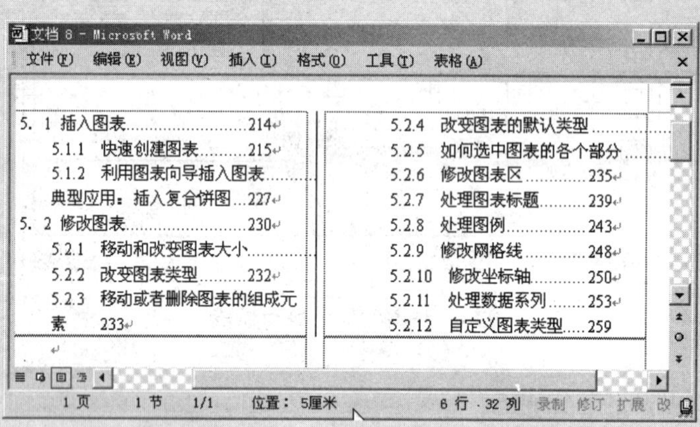

图 3-37 “目录”的分栏效果

思考与实训

一、填空题

1. 在 Word 文本格式化中，要完成设置字体、段落、边框和底纹等操作，必须先要________格式化的区域，使该区域反向显示。

2. 在 Word 中，8 号字比 10 号字________。

3．如果要把一段文字的水平间距加大，可以通过________来完成。

4．段内文本排列方式有________、________、________和________四种方式，在________上有其中四个按钮。

5．在 Word 中不宜使用按回车键增加空行的方法加大段落间距，而应该使用“格式”菜单中________命令的“缩进和间距”选项卡来设置。

6．用户可以使用“格式”菜单的________命令，自行选择项目编号的式样。

7．水平标尺上有首行缩进、________和右缩进等三个滑块，从而可界定这三个边界的位置。

8．在 Word 中，用鼠标单击“格式”工具栏中的“编号”或“项目符号”按钮可设置项目符号和段落编号。一旦设置后，每按一次________键，都会在下一行行首自动添加一个，再一次单击相应按钮，则会去掉添加的内容。

二、选择题

1．在 Word 2003 的编辑状态中，对已经输入的文档设置首字下沉，需要使用的菜单是（　　）。

A．编辑　　B．视图　　C．格式　　D．工具

2．在 Word 2003 的编辑状态下，若想制作动态文字效果，应使用的菜单是（　　）。

A．编辑　　B．插入　　C．格式　　D．工具

3．关于 Word 2003 的分栏，下列说法正确的是（　　）。

A．最多可以分 4 栏　　B．各栏宽度必须相同

C．各栏宽度可以不相同　　D．各栏宽度是固定不变的

4．在 Word 的编辑状态下，选择了一个段落并设置段落的“首行缩进”为 1 厘米，则（　　）。

A．该段落的首行起始位置距页面的左边 1 厘米

B．文档中各段落的首行只由“首行缩进”确定位置

C．该段落的首行起始位置距段落的“左缩进”位置的右边 1 厘米

D．该段落的首行起始位置在段落的“左缩进”位置的左边 1 厘米

5．在 Word 的编辑状态下，被编辑文档中的文字有“四号”、“五号”、“16 磅”、“18 磅”四种，下列关于所设定的字号的大小比较中，正确的是（　　）。

A．“四号”大于“五号”　　B．“四号”小于“五号”

C．“16 磅”大于“18 磅”　　D．字的大小一样，字体不同

6．在 Word 2003 窗口中，利用（　　）可方便地调整段落的缩进、页面上下左右的边距及表格的列宽。

A．标尺　　B．“格式”工具栏　　C．“常用”工具栏　　D．“表格”工具栏

7．下列菜单中，含有设置字体命令的是（　　）。

A．编辑　　B．格式　　C．工具　　D．视图

8．在 Word 中，段落是一个格式化单位，下列不属于段落的格式有（　　）。

A．对齐方式　　B．缩进　　C．间距　　D．字体

9．使用（　　）可以进行快速格式复制操作。

A．编辑菜单　　B．段落命令　　C．格式刷　　D．格式菜单

10．要为某个段落添加下双画线，可以（　　）。

A．选择“格式”→“字符”命令，在“字体”对话框中进行设置

B．选择“格式”→“段落”命令，在“段落”对话框中进行设置

C．使用“表格和边框”工具栏上的按钮

D．使用“绘图”工具栏绘制

11．在 Word 2003 中，如果使用了项目符号或编号，则项目符号或编号在（　　）时会自动出现。

A．每次按回车键　　B．一行文字输入完毕并回车

C．按【Tab】键　　D．文字输入超过右边界

12．在 Word 编辑状态下，当前编辑文档中的字体全是宋体，选择一段文字使之反显，先设置为楷体，又设置为仿宋体，则（　　）。

A．文档全文是楷体　　B．被选择的内容是宋体

C．被选择的内容变为仿宋体　　D．文档全部文字的字体不变

13．在 Word 中，文档可以多栏并存，以下（　　）视图可以看到分栏效果。

A．普通　　B．页面　　C．大纲　　D．主控文档

14．在 Word 文档中，默认的对齐格式是（　　）。

A．居中　　B．两端对齐　　C．左对齐　　D．右对齐

三、简答题

1．列举常用的几种设置字体的方法。

2．在 Word 中表示字的大小有哪两种方式？

3．怎样设置段落的首行缩进？

4．怎样设置首字下沉？

5．使用格式刷复制格式有哪些方法？

四、上机实训

要求：在 Word 中按图 3-38 所示的样式编排文档。

1．打开“素材”文件夹中名为“母亲节的问候”文档。

2．格式设置。

（1）将标题文字设置为华文行楷、二号、加粗，字体颜色为红色，字间距加宽 1 磅，字符缩放为 200%，位置提升 3 磅。标题两边各插入“☙”和“❧”，居中对齐。

（2）将正文文字设置为小四号、楷体。

（3）将最后一段文字设置为幼圆、加粗；英文为 Arial Black 体，颜色为橙色。

（4）复制格式，将“母爱”设置为加粗，红色并添加着重号；“母亲节”设置为加粗、倾斜、阳文、橙色、海绿色底纹，相同的词语用格式刷设置。

3．段落修饰。

（1）将“正文”文字设置为首行缩进 2 个字符，段间距为固定值 20，分散对齐方式，标题设置为段后 1 行。

（2）首字“母”设置为隶书，下沉 2 行，距正文 0.5 厘米。

（3）设置“边框和底纹”，将标题设置为阴影、3 磅粗的绿色边框，20%灰色底纹；将“最后一段”设置为 1 磅粗的红色单线边框，10%灰色底纹。

（4）分栏排版，将第二段设置为等宽两栏、中间带分隔线。

（5）给第三、四、五段添加图样中的项目符号。

4．保存文档，名为“母亲节的问候 1.doc”。

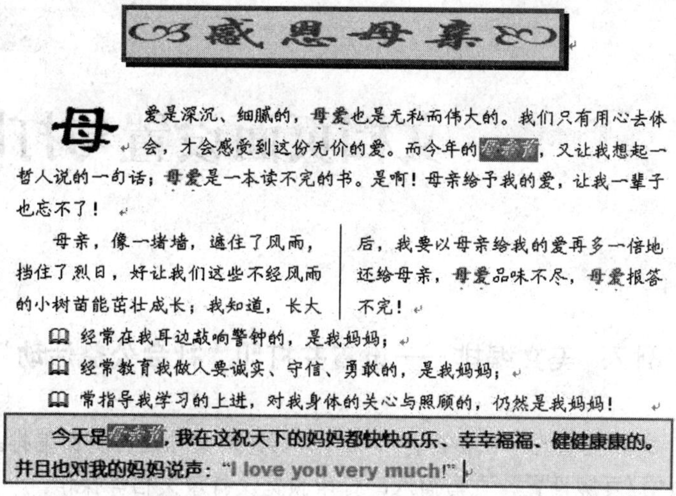

感恩母亲

母爱是深沉、细腻的，母爱也是无私而伟大的。我们只有用心去体会，才会感受到这份无价的爱。而今年的母亲节，又让我想起一哲人说的一句话：母爱是一本读不完的书。是啊！母亲给予我的爱，让我一辈子也忘不了！

母亲，像一堵墙，遮住了风雨，挡住了烈日，好让我们这些不经风雨的小树苗能茁壮成长；我知道，长大后，我要以母亲给我的爱再多一倍地还给母亲，母爱品味不尽，母爱报答不完！

- 经常在我耳边敲响警钟的，是我妈妈；
- 经常教育我做人要诚实、守信、勇敢的，是我妈妈；
- 常指导我学习的上进，对我身体的关心与照顾的，仍然是我妈妈！

今天是母亲节，我在这祝天下的妈妈都快快乐乐、幸幸福福、健健康康的。并且也对我的妈妈说声：“I love you very much!”

图 3-38 “母亲节的问候 1”效果

模块4

文档页面设置与打印

实例 7：美文编排——设置并打印“社会公益活动”文档

打开“素材”文件夹中的“社会公益活动”文档，对文档进行页面编排。学完本模块，应掌握页面设置、页眉/页脚设置、页码插入、打印预览及打印文档等操作。

实例分析

- 打开指定文档，赏析美文。
- 掌握页面设置、页眉/页脚设置、页码插入的简单操作。
- 预览已编排文档并进行打印。

操作步骤

（1）打开“素材”文件夹中的“社会公益活动”文档。

（2）对文档中的题目“社会公益活动”进行字符格式化，字体设置为“仿宋小一号”。

（3）选择“文件”→“页面设置”命令，打开“页面设置”对话框，在“页边距”选项卡中，将页的上、下边距设为 2 厘米，左右边距设为 3 厘米，装订线位置设为“左侧”，边距为 0.3 厘米，如图 4-1 所示。

（4）在“版式”选项卡中，设置页眉距边界 1.5 厘米，页脚距边界 1.75 厘米，选择“奇偶页不同”复选项，垂直对齐方式选择“顶端对齐”，如图 4-2 所示。

图 4-1　调整页边距

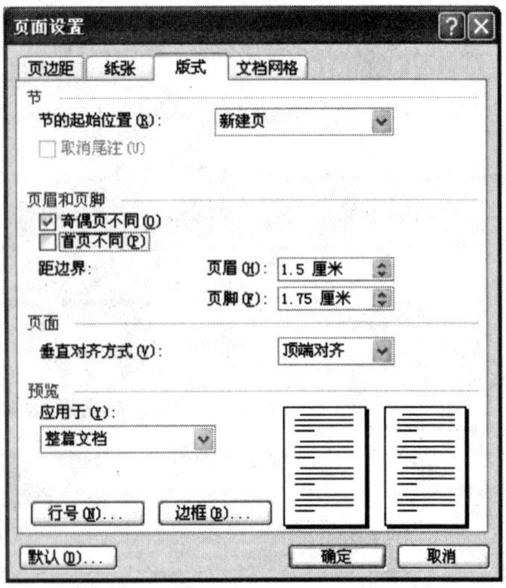

图 4-2　设置页面版式

（5）在“文档网格”选项卡中，选择文字排列方向为“水平”，栏数为“1”，网格选择“指定行和字符网格”，并设置每行字符数为“39”，跨度为“10.5 磅”，每页“44”行，跨度为“15.6 磅”，单击“确定”按钮，如图 4-3 所示。

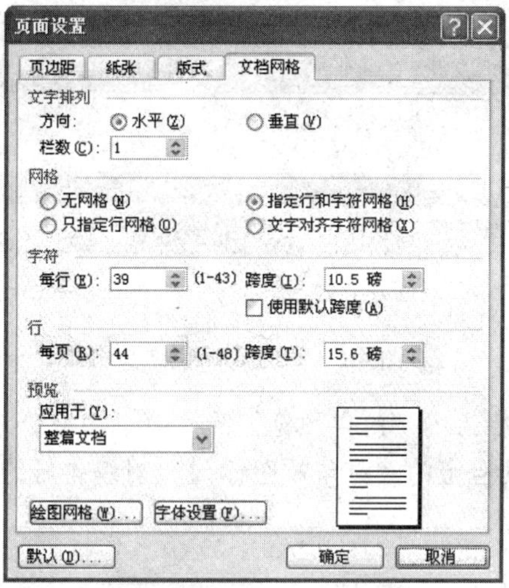

图 4-3　设置文档网格

（6）选择“视图”→“页眉页脚”命令，弹出“页眉和页脚”工具栏，此时默认为奇数页页眉状态，单击页眉处，输入文字“社会公益活动”，格式为“小四”、“楷体”、“加粗”、“居中”，完成设置，单击“显示下一项”按钮，进入偶数页页眉设置，输入文字“慈善是人与人真诚的关怀，是心与心无私的奉献！”，格式为“小四”、“楷体”、“加粗”、“居中”，完成设置如图 4-4 所示。

图 4-4　设置奇、偶数页页眉

（7）单击“页眉/页脚切换”按钮，进入页脚设置，单击“设置页码格式”按钮，打开“页码格式”对话框，如图 4-5 所示，设置数字格式和起始页码后单击“确定”按钮。

图 4-5　“页码格式”对话框

（8）单击“插入页码”按钮，添加奇数页页码，并设置格式为“小四”、“黑体”、“居右”，如图 4-6 上图所示。单击“显示下一项”按钮，进入偶数页页码设置，单击“插入页码”按钮，并设置格式为“小四”、“黑体”、“居左”，如图 4-6 下图所示。

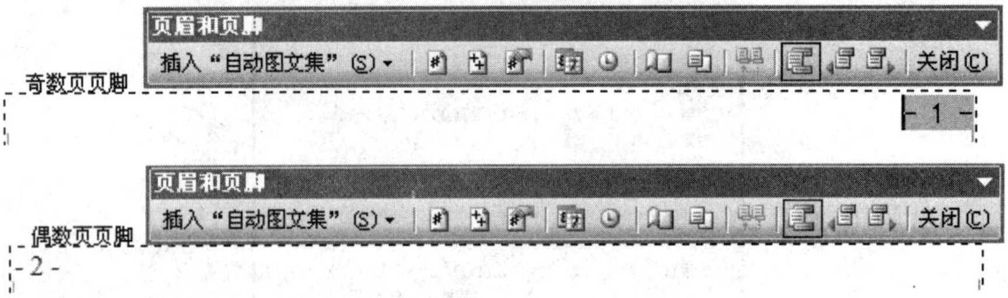

图 4-6　设置奇、偶数页页脚

（9）单击“常用”工具栏上的“打印预览”图标，对整个文档进行预览。

（10）单击“常用”工具栏上的“打印”图标，对编排好的文档进行打印。

4.1 页面设置

排版的困难主要体现在杂志、书刊或论文等长文档中，主要有以下几个特点：

- 正反面打印或印刷。
- 如果杂志、书或论文比较厚，每页的左侧需留出一些空白，以便装订后不会遮挡文字。
- 奇数页总是位于翻开的书的右侧页上，偶数页总是位于左侧页上，如图 4-7 所示。
- 对于书而言，每一章的首页总是位于右侧页（奇数页），如图 4-7 所示的目录和第 1 章首页。
- 如果某章的前一页没有内容，会保留空白页，空白页总是位于左侧页（偶数页），如图 4-7 所示的目录左侧的页和第 1 章首页左侧的页。
- 奇偶页的页眉可以不同，一般偶数页可显示文章或书名，奇数页显示本章标题，如图 4-7 所示。
- 每一章的首页都没有页眉，如图 4-7 所示。
- 目录和正文部分采用不同的页码格式，如目录用罗马数字，正文用阿拉伯数字，并且都从 1 开始编号。

设计这样的文档只需抓住以下几个关键点就可以了。

- 制作长文档前，先要规划好各种设置，尤其是样式设置。
- 不同的篇章部分一定要分节，而不是分页。
- 页面设置决定了页面布局、节的起始位置、奇偶页页眉和首页页眉。
- 分节时，每一节可以从奇数页或偶数页开始，而不一定是从下一页开始。
- 域可以帮助自动填写某些内容（如目录、页眉文字等）。
- 打印设置可以让纸张实现自动化或半自动化的正反面打印（即双面打印）。

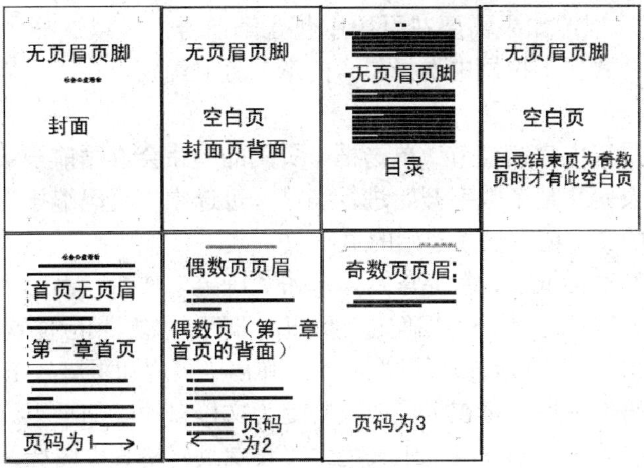

图 4-7 长文档排版特点

1. 插入页码

在默认的 Word 文档中是没有页码的，当需要在文档中插入页码时，可以通过以下三种方法。

（1）选择“插入”→“页码”命令，弹出“页码”对话框，如图 4-8 所示。

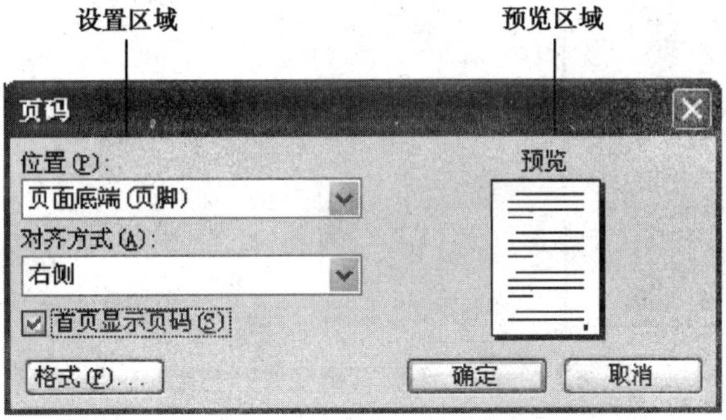

图 4-8 “页码”对话框

“页码”对话框分为页码的设置区域与预览区域两部分。

设置区域：“页码”对话框的左侧部分为页码的设置区域。该区域中通过“位置”下拉框选择页码的插入位置，通过“对齐方式”下拉框选择页码的水平对齐位置，通过对“首页显示页码”选项的勾选来选择文档的第一页是否添加页码。

预览区域：“页码”对话框的右侧部分为页码的预览区域。随着左侧设置区域的不同选择，右侧预览区域将示出页码的不同位置。

一般 Word 默认页码插入在页面底端右侧的页脚位置。

单击“页码”对话框左下端的“格式”按钮，可以弹出“页码格式”对话框，如前图 4-5 所示。

在“页码格式”对话框中，包括以下几部分。

数字格式下拉框：可以选择中文、英文大小写、阿拉伯数字等多种页码表示方式，一般 Word 默认页码的数字格式是“1，2，3…”。

包含章节号复选框：如果需要在页码中包含章节号，可以选择“包含章节号”复选框，在“章节起始样式”下拉框中选择包含的章节号的级别，在“使用分隔符”下拉框中选择分隔符的种类。

页码编排：如果选中“续前节”单选框，页码的顺序会遵循前一节的顺序继续向后开始编排；如果需要页码从某个数字开始进行编排，可选中“页码编排”中“起始页码”单选框，然后在后面的文本框中输入起始的页码数。

在“页码格式”对话框中设置完毕后，单击“确定”按钮，再对“页码”对话框进行设置，最后单击“页码”对话框中“确定”按钮，即可在文档相应位置添加相应页码。

（2）选择“视图”→“页眉和页脚”命令，弹出“页眉和页脚”工具栏，如图 4-9 所示，单击“插入页码”图标，将在页眉或页脚处为文档自动添加页码。如需对页码格式进行相应更改，可单击“页眉和页脚”工具栏中“设置页码格式”图标，弹出“页码格式”对话框，如前图 4-8 所示。

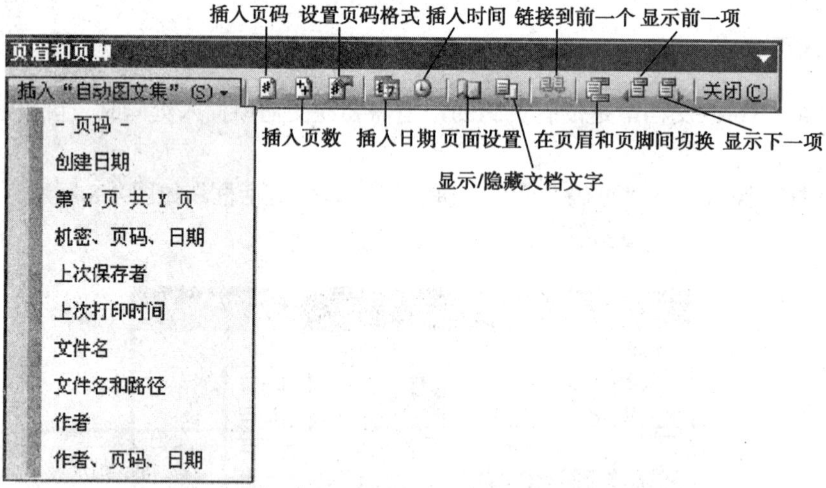

图 4-9 “页眉和页脚”工具栏

（3）在指定位置添加页码。通过“页码”对话框插入的页码会在封面和目录处都添加页码。如果希望封面和目录没有页码，从目录之后的内容再添加页码，并且页码要从 1 开始编号。这需要用到分节的设置，具体操作如下：

按【Ctrl+Home】组合键快速定位到文档开始处，选择“视图”→“页眉和页脚”命令，进入“页眉和页脚”编辑状态。在“页眉和页脚”工具栏中单击“在页眉和页脚间切换”按钮，显示页脚区域。

在页脚的左上角显示有“首页页脚–第 1 节 -”的提示文字，表明当前是对第 1 节设置页脚，如图 4-10 上图所示。由于第 1 节是封面，不需要在页脚区域添加页码，因此可在“页眉和页脚”工具栏中单击“显示下一项”按钮，显示并设置下一节的页脚。

第 2 节的页脚如图 4-10 中图所示，页脚的右上角显示有“与上一节相同”提示，表示第 2 节的页脚与第 1 节一样。如果在页脚区域插入页码，则页码将会出现在所有节的页脚中，因此不要急于插入页码。

在“页眉和页脚”工具栏中有一个“链接到前一个”按钮，默认情况下它处于按下状态，单击此按钮，取消“链接到前一个”设置，此时页脚右上角的“与上一节相同”提示消失，如图 4-10 下图所示，表明当前节的页脚与前一节不同。这时再插入页码，就能让页码只出现在当前节及其后的其他节。

图 4-10 不同位置设置页码

2. 设置页眉/页脚

为了美化页面，进一步说明文件的有关信息，可以在每一页的顶端和底端显示书名、章节名、日期、作者姓名、公司徽标、页码等信息文字或图形，在每页顶端显示的称为页眉，每页底端显示的称为页脚。在文档的某一页设置页眉和页脚后，相同的页眉页脚会显示在文档的每一页。

设置页眉页脚的基本操作如下：

1）插入页眉页脚

选择“视图”→“页眉和页脚”命令，屏幕上将显示一个用虚线框围绕的页眉编辑区，并弹出“页眉和页脚”工具栏，如前图 4-4 所示。

此时正文内容呈灰色显示，表示不可编辑，同时光标定位在页眉处，可以直接输入页眉内容，也可以利用“页眉和页脚”工具栏插入相应的内容，如插入页码、页数、当前时间等，还可以对页眉设置字体、字号等文字格式。页脚内容的输入同页眉内容的输入一样。页眉页脚设置完毕后，单击工具栏上的“关闭”按钮，或者在文档区域任意位置双击鼠标即可返回原视图状态。

“页眉和页脚”工具栏中相关图标含义如下。

插入“自动图文集”：单击按钮右侧下三角按钮，弹出“自动图文集”列表，如前图 4-9 所示。选择列表中的相应词条，可在页眉或页脚处自动添加相应的内容。

插入页码：单击图标可在页眉或页脚插入该页的页码。

插入页数：单击图标可在页眉或页脚插入文档的总页数。

设置页码格式：单击图标，可弹出“页码格式”对话框。

插入日期：单击图标可在页眉或页脚插入当前的日期。

插入时间：单击图标可在页眉或页脚插入当前的时间。

页面设置：单击图标，弹出“页面设置”对话框。

显示/隐藏文档文字：单击图标，隐藏文档的内容，只显示页眉页脚内容，再次单击图标，隐藏的文档内容重新显示。

在页眉和页脚间切换：光标在文档某页页眉区域时，单击该图标，光标切换到该页的页脚区域，再次单击图标，光标又切换至该页的页眉区域。

显示前一项与显示下一项：在奇偶页的页眉页脚不同时，单击此图标，可使光标在奇数页和偶数页的页眉或页脚之间切换。

关闭按钮：单击按钮，可关闭“页眉页脚”工具栏，返回文档窗口。

编辑文档时，可以自始至终使用一个页眉或页脚，也可以根据奇偶页或首页的不同设置不同的页眉页脚。

- 插入奇偶页不同的页眉页脚：选择“文件”→“页面设置”命令，在弹出的“页面设置”对话框中选择“版式”选项卡，如前图 4-2 所示。在“页眉和页脚”区域选择“奇偶页不同”选项，单击“确定”按钮，此时在文档页眉处显示“奇数页页眉”或“偶数页页眉”，页脚处显示“奇数页页脚”或“偶数页页脚”，将光标移至相应区域，输入内容，即可为文档奇偶页添加不同的页眉页脚。
- 插入首页不同的页眉页脚：与插入奇偶页不同的页眉页脚方法相似，选择“文件”→“页面设置”命令，在弹出的“页面设置”对话框中选择“版式”选项卡，选择“首页不同”选项，单击“确定”按钮，此时在首页页眉与页脚处出现“首页页眉”与“首页页脚”标志，可在此区域为文档首页添加不同于其他页的页眉页脚。
- 添加页眉页脚横线：选择页眉或页脚中所有的内容，单击“常用”工具栏中的“表格和边框”按钮，在“表格和边框”对话框中，可以选择喜欢的下画线线型和颜色，如图 4-11 所示。

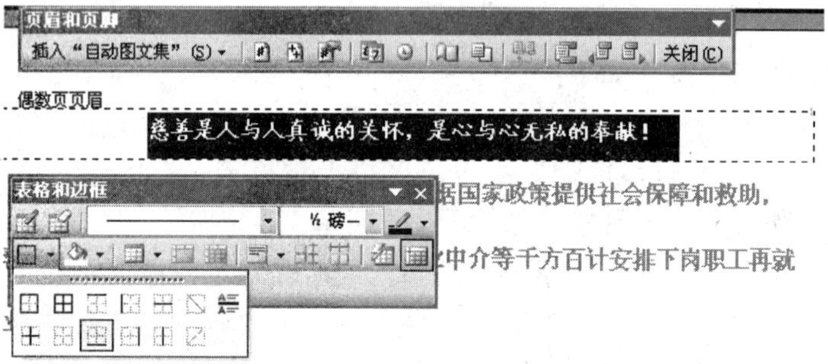

图 4-11　添加页眉横线

如果想将页眉线设置为宽度为 3 磅的红色三线，也可以在“边框”选项卡中完成，如图 4-12 所示。

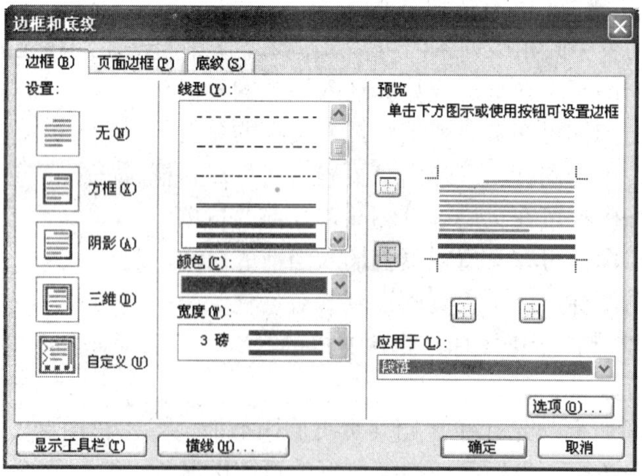

图 4-12　自定义页眉线

在“边框”选项卡选择“自定义”设置，“线型”为三线，“颜色”为红色，“宽度”为 3 磅，应用范围为“段落”，同时在预览区域单击、、三个图标，仅留四个边框中的下边框，单击“确定”按钮即可。

如果想要使页眉文字在页眉线的下方，则在设置边框时单击、、三个图标，仅留四个边框中的上边框即可。

2）编辑页眉页脚

- 修改页眉页脚：需要对页眉或页脚的内容进行更改时，只需双击页眉或页脚，进入页眉和页脚编辑区，选择内容进行更改，完毕后，单击“页眉和页脚”工具栏上的“关闭”按钮或直接双击文档内容，即可返回原视图，此时页眉页脚内容为更改后的内容。
- 调整页眉页脚的垂直位置：选择“文件”→“页面设置”命令，弹出“页面设置”对话框，选择“版式”选项卡，如前图 4-2 所示。

在“页眉和页脚”区域中有“页眉距边界”和“页脚距边界”两个数值框，在“页眉”后的数值框中，输入页眉顶部边缘到纸张顶部边界的距离，在“页脚”后的数值框中，输入页脚底部边缘到纸张底部边界的距离，这样页眉与页脚的垂直位置就进行了改变。

- 调整页眉和页脚的高度：双击页眉或页脚，进入页眉页脚编辑区，单击页眉，此时左边垂直标尺对应页眉有一段白色部分，这段白色部分代表页眉的高度，如图 4-13 所示。

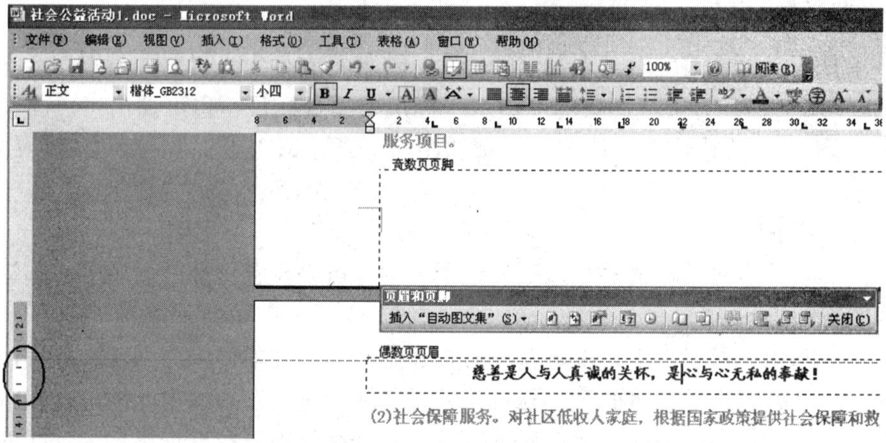

图 4-13　调整页眉高度

将鼠标移至白色部分的上端，鼠标指针变成双向箭头时，按住左键上下拖动鼠标，即可改变页眉的高度。

3）删除页眉页脚

双击页眉页脚，弹出虚线框环绕的页眉和页脚编辑区，将光标移至要删除的页眉页脚中，把其内容全部删掉即可。

在给Word文档添加页眉页脚的时候经常会突然多出一条横线，而这条横线并不是所想要的，下面就介绍如何去掉这条“碍眼”的横线。

- 清除格式法：选择菜单栏的“视图”→“页眉和页脚”命令，进入页眉页脚编辑模式；单击“格式”菜单栏的中“样式和格式”选项卡，在右边的“样式和格式”任务窗格中单击“清除格式”按钮，即可去掉页眉页脚的横线。

➢ 清除边框和底纹法：选择“视图”→“页眉和页脚”命令，进入页眉页脚编辑模式；然后选择菜单栏的“格式”→“边框和底纹”命令，将“应用于”列表框设置为“段落”，然后单击“下画线”按钮，如图 4-14 所示。

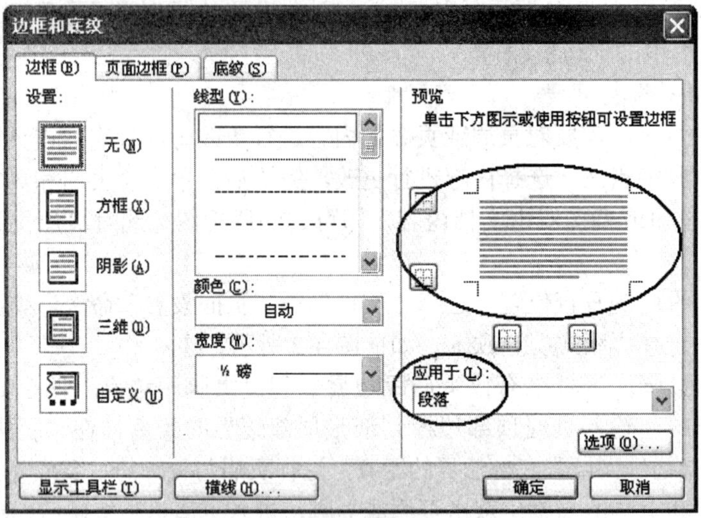

图 4-14　删除多余的页眉页脚横线

3. 页面设置

在准备打印文档之前应对其页面进行设置，选择“文件”→“页面设置”命令，弹出“页面设置”对话框。另外，用鼠标双击水平标尺或垂直标尺，也可调出“页面设置”对话框，如前图 4-1 所示，对话框中有“页边距”、“纸张”、“版式”和“文档网络”四个选项卡。

1）设置页边距

在“页面设置”对话框的“页边距”选项卡中，可以设置页面的页边距、装订线的位置和纸张的方向等。

页边距选项组：可以在上、下、左、右页边距后面的文本框中分别输入数字，来设置页面上端与页面首行上端、页面底端与页面末行底端、页面左边缘与非缩进行左端、页面右边缘与非缩进行右端之间的距离，还可以通过装订线位置下拉框来指定装订线的位置是在左方还是在上方。

方向选项组：可以设置页面是纵向还是横向放置，一般情况下 Word 默认的页面方向是纵向放置。

页码范围选项组：可以选择页码的形式。

预览区域：包括“应用于”下拉框和文档的设置效果两部分，其中“应用于”下拉框包含“整篇文档”和“插入点之后”两个选项，可以选择对“页边距”选项卡进行相应设置的应用范围。如果在“应用于”下面的对话框中选择“插入点之后”，那么对当前文档的纸张设置仅作用于当前插入点所在位置之后的页面。

默认按钮：单击该按钮可恢复页面的默认设置。

2）设置纸张

“页面设置”对话框中的“纸张”选项卡，如图 4-15 所示。

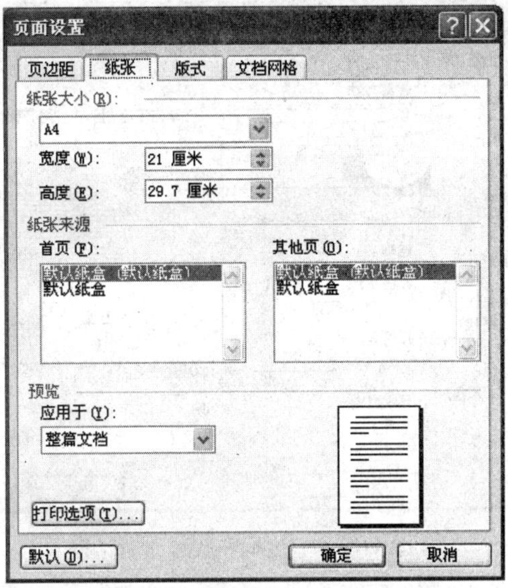

图 4-15 “纸张”选项卡

纸张大小选项组：选择纸张类型或自定义大小，选择纸张类型时，在下方的“宽度”和“高度”数值框里显示的是所选纸张的宽度与高度，选择自定义纸张大小，则可以在数值框中自定义纸张的尺寸，即宽度和高度。

纸张来源选项组：为文档的首页和其他页分别选择纸张的来源方式。

应用于列表框：选择上述设置在文档中的应用范围。

打印选项按钮：单击按钮，可弹出“打印选项”对话框。

3）设置版式

页面设置对话框中，单击“版式”选项卡，弹出如前图 4-2 所示的对话框。

页面选项组：可以调整文本在页面的纵向位置。

行号按钮：单击按钮，打开“行号”对话框，如图 4-16 所示，可以为文本编排行号。

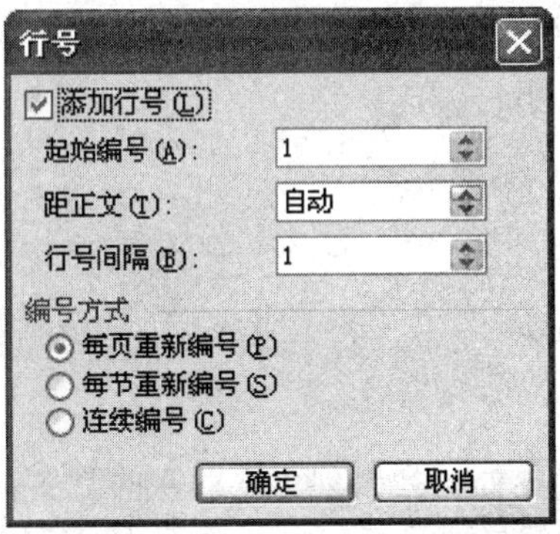

图 4-16 “行号”对话框

边框按钮：单击按钮，打开“边框和底纹”对话框，如图 4-17 所示，通过“设置”选项组来选择边框的类型。选择“无”代表页面没有边框；选择“自定义”时，可通过“线型”列表框来选择边框的形状，通过“颜色”下拉框来选择边框的颜色，通过“宽度”下拉框来选择边框的宽度，这样就完成了对页面添加边框的设置。

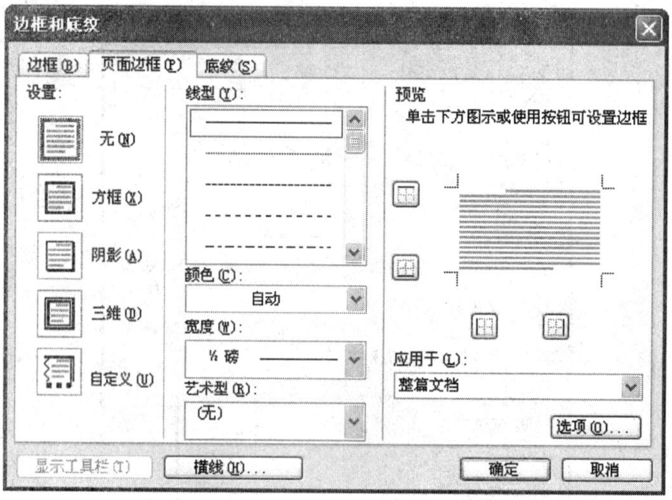

图 4-17　“边框和底纹”对话框

4）设置文档网格

“文档网格”选项卡如前图 4-3 所示。

文字排列选项组：选择文字方向为“水平”选项则横向显示文本的内容，选择“垂直”选项则纵向显示文本的内容。

网格选项组：在“网格”选项组，有以下四种选择。

无网格：每行字符数、字符跨度、每页行数和行跨度等都采用默认的字符网格。

只指定行网格：采用默认的每行字符数和字符跨度，允许设定每页行数或行跨度，改变其中的一个数值，另外一个数值也会随之改变。

指定行和字符网格：允许设定每行字符数、字符跨度、每页行数和行跨度等。如果更改字符数或行数，字符跨度或行跨度也会随之改变，反之亦然。

文字对齐字符网格：允许设定每行字符数和每页行数，但不允许更改字符跨度和行跨度。

字符选项组：设置每行有多少字符。

行选项组：设置每页有多少行。

小技巧

1. 如何利用标尺调整页边距

将鼠标移至水平标尺的临界处，会出现水平的双向箭头，此时按住鼠标左键不放，会出现一根竖直向下的虚线，这就是要设置的左页边距的边界线，如图 4–18 所示。

按住左键，轻轻拖动鼠标左右移动，虚线可随鼠标移动，把虚线拖到希望左边距到达的理想边界，即调整了文档的左页边距，右页边距可通过调整水平标尺的右临界处来设置，上、下页边距可通过调整垂直标尺的上下临界处来设置。

如果想利用标尺设置精确的页边距值，除了通过选择“文件”→“页面设置”命令，在弹出的“页面设置”对话框中输入具体的页边距值，也可以在拖动边界的同时按住【Alt】键，此时在标尺上会显示出具体的页边距值，如图 4–19 所示。

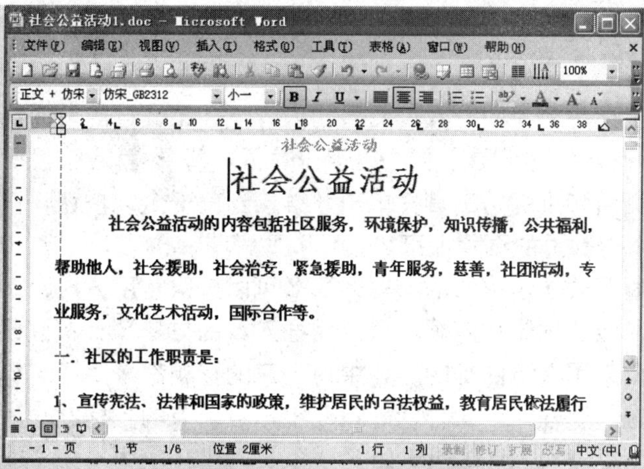

图 4-18　粗调左边距

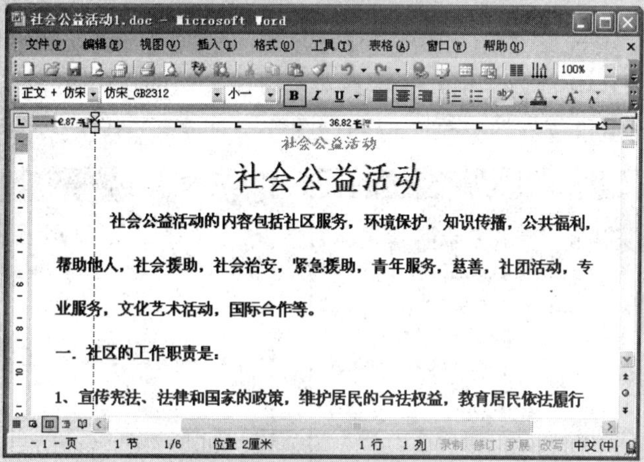

图 4-19　精调左边距

2. 如何添加不同内容的页眉

在添加页眉时，只要充分理解了分节的作用，就能快速设置出复杂的页眉。设置页眉和页脚时，从文档开始位置设置不容易出错。按【Ctrl+Home】组合键定位到文档开始位置，从菜单选择“视图”→“页眉和页脚”命令，进入页眉和页脚编辑状态。

首先会显示第 1 节的首页页眉，这是封面的页眉，无须设置。在“页眉和页脚”工具栏单击“显示下一项”按钮，显示第 2 节的首页页眉，第 2 节的首页页眉右侧显示“与上一节相同”，表示与上一节的首页页眉相同，目录同样无须设置页眉。

在“页眉和页脚”工具栏单击“显示下一项”按钮，显示第 3 节的首页页眉，第 3 节的首页页眉右侧显示“与上一节相同”，表示与上一节的首页页眉相同，每一章的首页同样无须设置页眉。

在“页眉和页脚”工具栏单击“显示下一项”按钮，显示第 3 节的偶数页页眉，在文档中，这是第一次出现正文中的偶数页页眉的内容。如果文档的前面部分也有偶数页页眉（如目录较长时，就有可能在目录节首先出现偶数页页眉），就应该使此处的偶数页页眉与上一节不同。在“页眉和页脚”工具栏单击“链接到前一个”按钮，使“与上一节相同”

提示消失。在页眉处输入本文档的大标题（一般是杂志名或书名），并使其左对齐。

在“页眉和页脚”工具栏单击“显示下一项”按钮，显示第 3 节的奇数页页眉，在文档中，这是第一次出现正文中的奇数页页眉的内容。如果文档的前面部分也有奇数页页眉（如目录较长时，就有可能在目录节首先出现奇数页页眉），就应该使此处的奇数页页眉与上一节不同。在“页眉和页脚”工具栏单击“链接到前一个”按钮，使“与上一节相同”提示消失。此时输入奇数页的页眉即可。

如果奇数页页眉需要显示每章的标题，那么可以按照常用方法，在每一章的奇数页上都输入不同的标题，但这样比较麻烦。可以用插入域的方法，一次性设置好所有奇数页的标题，并使页眉自动采用该节的标题。如果每一章的标题都采用了“标题一”样式，可以用一个域引用“标题一”样式，这样就能自动根据当前节的“标题一”样式显示它所对应的文字内容，无须反复输入，具体操作如下：

（1）定位到页眉中，从菜单选择“插入”→“域”命令，显示“域”对话框，如图 4-20 所示。

（2）在“域名”中选择“StyleRef”域，并在“样式名”中选择“标题一”样式，表示引用“标题一”样式中的文字。单击“确定”按钮后，即可将本节“标题一”样式对应的文字插入页眉，设置页眉右对齐后，得到如图 4-21 所示的效果。

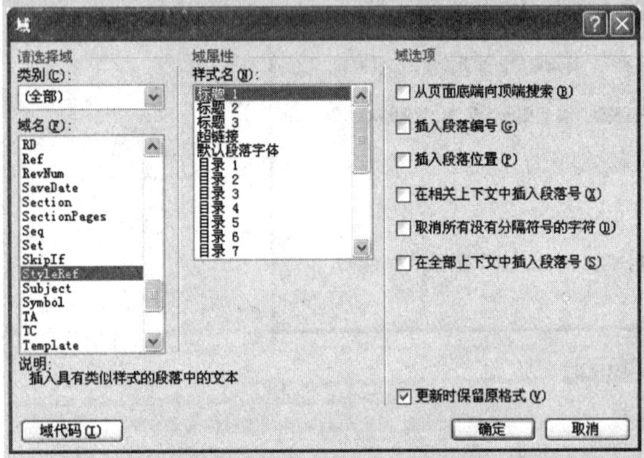

图 4-20 “域”对话框

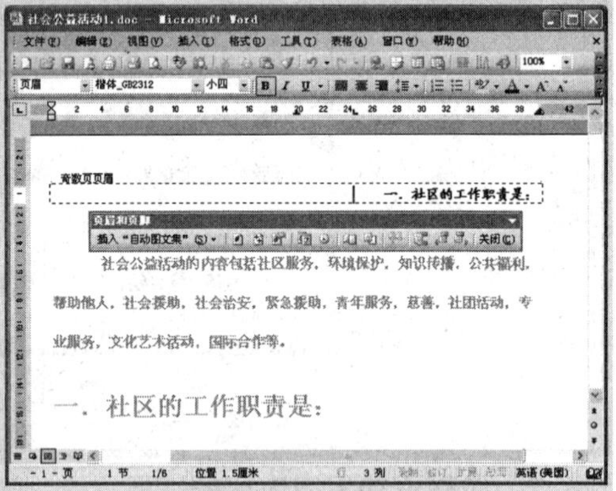

图 4-21 为奇数页设置标题一名称的页眉

在“页眉和页脚”工具栏连续单击“显示下一项”按钮，显示其他节的首页、偶数页和奇数页页眉，此时都保持默认设置即可，让每个页眉都与上节相同。其中奇数页页眉会根据当前节的“标题一”样式所对应的文字的变化自动改变。

3. 如何让页眉页脚更漂亮

页眉页脚中不仅可以插入文字，也可以插入我们喜欢的各种图片。例如，在“社会公益活动”文档的页脚尾端插入熊猫的图片，首先要进入页眉页脚编辑状态，这时鼠标插入点在页眉区域，然后单击“页眉和页脚”工具栏上图标，使鼠标插入点调整到页脚区域，按下【Tab】键，鼠标插入点由页脚前端调整到页脚中间，再次按下【Tab】键，鼠标插入点由页脚中间调整到页脚的尾端。此时选择“插入”→“图片”→“来自文件”命令，将相应的图片插入到页脚中，调整图片的大小，这样就可以看到如图 4-22 所示的效果，页脚是不是更漂亮了呢?

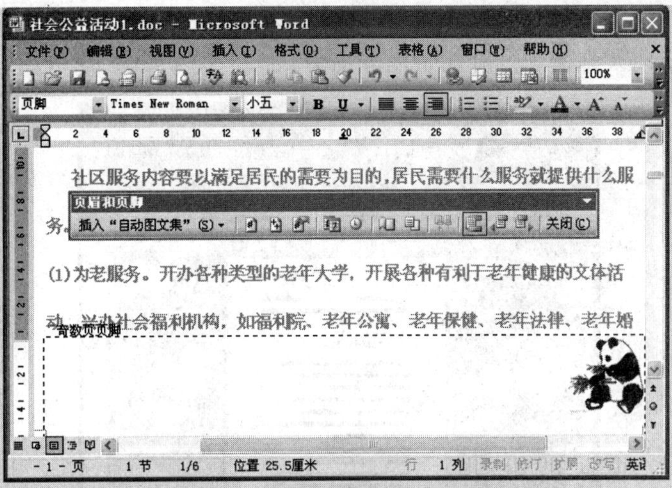

图 4–22 页脚插入图片

4.2 打印文档

1. 打印预览

编辑完文档后，在打印之前可以通过“预览”窗口预览打印效果，并做出相应的修改，从而把文档准确、顺利地从打印机中输出，避免时间与纸张的浪费。

可以通过以下三种方法打开“打印预览”窗口。

（1）选择“文件”→“打印预览”命令，进入“打印预览”窗口。

（2）单击“常用”工具栏上的“打印预览”按钮。

（3）按组合键【Ctrl+F2】。

在“打印预览”窗口中，可通过“打印预览”工具栏的按钮进行相应设置，如图 4-23 所示。

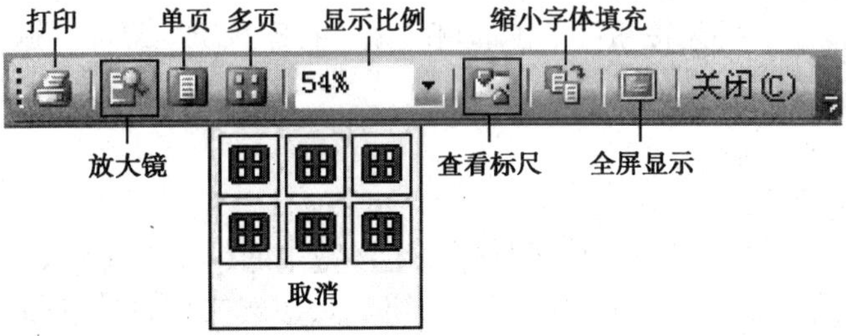

图 4-23 “打印预览”工具栏

“打印预览”工具栏中各按钮含义如下。

打印按钮：单击可打印当前预览文档。

放大镜按钮：一般“打印预览”窗口默认选中该图标。在“打印预览”窗口下，鼠标会变成一个带加号的放大镜，当用鼠标单击页面时，当前页会以 100%的显示比例显示出来，此时鼠标由带加号的放大镜变成带减号的放大镜，再次单击时恢复原状。

单页按钮：单击该按钮，窗口只显示一个页面的预览内容，如图 4-24 所示，可以通过窗口右侧垂直滚动条预览文档其他页面的内容。

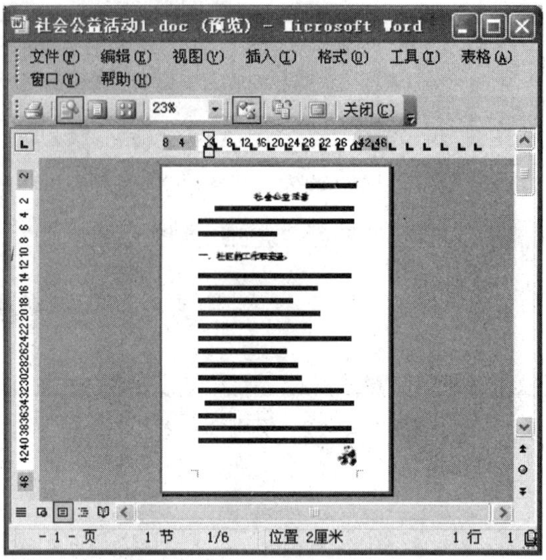

图 4-24　打印预览单页显示效果

多页按钮：单击该按钮显示多个页面的预览内容。用左键单击按钮，可出现网格，如前图 4-23 所示。拖动鼠标，可选择在窗口中一次显示的页数。

显示比例按钮：在"显示比例"下拉框中选择相应比例数值，预览窗口即可以显示出文档相应比例的预览效果。

查看标尺按钮：单击按钮可在预览界面显示水平标尺和垂直标尺，再次单击按钮，可将标尺隐藏。

缩小字体填充按钮：单击按钮，可自动缩小文档字号，将文档最后一页自动缩减。

图 4-25　"关闭全屏显示"界面

全屏显示按钮：单击按钮，可将打印预览界面以全屏方式显示，同时在界面中出现如图 4-25 所示界面；如要退出"全屏显示"，在界面中单击"关闭全屏显示"即可。

关闭按钮：单击即可关闭"打印预览"界面，返回当前文档的编辑界面。

2. 打印文档

所有设置完毕后，就可以对文档进行打印了，常用的打印方法有以下 3 种。

（1）单击"常用"工具栏中的"打印"按钮，可对文档直接打印。

（2）选择"文件"→"打印预览"命令，在"打印预览"工具栏中单击"打印"按钮。

（3）选择"文件"→"打印"命令或使用组合键【Ctrl+P】，弹出"打印"对话框，如图 4-26 所示，设置完毕后单击"确定"按钮即可。

在"打印"对话框中，通过选择"页面范围"选项组中的"全部"、"当前页"、"页码范围"单选框来决定打印文档的某部分内容。

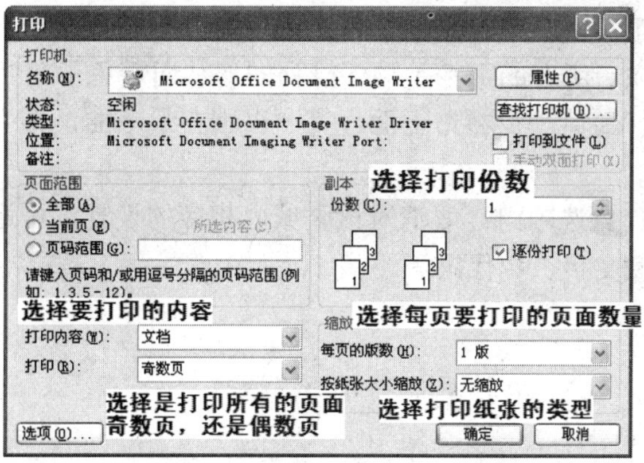

图 4-26 “打印”对话框

全部单选框：选择打印文档的全部内容。

当前页单选框：选择打印光标所在页的内容。

页码范围单选框：选择打印文档的部分内容，在其后的文本框中输入要打印的页码范围，即可打印页码对应页面的内容。

如果打印的内容只是文档的一部分，不是一整页的时候，可以在文档中先选择需要打印的内容，然后在“页面范围”中选择“所选内容”单选框即可。

如果要打印的页面是连续页，要在起始页与终止页间加“-”，如打印第 2 页至第 5 页的内容，可直接输入“2-5”；如果要打印的页面是非连续页，则需在各页之间加“，”，如要打印第 3 页与第 6 页的内容，可以输入“3，6”。通常打印的页码范围既包括连续页也包括非连续页，如打印第 2 页、第 3 页、第 4 页、第 6 页的内容，这时在文本框中可以输入“2，3，4，6”，也可以输入“2-4，6”。

在“副本”选项组有“逐份打印”复选框，如果选中复选框，则表示打印完一份完整的文档后，再打印下一份文档。如果不选中复选框，则表示每一页打印完设定的份数后，再打印下一页。

单击“打印”对话框的“选项”按钮，弹出“打印选项”对话框，如图 4-27 所示，可以设置打印选项、打印文档的附加信息及双面打印选项。

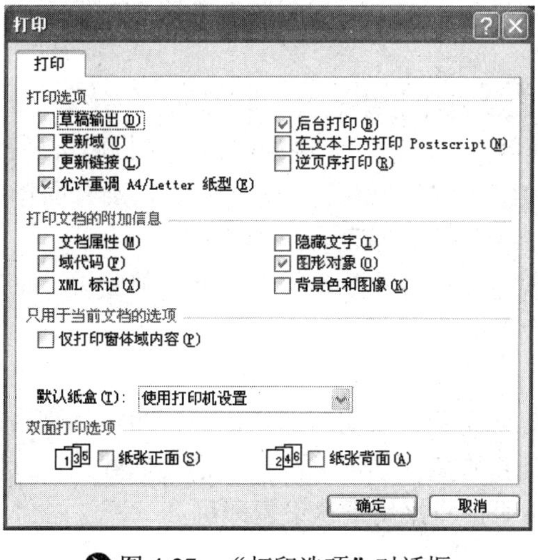

图 4-27 “打印选项”对话框

逆页序打印复选项：选中该选项后，可在打印时先打印最后一页，然后按逆序打印直到第一页，这样打印完后所有的页都是顺序排列的，从而避免了在 Word 的默认设置下，多页文档打印完毕后，最后一页在最上面，第一页则在最下面，再手工将所有的页逆序整理一遍的复杂情况。

打印文档的附加信息选项组：取消对该区域内相应的设置，可避免打印出不必要的附加信息，如批注、隐藏文字、域代码等。

小技巧

设置双面打印

当文档需要双面打印时，可以有多种设置和打印方法。

1．手动双面打印

从菜单选择“文件”→“打印”命令，弹出“打印”对话框，如图 4-26 所示。

选中“手动双面打印”，其他设置保持默认值。当开始打印时，打印机会在打印完一面后提示换纸，将纸张背面放入打印机即可打印出背面内容。每张纸都需要手动放入打印机才能打印背面。手动双面打印的方法比较麻烦，适合打印纸张很少的情况。

2．分别打印奇数页和偶数页

如果先打印所有的奇数页，再在所有奇数页的背面打印偶数页，就能比较快速地完成双面打印。从菜单选择“文件”→“打印”命令，弹出“打印”对话框，如图 4-26 所示。在“打印”中选择“奇数页”，并单击“确定”按钮开始打印。打印时，通常会将纸匣中最上面的纸先送入打印机。打印完毕，会得到按 1，3，5…顺序排列的所有奇数页。将这些奇数页重新放入纸匣，一般应将背面未打印的部分朝向正面。注意如果开始打印，第 1 张送入打印机的纸不是第 1 页，而是页码最大的纸。还需要注意纸张方向，不要使背面在打印出来后文字颠倒。此外，打印背面时会从偶数页的最后一页开始逆页序打印，需要注意 Word 文档中最后一页的页号。如果最后一页的页号为偶数，直接将所有的奇数页放入纸匣；如果最后一页的页号为奇数，应取出已打印好的最后一页纸，并将余下的奇数页放入纸匣，否则将会出现偶数页打印错位（如最后一页为 99 页时，如果把所有的奇数页放入纸匣，第 98 页会打印在第 99 页背面，正确的应该是打印在第 97 页背面）。

在“打印”对话框的“打印”中选择“偶数页”，并单击“选项”按钮，弹出对话框，如图 4-27 所示。选中“打印选项”中的“逆页序打印”，将会从最后一页开始逆序打印。如果纸匣中最上面的纸已打印的页面是第 97 页，则背面将会打印第 98 页，并按照 96，94，92…的顺序打印其他页，从而实现双面打印。

分别打印奇数页和偶数页的方法效率较高，但如果出现卡纸等问题，就需要重新打印出现问题的奇数页和偶数页。

3．全自动双面打印

全自动双面打印需要采用具备双面打印功能的打印机。利用打印机的设置，就能在打印完一张奇数页后，自动将纸重新卷回并打印背面的偶数页。具体用法可参照双面打印机的使用说明。在打印设置中通常采用默认设置即可。

思考与实训

一、填空题

1．“页码”对话框中通过对________选项的勾选来选择文档的第一页是否添加页码。

2．如果需要页码从某个数字开始进行编排，可选中“页码编排”中的________单选框，然后在其后面的数值框中输入起始的页码数。

3．在文档中添加页眉或页脚，可以通过________菜单里的“页眉和页脚”命令来实现。在“页眉和页脚”工具栏中单击按钮将会________；单击按钮将会________。若想让页脚右上角的“与上一节相同”提示消失，则需要单击工具栏的________按钮。

4．页面设置包括________、纸张、________和文档网格等内容的设置。

5．在 Word 中，“页面设置”对话框的“页边距”选项卡，方向有________和________两种。

6．“页边距”选项卡中的页边距设置可以应用于________和________。

7．在“页面设置”对话框的“文档网格”选项卡中选中“文字对齐字符网格”的意思是________。指定行和字符网格是指允许设定________、________和________等。

8．Word“常用”工具栏中按钮代表的功能是________。

9．在“打印”对话框中，通过选择“页面范围”选项组的________、________和页码范围单选框来决定打印文档的某部分内容。如果要打印文档的第 3、4、6、8、9、10 页，可以在“打印”对话框的“页码范围”内输入________。

10．逆页序打印是指________________________，这样打印完后所有的页都是顺序排列的，从而避免了在 Word 的默认设置下，多页文档打印完毕后，最后一页在最上面，第一页则在最下面，再手工将所有的页逆序整理一遍的复杂情况。

二、简答题

1．插入页码有哪两种方法？

2．在文档中如何插入页眉和页脚？

3．如何将文档纸型设置为横向 B5 型？

4．如何在文档的奇偶数页中插入不同的页眉和页脚？

5．如何进行文档预览？

6．打印文档有哪几种方法？怎样设置双面打印？

三、上机实训

打开“素材”文件夹中的“城市公益活动倡议书”文档，按下面的要求完成如图 4-28 所示的样文，最终效果如图 4-29 所示。

1．文档上、下、左、右页边距分别设置为 3 厘米，纸张大小为 B5。

2．将标题文字设置为“红色”、“四号”、“宋体”、“居中”，并加上“七彩霓虹”的动态效果；所有正文设置为“仿宋_GB2312”、“小四号”。

3．所有正文设置段前、段后间距为 1 行。

4．在页眉处输入自己的班级与姓名，居中对齐，字号设为“四号”、字体为“加粗”、“楷体”，并去除横线。

5．页脚均为“第 *X* 页共 *Y* 页”模式，字号设为“小四号”、字体为“楷体”，“居中对齐”。

6．在打印预览中查看打印效果，并打印样文。

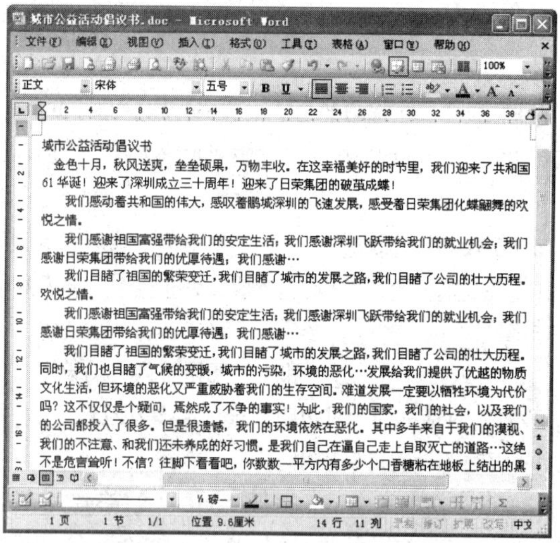

图 4-28　城市公益活动倡议书

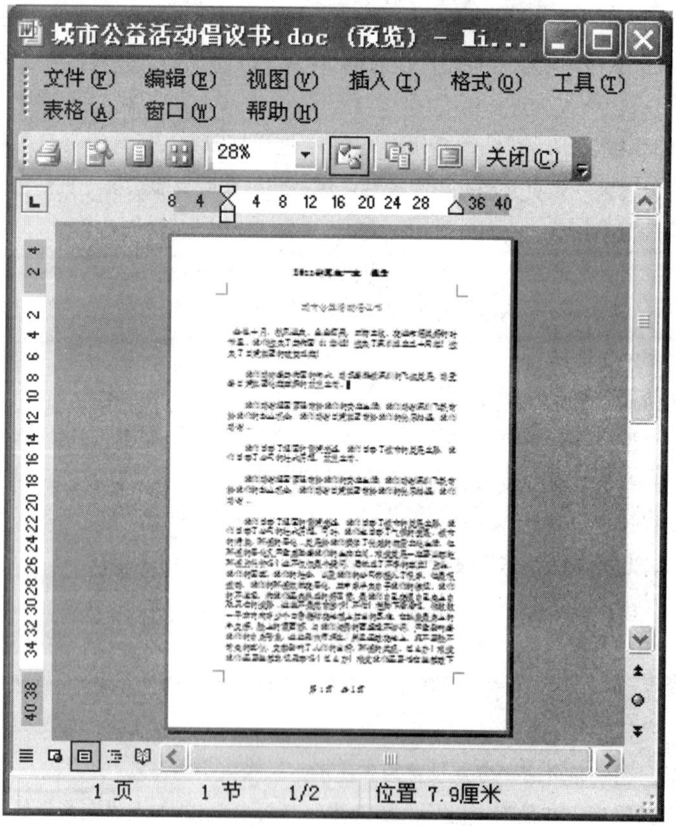

图 4-29　“城市公益活动倡议书”效果

模块5

制作复杂、漂亮的文档

实例 8：同享低碳生活，共建绿色家园——制作“公益事业”宣传报

根据素材文件制作“公益事业”宣传报，掌握 Word 文档中文本框、文件、图片、艺术字、自选图形等的插入及编辑操作。

图 5-1　“公益事业”宣传报

实例分析

- 掌握在文档中插入文本框、图片、自选图形及艺术字的方法。
- 掌握文本框、图片、自选图形及艺术字格式的设置方法。
- 掌握画布格式的设置方法。
- 了解图文混排的技巧与方法。

操作步骤

（1）在 Word 中新建文档“公益事业”宣传报，纸张大小设为 A4，横向，调整页边距为 2 厘米，页眉、页脚为 0 厘米。

（2）选择“插入”→“文本框”→“横排”命令，在弹出的画布上单击，在新建文本框中，选择“插入”→“文件”命令，在弹出的“插入文件”对话框中，选择素材中的

"倡议书"文档，单击"插入"按钮，即可将"倡议书"文档插入到文本框中。将鼠标放在文本框边缘上单击右键，在弹出的快捷菜单中选择"设置文本框格式…"选项，在打开的对话框中单击"大小"选项卡，设置文本框高度为 10 厘米、宽度为 15 厘米，如图 5-2 左图所示；在"颜色与线条"选项卡中，依次选择"填充颜色"→"填充效果"→"图案"→"水滴"命令，如图 5-2 右图所示；设置完成后单击"确定"按钮。

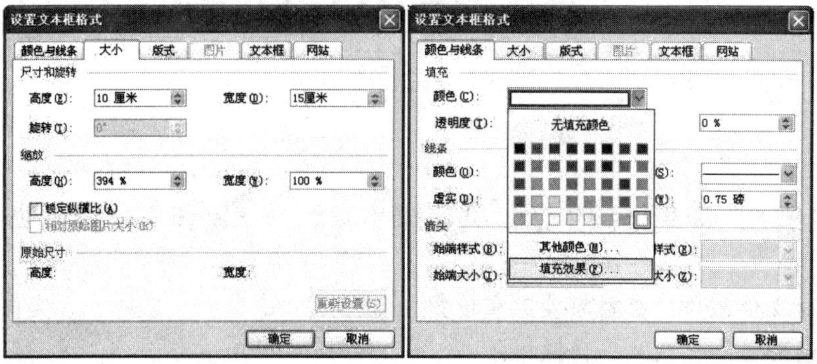

图 5-2　插入文本框、设置属性

（3）在文本框内选中标题，选择"插入"→"图片"→"艺术字"命令，在弹出的"艺术字库"对话框中单击第四行第二列艺术字样式，如图 5-3 左图所示；在"编辑'艺术字'文字"对话框中设置字体为"楷体"，字号为"18"，"加粗"，如图 5-3 右图所示；单击"确定"按钮，即可为文档添加艺术字标题。适当调整艺术字的高度、宽度并居中放置。

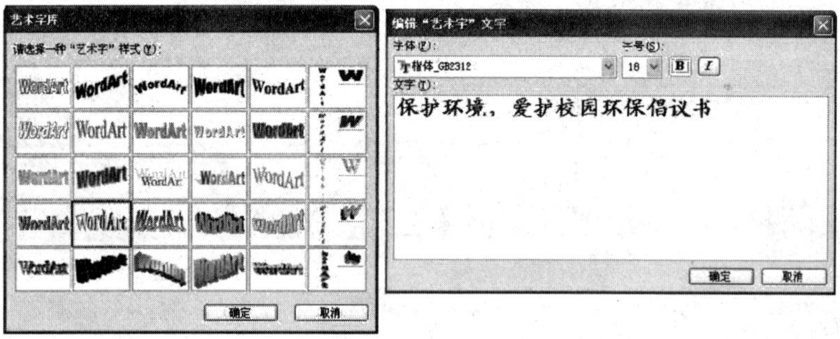

图 5-3　插入艺术字

（4）选择"插入"→"图片"→"来自文件"命令，在弹出的"插入图片"对话框中，选择素材中的"节约用水.jpg"，单击"插入"按钮，拖动图片插入文本框右侧。双击图片，在弹出的"设置图片格式"对话框中单击"大小"选项卡，设置图片高度及宽度均为 5 厘米，单击"确定"按钮，拖动图片至右下角。

（5）重复第 3 步，插入艺术字"学校是个大花园 师生共同来关爱"，拖动至相应位置。

（6）重复第 4 步，分别插入图片"节约用电.jpg"、"果皮箱.jpg"、"低碳.jpg"，调整大小后，拖动至相应位置，效果如图 5-1 所示。

（7）选择"插入"→"图片"→"自选图形"命令，在弹出的"自选图形"工具栏中，依次单击"标注"中的"云标注"，如图 5-4 左图所示；拖动鼠标形成云状图形，并在其中输入文字"举手投足之间别忘了我饥饿的大嘴——果皮箱"。双击云状图形图片，在弹出的"设置自选图形格式"对话框中，单击"大小"选项卡，设置图片高度为 5 厘米、宽度为 6 厘米，单击“颜色”选项卡，设置填充颜色为“浅青绿”，单击“确定”按钮，调整图形尖头黄色按钮使其对准果皮箱，如图 5-4 右图所示。

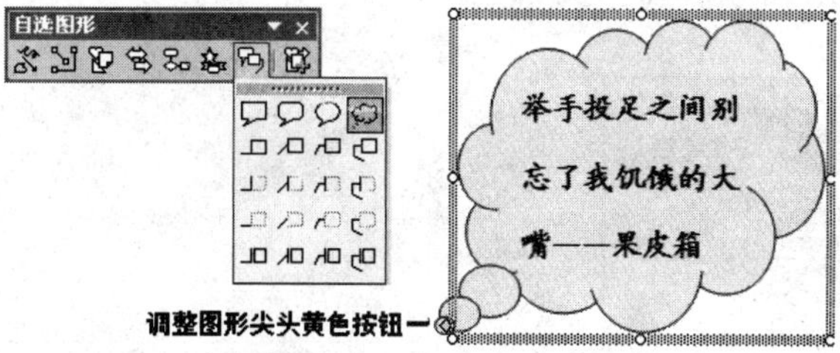

图 5-4 插入自选图形

（8）双击画布空白处，打开“设置画布格式”对话框，依次选择“颜色与线条”→“填充颜色”→“填充效果”→“渐变”→“双色”→“角部辐射”命令，分别选中颜色 1 为“鲜绿”，颜色 2 为“浅绿”，如图 5-5 所示，设置完成后单击“确定”按钮。

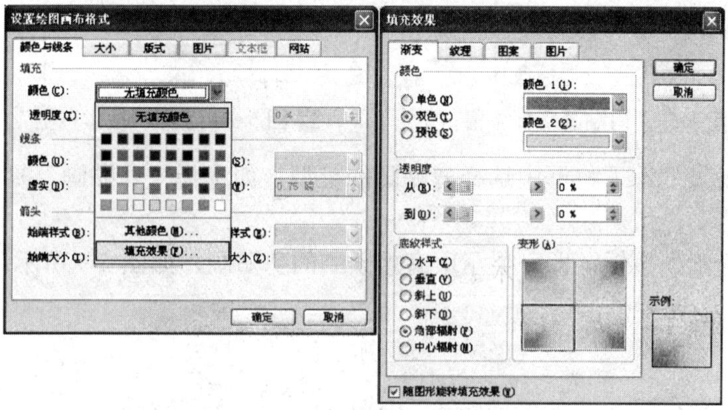

图 5-5 设置画布颜色

（9）右键单击任意一张插入的图片，在快捷菜单中选择“显示图片工具栏”命令，在打开的工具栏中单击“设置透明色”按钮，在图片的空白处单击，将其设置为透明色，重复操作，去掉其他图片的白色底，最终效果如图 5-1 所示。

5.1 插入图片

1. 插入图片

为了使文档更加美观，可以在 Word 文档中插入图片，从而实现图文混排，让页面更加生动形象。根据图片来源的不同，将插入图片分为插入剪贴画和插入来自文件的图片两种。

1）插入剪贴画

在文档中插入剪贴画的步骤如下：

- 将光标移至要插入图片的位置。
- 选择“插入”→“图片”→“剪贴画”命令，打开“剪贴画”任务窗口，如图 5-6 所示。

➢ 在“搜索文字”文本框中输入剪贴画的名称或分类名称。

➢ 在“搜索范围”下拉框中选择搜索剪贴画的范围，如选择“收藏夹”复选框，如图 5-7 所示。

图 5-6 “剪贴画”任务窗口

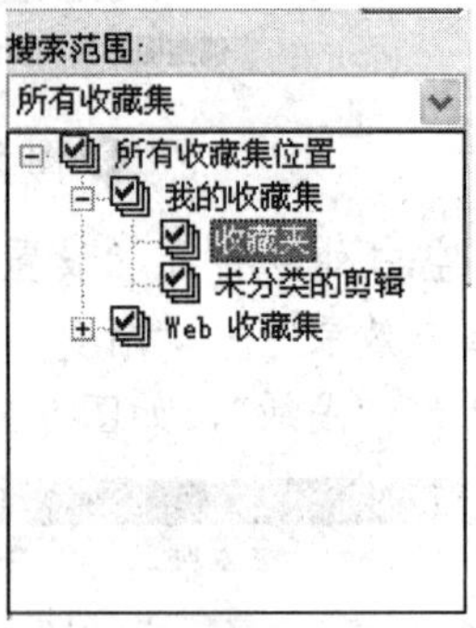

图 5-7 选择“搜索范围”

➢ 在“结果类型”下拉框中选择剪贴画的类型，如选择“剪贴画”复选框，如图 5-8 所示。

➢ 单击“搜索”按钮，即可显示所有搜索到的剪贴画，如图 5-9 所示。

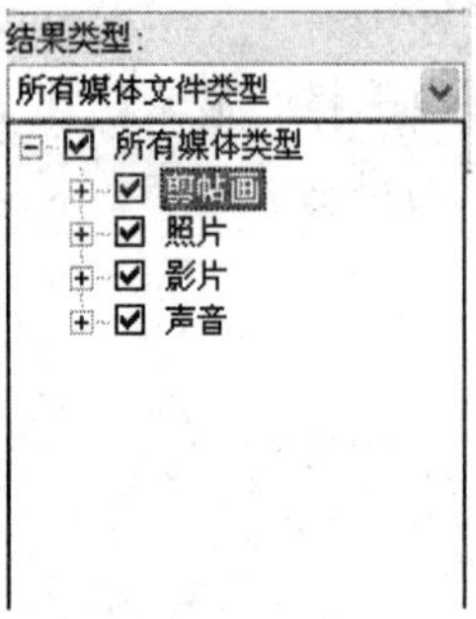

图 5-8 选择“结果类型”

图 5-9 搜索到的剪贴画

➢ 在搜索结果中单击要插入的图片，即可在光标位置处插入相应的剪贴画。

2）插入来自文件的图片

计算机中可能存储着多种格式的图片，它们可能来源于网络下载、数码相机及自绘图形等多种渠道，在文档中插入这些图片的步骤如下：

➢ 将光标移至要插入图片的位置。

➢ 选择“插入”→“图片”→“来自文件…”命令，打开“插入图片”对话框，如图 5-10 所示。

➢ 在“查找范围”下拉框中选择图片所在文件夹的位置；在“文件类型”下拉列表框

中，选择要显示的文件类型，即可在文件列表框中显示出文件夹中搜索到的所有符合类型的图片。

➢ 在文件列表框中选中要插入的图片，单击“插入”按钮，或者双击该图片，即可在光标位置处插入图片。

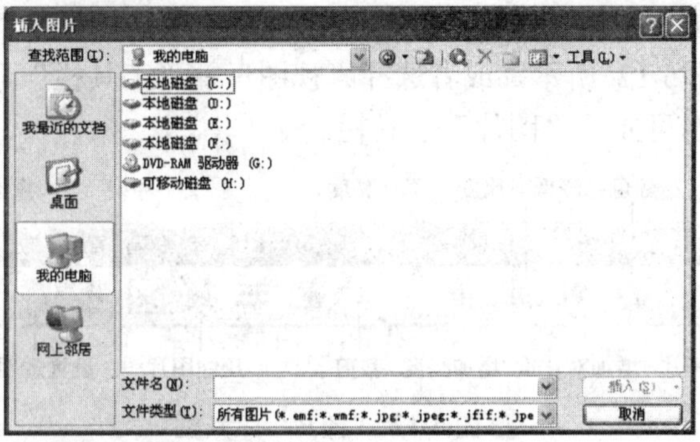

图 5-10 “插入图片”对话框

还可以通过单击“绘图”工具栏上的“插入剪贴画”图标打开如图 5-6 所示的“剪贴画”任务窗口，单击“插入图片”图标打开如图 5-10 所示的“插入图片”对话框。

2. 设置图片的文字环绕方式

文档中插入图片后，为使图文融为一体，美观大方，需要设置图片周围的文字环绕方式，实现图文混排。设置图片的文字环绕方式有以下两种方法：

（1）右键单击需要设置格式的图片，在弹出的菜单中选择“设置图片格式”或双击需要设置格式的图片，在弹出的“设置图片格式”对话框中单击“版式”选项卡，将出现多种文字环绕方式，如图 5-11 所示。

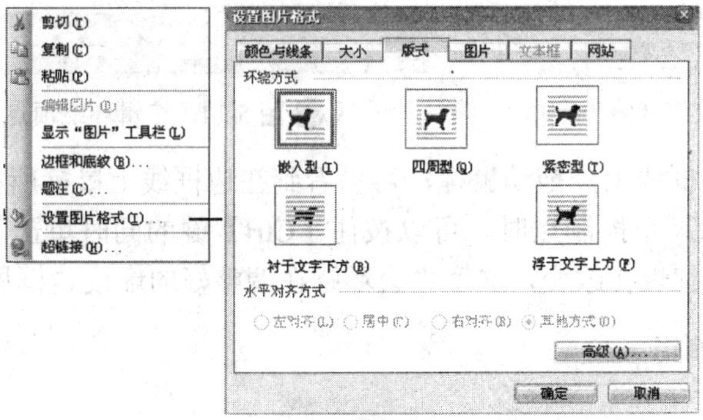

图 5-11 “设置图片格式”对话框

嵌入型：图片嵌入到文档之中。一般文档中插入的图片默认为嵌入型，并且可以改变图片在水平方向的位置。

四周型：文字在所选图片的四周环绕排列，此时图片为浮动式，控制点由嵌入式的小黑实心方块改为小白空心圆块，图片可以任意移动位置。

紧密型：文字严格按照图片的轮廓紧密环绕在图片的边缘。

衬于文字下方：图片在文字之后，就像常见的宣传海报的背景一样。

浮于文字上方：图片在文字的上方。

穿越型：文字以环绕点为边界，紧密环绕图片。

上下型：文本分布在图片的上下方。

其中，单击图 5-11 中的“高级”按钮，弹出“高级版式”对话框，此时会出现穿越型和上下型等方式，可以进一步设定图片的位置和文字环绕。

（2）右键单击需要设置格式的图片，在弹出的菜单中选择显示“图片”工具栏，打开“图片”工具栏，如图 5-12 所示，或者选择“视图”→“工具栏”命令，选择其下级菜单中的“图片”命令，也可显示“图片”工具栏。

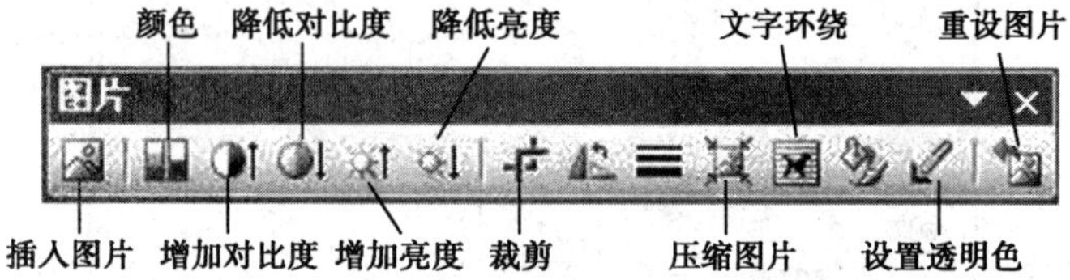

图 5-12 “图片”工具栏

单击“图片”工具栏中的“文字环绕”图标，弹出“文字环绕”菜单，如图 5-13 所示。在菜单最下面有一个“编辑环绕顶点”选项，选中图片后单击该选项，图片将被文字围绕，同时在周围出现虚线框和实心控制点，如图 5-14 所示。

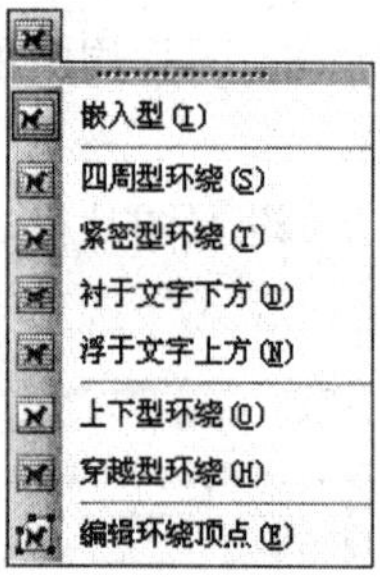

图 5-13 “文字环绕”菜单

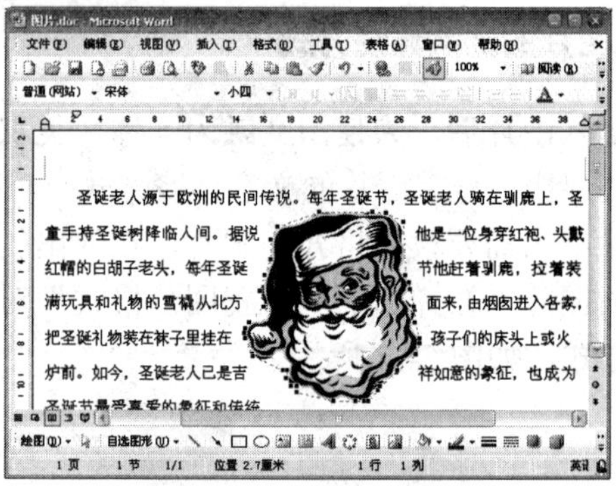

图 5-14 编辑环绕顶点

将鼠标移动到边框线上，拖动鼠标，可以看到在边框线上鼠标所在位置添加了一个控制点，如果需要删除某个控制点时，可以按住【Ctrl】键的同时单击某个控制点。随着鼠标的拖动，边框的形状也在改变，文字也会环绕在调整好的虚线边框周围。

3. 图片的基本编辑

1）图片的缩放

图片的缩放可以分为粗略缩放和精确缩放两种。

- 粗略缩放：选中图片，此时图片的四周出现八个控制点，将鼠标指针移至控制点处，鼠标指针变成双向箭头时，按住左键进行拖动，此时会出现一个虚线框，拖至合适大小，释放鼠标，图片的大小即进行改变。
- 精确缩放：选中图片，单击右键，在弹出的快捷菜单中选择“设置图片格式”命令，弹出“设置图片格式”对话框，单击“大小”选项卡，如图 5-15 所示。在“尺寸和旋转”选项组输入准确的高度和宽度值，或者在“缩放”选项组输入缩放的比例，单击“确定”按钮，即可对图片进行精确的缩放。

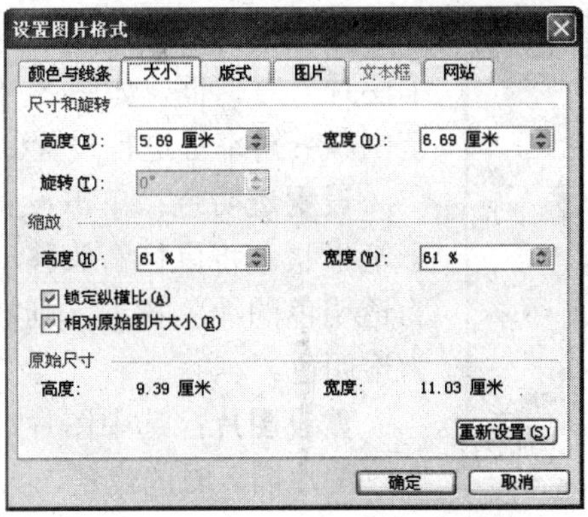

图 5-15　设置图片的大小

2）图片的裁剪

如果仅需要图片中的一部分，还可以对文档中的图片进行裁剪，但图片的裁剪必须要在非嵌入型版式中操作。裁剪图片也可以分为粗略裁剪和精确裁剪两种。

- 粗略裁剪：选中图片，然后单击“图片”工具栏上的裁剪按钮，将光标移到图片控制点处，单击控制点，拖动鼠标，可对图片进行相应裁剪。如图 5-16 所示为图片裁剪效果。但是应注意，首先图片应在非嵌入型版式下，其次裁剪以后所得到的图片只是将原图片部分隐藏，如果需要还可以用同样方法进行图片的还原。
- 精确裁剪：在“设置图片格式”对话框中单击“图片”选项卡，如图 5-17 所示，在“裁剪”选项组的左、右、上、下四个数值框中输入准确的数值，单击“确定”按钮，即可对图片进行精确裁剪。

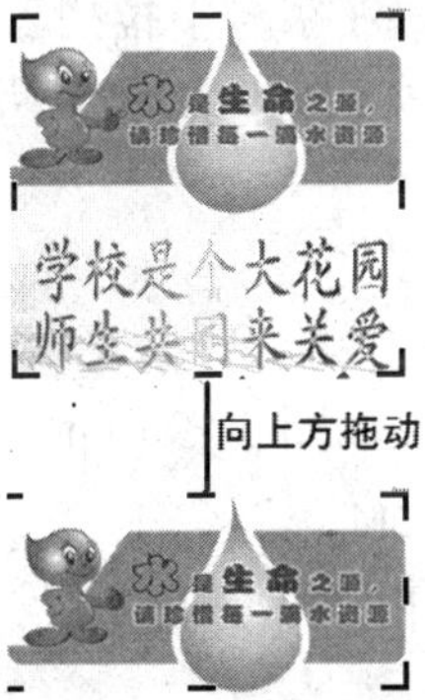

图 5-16　粗略裁剪图片

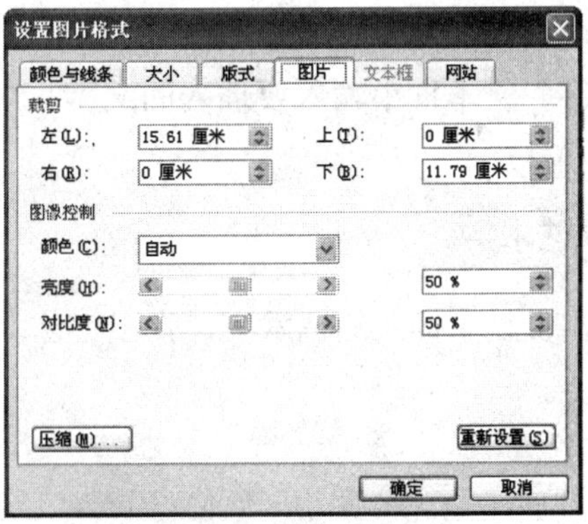

图 5-17　精确裁剪图片

3）设置图片属性

Word 文档中可以修改图像的颜色、亮度和对比度等，修改方法有以下两种。

- 利用“图片”工具栏。

颜色： 选中图片，单击工具栏中颜色图标，可以选择自动、灰度、黑白和冲蚀四种颜色效果。

增加或降低对比度： 选中图片，单击工具栏中相应图标，可以增加或降低图片的对比度。图片的对比度越高，图片颜色的饱和度和明暗度就越高，图片显示的灰色也就越少。

增加或降低亮度： 选中图片，单击工具栏中相应图标，对图片的亮度进行增加或降低。图片的亮度越高，图片显示的白色就越多。

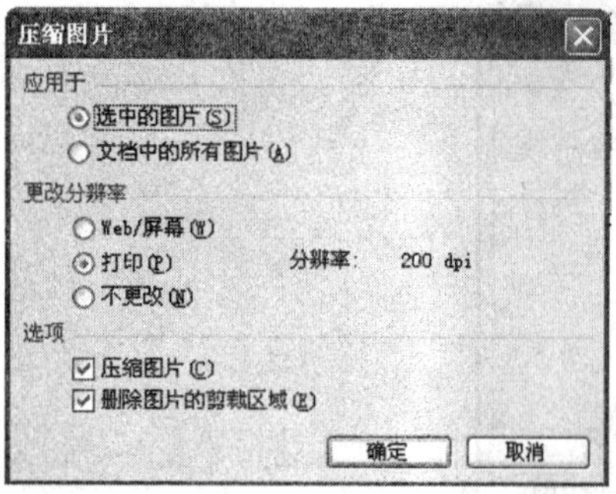

图 5-18 “压缩图片”对话框

压缩图片：选中图片，单击相应图标，弹出“压缩图片”对话框，如图 5-18 所示，可以对压缩图片的范围、分辨率等进行设置。

设置透明色：单击设置透明色图标，鼠标箭头呈彩笔形状，将鼠标箭头移动到图片上并单击需要设置为透明色的纯色背景，则被单击的纯色背景将被设置为透明色。

重设图片：选中图片，单击重设图片图标，可以恢复图片插入时的位置、大小和颜色等属性。

➢ 利用“图片格式”对话框。

在“设置图片格式”对话框的“图片”选项卡中，如图 5-17 所示，可以通过“图像控制”选项组的颜色下拉框修改图像的颜色，“亮度”滚动条修改图像的亮度，“对比度”滚动条修改图片的对比度。单击“压缩”按钮，弹出“压缩图片”对话框，可对图片进行压缩。

5.2 艺术字设计

1. 插入艺术字

（1）选择“插入”→“图片”→“艺术字”命令，弹出“艺术字库”对话框，如前图 5-3 左图所示。

（2）选择一种艺术字样式，单击“确定”按钮，弹出“编辑‘艺术字’文字”对话框，如前图 5-3 右图所示。在字体下拉列表框中选择字体，在字号下拉列表框中选择字号，在“文字”文本框中输入要插入的文字，单击“确定”按钮，即可在文档中添加相应的艺术字。

2. 编辑艺术字

（1）单击文档中插入的艺术字，弹出“艺术字”工具栏，如图 5-19 所示。

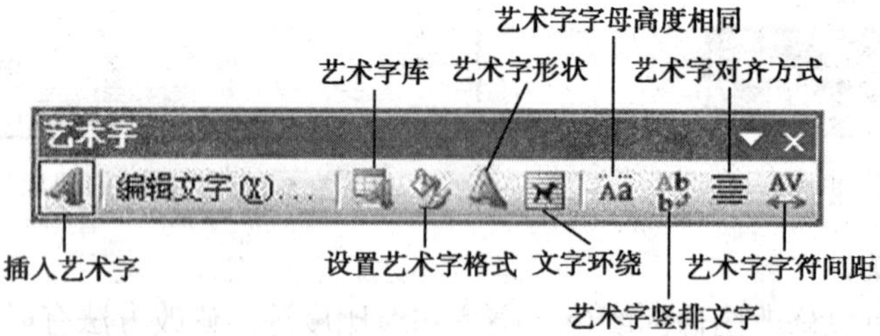

图 5-19 “艺术字”工具栏

插入艺术字：单击可弹出“艺术字库”对话框，然后按照插入艺术字的步骤进行插入。

编辑文字：单击可弹出“编辑‘艺术字’文字”对话框，对艺术字的字体、字号和内容进行修改。

艺术字库：单击可弹出“艺术字库”对话框，对艺术字的样式进行修改。

设置艺术字格式：单击可弹出“设置艺术字格式”对话框。

艺术字形状：单击可弹出艺术字形状列表，如图 5-20 所示。单击列表中的形状即可对艺术字的形状进行修改。

文字环绕：单击可弹出如前图 5-13 所示的“文字环绕”菜单。单击菜单中的选项可以设置艺术字与文字之间的层次和位置关系。

艺术字字母高度相同：单击图标可以使选中的所有字母高度相等。

艺术字竖排文字：单击可以将选中的横排艺术字更改为竖直排列。

艺术字对齐方式：单击可弹出如图 5-21 所示艺术字对齐方式菜单。单击菜单中的选项可选择艺术字文字的对齐方式。

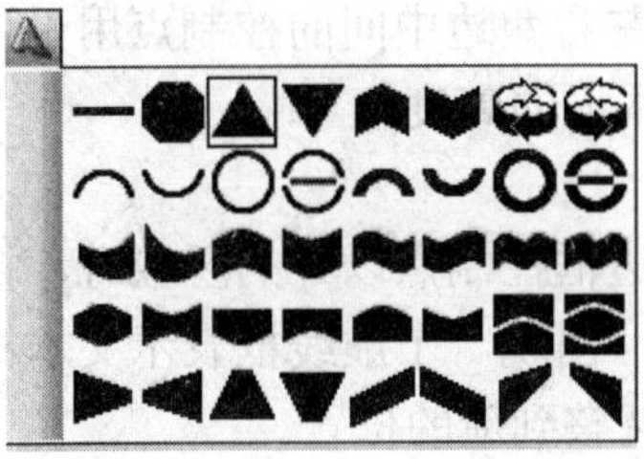

图 5-20　艺术字形状列表

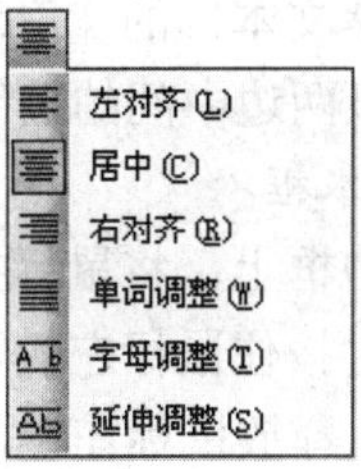

图 5-21　艺术字对齐方式

艺术字字符间距：单击弹出如图 5-22 所示艺术字字符间距菜单。单击菜单中的选项可以选择艺术字文字的间距，从而调整艺术字各个字符间的间距。

（2）设置艺术字的属性。对艺术字进行调整与对图片进行调整类似，既可以通过鼠标进行粗略调整，也可以通过“设置艺术字格式”对话框进行精确调整。在“设置艺术字格式”对话框中，“颜色与线条”选项卡可以设置艺术字字体的颜色、线条的线型等；“大小”选项卡可以设置艺术字的精确尺寸及缩放比例等；“版式”选项卡可设置艺术字与文字之间的环绕方式。

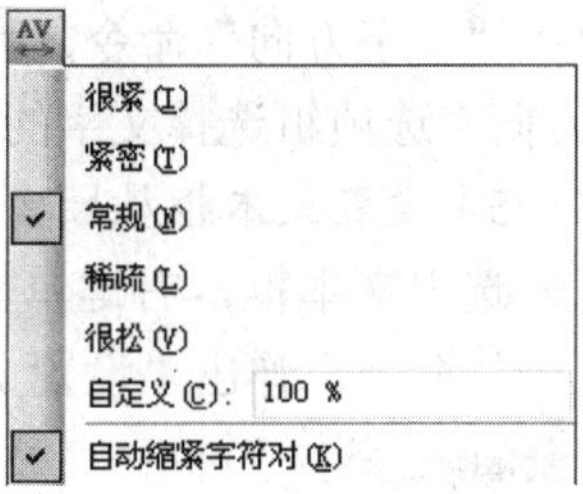

图 5-22　艺术字字符间距

5.3 文本框的使用

在 Word 2003 中，使用文本框可以以图像的方式对文本进行处理，把文本放在文档的任意位置。

1. 插入文本框

插入文本框有以下两种方法：

（1）选择“插入”→“文本框”→“横排”命令，此时鼠标指针将变成“十”字形状，移动鼠标到添加文本框的位置，单击左键然后拖动，调整好文本框尺寸后，松开鼠标，这样就插入了横排的文本框，如图 5-23 左图所示；选择“插入”→“文本框”→“竖排”命令时，可插入竖排的文本框，如图 5-23 右图所示。

图 5-23　横排与竖排文本框

（2）单击绘图工具栏的“横排”图标可插入横排文本框，单击“竖排”图标可插入竖排文本框。

2. 编辑文本框

1）选中文本框

用鼠标单击已插入的文本框，使其边框周围出现八个圆形空心的控制点，此时该文本框已经被选中，可以对其进行编辑。

2）调整文本框大小

文本框上有 8 个控制点，可以通过鼠标来调整文本框的大小。文本框 4 个角上的控制点用于同时调整文本框的宽度和高度，文本框左右两边中间的控制点用于调整文本框的宽度，文本框上下两边中间的控制点用于调整文本框的高度。

3）移动文本框

在文本框边框上，将鼠标指针放在文本框边框控制点以外的区域时，指针变为“十”字形形状。此时按住鼠标左键不放并拖动鼠标，出现一个虚线框表示文本框的新位置，拖动到所需位置，释放鼠标左键，即可将文本框调整到新的位置。

4）改变文本框中的文字属性

选中文本框中的文字，右键单击鼠标，弹出快捷菜单，如图 5-24 所示。选择快捷菜单中“文字方向”命令，弹出“文字方向-文本框”对话框，如图 5-25 所示。在对话框的“方向”选项组选择文字的方向，单击“确定”按钮，即可改变文本框中文字的方向。

5）设置文本框属性

选中文本框，右键单击鼠标，弹出快捷菜单，如图 5-26 所示。选择“设置文本框格式…”命令，弹出“设置文本框格式”对话框，如图 5-2 所示。

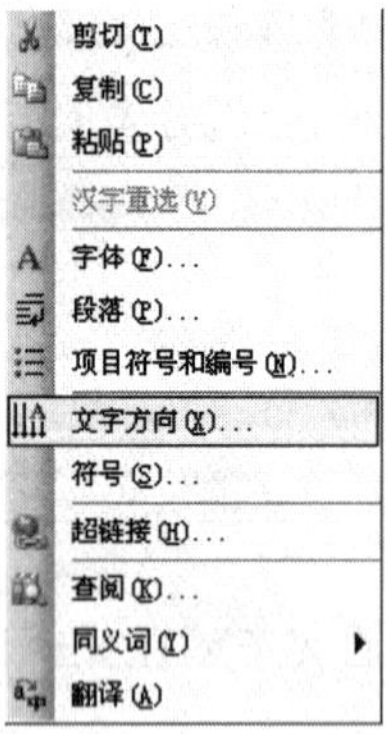

图 5-24　快捷菜单

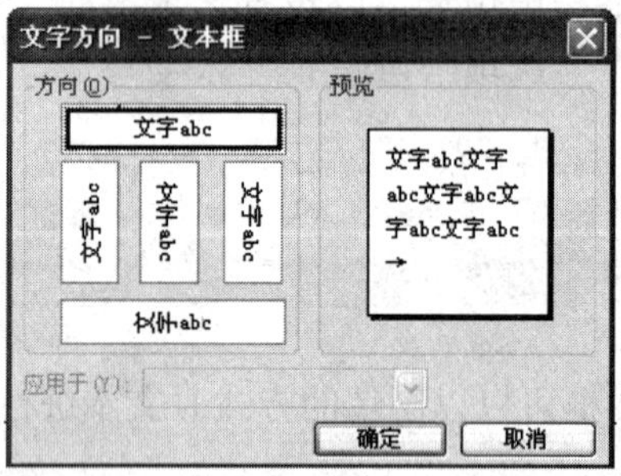

图 5-25　“文字方向-文本框”对话框

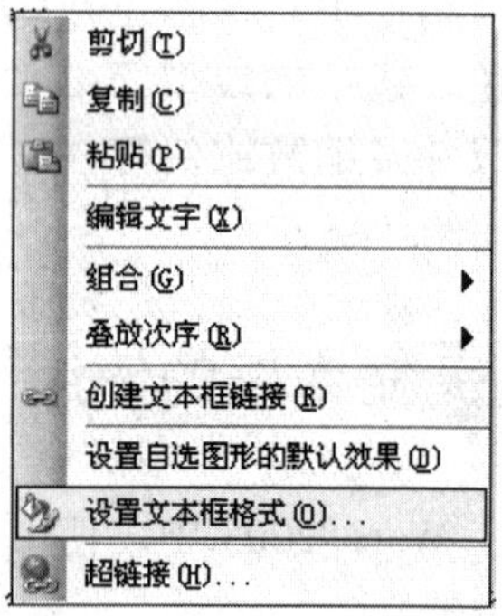

图 5-26　设置文本框格式

颜色与线条选项卡：在“设置文本框格式”对话框中，选择“颜色与线条”选项卡，在填充区域的颜色下拉框中，可以选择文本框内的填充颜色，在透明度选项中可以设置填充颜色的透明度，在线条区域可以设置文本框边框的颜色、线型、虚实和粗细等属性。

大小选项卡：在“设置文本框格式”对话框中，选择“大小”选项卡，可以通过在“高度”和“宽度”中输入文本框的绝对值来指定文本框的高度和宽度。在缩放选项组中，可以设置文本框在水平和垂直方向的缩放比例，如果选中“锁定纵横比”复选框，则文本框的高度与宽度与原始比例保持一致，如果更改文本框高度，其宽度也会根据比例进行更改，反之亦然。

版式选项卡：在“设置文本框格式”对话框中，选择“版式”选项卡，可以设置文本框与文字的环绕方式，选择文本框在文档中的水平位置。

文本框选项卡：在“设置文本框格式”对话框中，选择“文本框”选项卡，设定文本框内容与文本框边框的四周距离。

3. 删除文本框

选中文本框，单击【Delete】键可将所选文本框删除。

小技巧

如何让 Word 2003 中的文本框任意旋转

在 Word 中制作流程图、公章等各种图形的时候，都会在图形里面插入“文本框”，然后在里面输入文字。如果图形旋转了，那么“文本框”和文本框中的文字也要随着图形一起旋转，主要目的是为了让字体旋转角度与图形一样，这样看起来才会协调。这种效果经常用到，但问题是 Word 中没有让文本框旋转的功能，下面将介绍一种在 Word 中让文本框旋转的办法——文本框变图像法，具体操作步骤如下：

（1）选择菜单栏中“插入”→“文本框”命令，然后在文本框里输入文字。

（2）将文本框边框颜色设置为透明。右键单击“文本框”，然后选择“设置文本框格式”命令，在弹出的“设置文本框格式”对话框中选择“颜色与线条”选项卡，将“线条”下面的颜色设置为“无线条颜色”，单击“确定”按钮。

（3）选中“文本框”然后将其剪切，选择“编辑”→“选择性粘贴”命令，选择“图片（Windows 图元文件）”或图片（GIF）、图片（PNG）、图片（JPEG）形式，然后单击“确定”按钮，如图 5-27 所示。

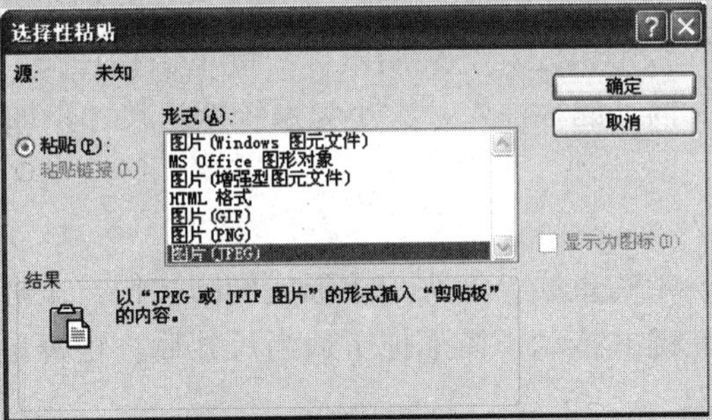

图 5-27 “选择性粘贴”对话框

（4）右键单击刚刚粘贴出来的图片，选择“设置图片格式”对话框中的“版式”选项卡，将环绕方式设为“紧密型”，单击“确定”按钮。将鼠标放到图片上面绿色的“自由旋转控制点”上，然后拖动就可以任意旋转了。

提 示

其实在 Word 2003 中，文本框本身是不能旋转的，但图片可以旋转，所以就可以将文本框转换成图片格式，再将其旋转。

5.4 绘制图形

选择“视图”→“工具栏”→“绘图”命令，可弹出“绘图”工具栏，如图 5-28 所示。

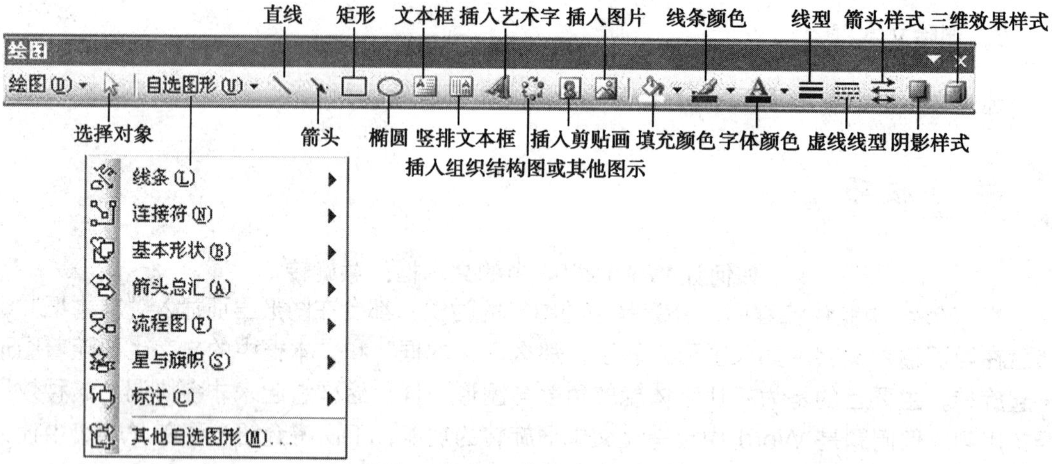

图 5-28 “绘图”工具栏

1. 插入自选图形

Word 中自选图形分为线条、连接符、基本形状、箭头总汇、流程图、星与旗帜和标志 7 大类型。单击“绘图”工具栏中的“自选图形”下拉按钮，打开“自选图形”菜单，如图 5-28 所示。

如果要在文档中插入一个云形标注，选择“绘图”→“自选图形”→“标注”命令，此时鼠标指针变成“十”字形状，在文档中按下鼠标左键并拖动，图形拖至适当尺寸后，松开鼠标左键，即可插入云形标注。另外用鼠标左键单击标注插入位置，同样能够在相应位置插入云形标注，此时插入的标注尺寸大小为系统默认尺寸，如前图 5-4 所示。

2. 绘制图形

单击“绘图”工具栏中的直线、箭头、矩形或椭圆按钮，鼠标指针将变成“十”字形状，在文档中按下鼠标左键并拖动，图形拖至适当尺寸后，松开鼠标左键即可绘制出相应的图形。

如果双击直线按钮，可在文档中多次绘制直线，直到按【Esc】键退出。画直线的同时按住【Shift】键，可以画出 15°、30°、45°、60° 和 75° 等具有特殊角度的直线。按住【Ctrl】键可画出自中间向两侧延伸的直线，同时按住这两个键则可画出自中间向两侧延伸的具有特殊角度的直线。

绘制圆弧的方法：打开“绘图”工具栏，选择“自选图形”→“基本形状”→“弧形”命令，按住【Ctrl】键可画出自中间向两侧延伸的圆弧，同时按住【Shift+Ctrl】组合键则可画出自中间向两侧延伸的 45° 圆弧，按住【Alt】键可画出一端固定的圆弧，同时按住【Ctrl+Alt】组合键则可画出一端固定的 45° 圆弧。鼠标拖动的距离决定弧线的长短，拖动的方向决定弧线开口的方向。

如果要绘制正方形，可在单击矩形图标的同时，按住【Shift】键；如果要绘制圆形，可在单击椭圆图标的同时按住【Shift】键。

3. 编辑图形

1）选择图形

要选择文档中的一个图形，可移动鼠标至图形内，当指针变成四向箭头时，单击图形，此时图形四周有八个白色圆形控制点、一个绿色圆形控制点和一个黄色菱形控制点，即代表选中图形，将鼠标移到白色控制点附近，光标变为双向箭头，按住左键拖动鼠标可以改变图形的尺寸；鼠标移到绿色控制点附近，变成一个弧形箭头，此时拖动鼠标可旋转图形；用鼠标直接拖动黄色控制点，可以改变图形的形状，如图 5-29 所示。

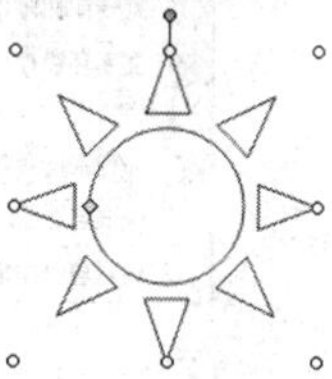

图 5-29　选择图形

如果需要选择部分图形，则可在按住【Shift】键的同时依次进行选择或单击“绘图”工具栏上的“选择对象”按钮，然后拖动鼠标绘制一个框将所需要的图形选中即可。如果是多个图形层叠在一起的情况，则可以首先选中最上面的图形，然后按【Tab】键或【Shift+Tab】组合键依次选择即可。

提 示

如果发现某图形选择起来很困难（鼠标变不成“十”字形状），这种情况常发生在多个图形混杂在一起的情况，单击“选择对象”按钮后将会很容易选择。

2）移动图形

将光标放在图形区域，当光标变成四向箭头时，按住左键拖动鼠标，就可以移动图形的位置。如果结合键盘操作将会收到许多意想不到的效果。例如：拖动的同时按住【Shift】键，则所选图形只能在水平或垂直方向上移动；如果按住【Alt】键，则可以在定位的时候更加精确。另外，使用方向键【→】、【←】、【↑】、【↓】）也可移动图形，不过一次只能移动 10 个像素，故只能实现粗调，而使用【Ctrl＋方向键】则一次仅移动 1 个像素可实现微调。

3）在图形中添加文字

可以为插入的封闭图形添加文字，其具体操作步骤如下。

- 选中要添加文字的图形。
- 单击鼠标右键，在弹出的快捷菜单中选择“添加文字”命令，此时可以看到光标在图形内部闪烁。
- 在光标处输入文字，进行排版，然后单击图形以外的区域即可。

4）组合或拆分图形

- 组合图形。选择要组合的图形，再选择“绘图”→“组合”命令，如图 5-30 所示；或者单击鼠标右键，在弹出的快捷菜单中选择“组合”→“组合”命令，如图 5-31 所示。进行完组合操作之后，原本的多个图形就组合成一个图形。
- 拆分图形。要将已组合好的图形进行拆分，可在如图 5-30 所示的“绘图”菜单中选择“取消组合”命令，或者在如图 5-31 所示的快捷菜单中选择“取消组合”命令。

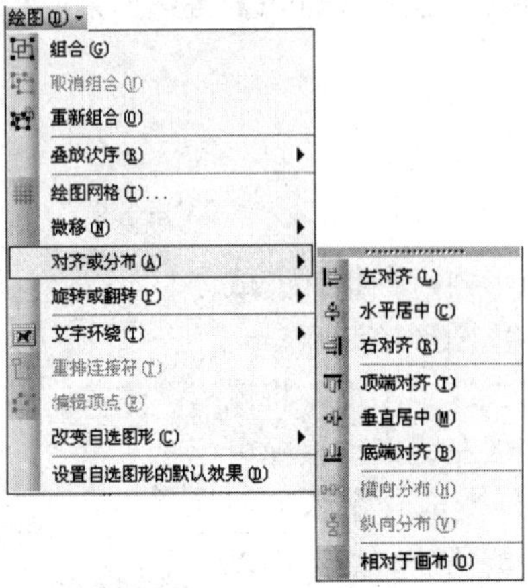

图 5-30 “绘图”菜单

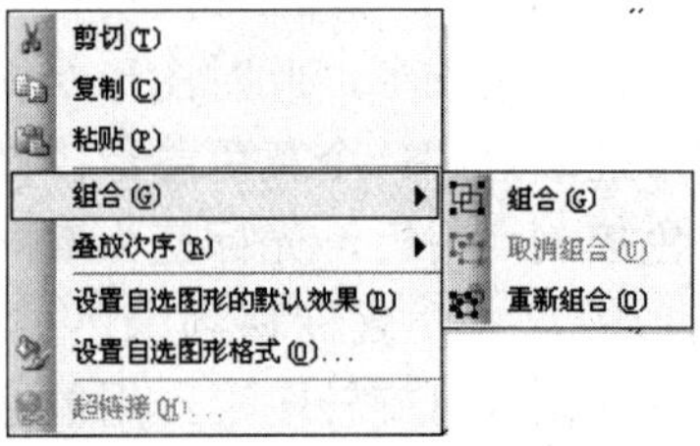

图 5-31 组合快捷菜单

5）图形的对齐

Word 中还提供了多个图形的对齐方式，如果需要将多个图形对齐，首先选中要对齐的多个对象，然后选择“绘图”工具栏中的“对齐或分布”命令，在弹出的菜单中选择左对齐或右对齐等多种对齐方式，如图 5-30 所示。

如果子菜单中没有出现需要的对齐方式，选择“工具”→“自定义”命令，在打开的“自定义”对话框中单击“命令”标签，在左边的类别框中选中“绘图”命令，打开“绘图”选项工具，如图 5-32 所示。在右边的命令框中会发现原来绘图中还有很多的功能按钮没有添加，选中需要添加的类别后拖动鼠标至工具栏的相应位置即可。

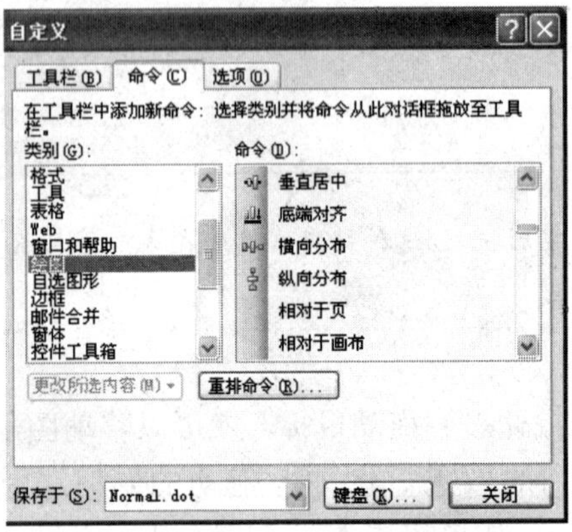

图 5-32 自定义绘图工具

4. 设置图形的线型、填充效果、阴影及三维效果

“设置自选图形格式”对话框主要有“颜色与线条”、“大小”和“版式”选项卡。

1）图形的线型

对图形进行设置，首先要选择图形，单击“绘图”工具栏中的线型按钮，通过选择菜单中的选项可以调整图形的线型，单击“虚线线型”按钮，可以更改虚线的线型，如果需要对图形的线条进行复杂设置，可以单击“线型”按钮，在弹出的菜单中选择“其他线条”，弹出“设置自选图形格式”对话框，也可在选择图形后，右键单击，在快捷菜单中选择“设置自选图形格式”选项，弹出“设置自选图形格式”对话框。在对话框中的“颜色与线条”选项卡的线条区域，可以设置图形线条的线型、虚实线和线条的粗细，设置完毕后，单击“确定”按钮即可。

2）填充效果

- 填充颜色。如果需要给如图 5-33 所示的左图填充颜色，首先选择要填充的图形，然后单击“绘图”工具栏中的“填充颜色”按钮，弹出如图 5-34 所示的“填充颜色”菜单。使用鼠标单击红色方框，即可为图形填充红色，填充效果如图 5-33 右图所示。

图 5-33　填充前后对比图

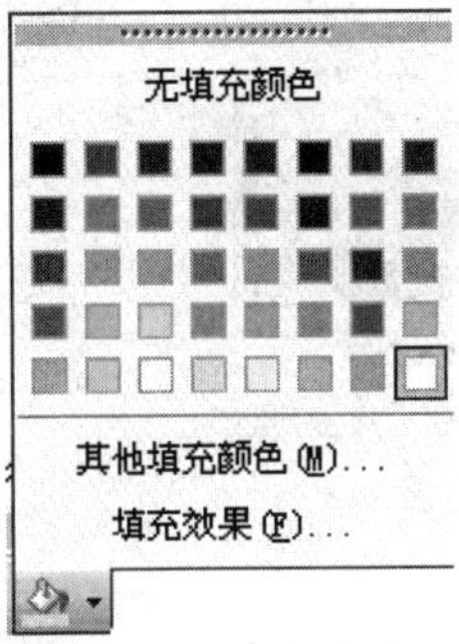

图 5-34 “填充颜色”菜单

如果在如图 5-34 所示菜单中的颜色没有所需要的，可选择“其他填充颜色”选项，弹出“颜色”对话框，如图 5-35 所示。用鼠标在颜色区域中单击要填充的颜色，即可为图形填充相应的颜色。

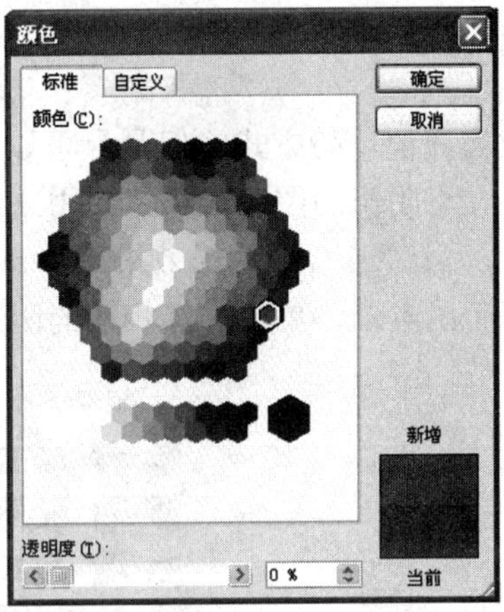

图 5-35 “颜色”对话框

- 填充渐变效果。选择图片，在如图 5-34 所示的“填充颜色”菜单中选择“填充效果”选项，弹出“填充效果”对话框，如前图 5-5 右图所示。在“渐变”选项卡中选择颜色、透明度和底纹样式，单击“确定”按钮，可得到不同的渐变填充效果。
- 填充纹理效果。在如前图 5-5 右图所示的对话框中单击“纹理”选项卡，如图 5-36 所示。在“纹理”选项组选择“水滴”效果，单击“确定”按钮。
- 填充图案效果。在如前图 5-5 右图所示的对话框中单击“图案”选项卡，如图 5-37 所示。在“图案”选项组选择“5%”效果，单击“确定”按钮。

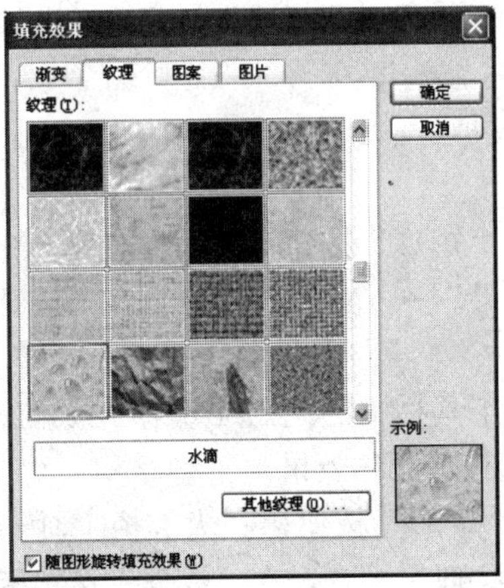

图 5-36 “纹理”选项卡

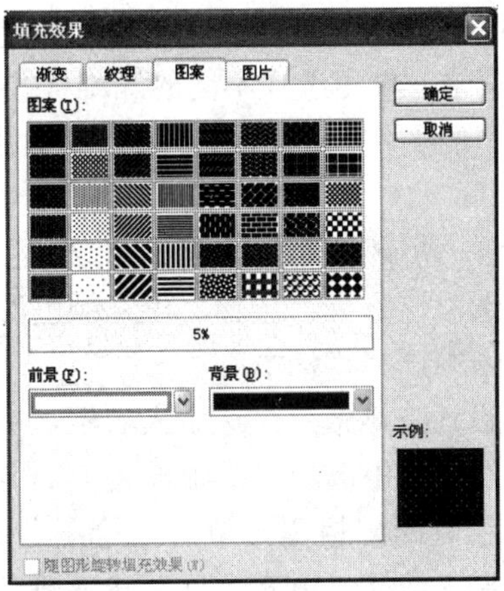

图 5-37 “图案”选项卡

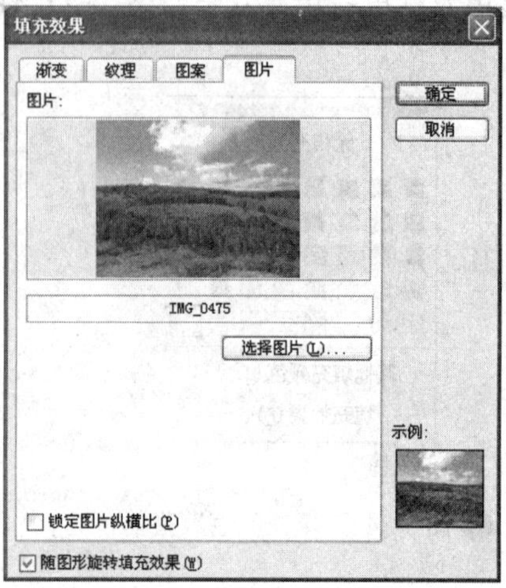

图 5-38 “图片”选项卡

➢ 填充图片效果。在“填充效果”对话框中单击“图片”选项卡，单击“选择图片”按钮，在弹出的“选择图片”对话框中选择填充的图片路径，单击“确定”按钮，此时在“图片”区域将显示图片的预览效果，如图 5-38 所示。单击“确定”按钮，即可将所选择的图片填充到图形中。

3）阴影和三维效果

通过应用三维和阴影效果，可以为线条、自选图形和任意多边形添加深度。通过使用三维效果，还可以更改图形对象的深度、颜色、角度、照明方向和表面效果。使用阴影效果，可以添加图形对象的深度、调节阴影的位置并更改阴影的颜色，还可以对图片应用部分阴影效果，不过必须将“嵌入型”环绕方式更改为其他环绕方式。但是只可以单独添加阴影或三维效果，不能同时添加两者。例如，如果在有阴影的图形对象上应用三维效果，阴影将会消失。

为图形添加阴影效果，单击“绘图”工具栏中的“阴影样式”按钮，弹出如图 5-39 所示的菜单，单击选择相应的阴影样式，即可为图形添加阴影效果。

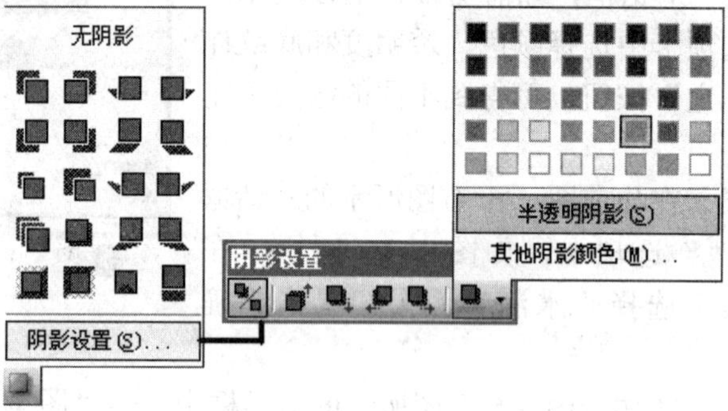

图 5-39　阴影样式

为图形添加三维效果，单击“绘图”工具栏中的“三维效果样式”按钮，弹出如图 5-40 所示的菜单，单击选择不同的三维样式，即可添加三维效果。

下面的实例为利用阴影和三维效果制作“大衣柜”，效果如图 5-41 所示，具体步骤如下：

➢ 在 Word 文档中，单击“绘图”工具栏中的“矩形”按钮，然后拖曳出一个方框。选中该方框，选择“填充颜色”→“填充效果”→“纹理”命令，在“纹理”选项卡中选择“栎木”。
➢ 设计三维效果。选中大衣柜，单击“绘图”工具栏中的“三维效果”按钮，在弹出的菜单中选择“三维样式 1”，这时大衣柜就有了立体效果。
➢ 绘制两扇柜门。单击“绘图”工具栏中的“矩形”按钮，在大衣柜上画一个长方形，选择“填充颜色”→“填充效果”→“纹理”命令，在“纹理”选项卡中选择“深色木质”。

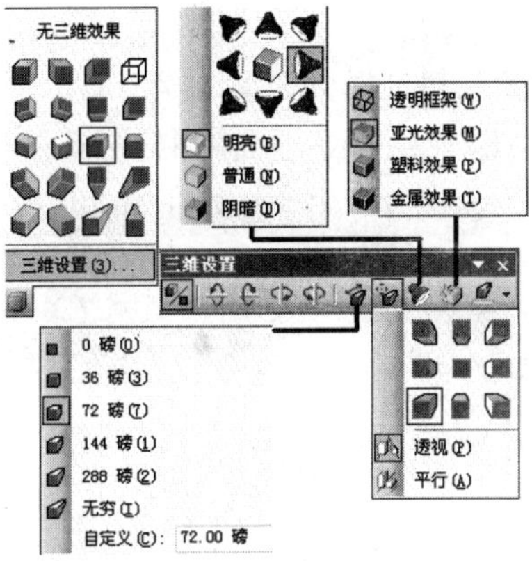

图 5-40 三维效果工具及设置

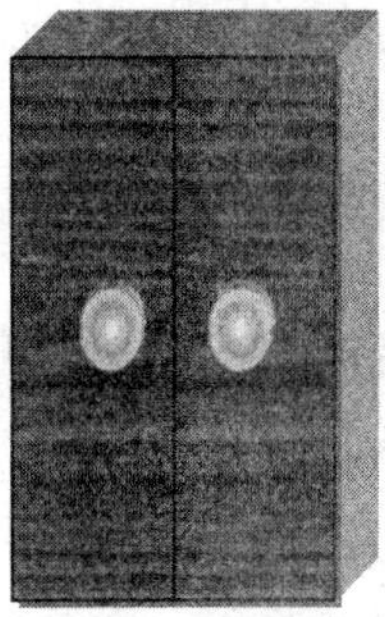

图 5-41 大衣柜三维效果图

- 为了使柜门有略微凸出的效果，单击“绘图”工具栏上的“阴影”按钮，在弹出的菜单中选择“阴影样式 14”。修饰完成后，用复制、粘贴的方法复制另一扇柜门。
- 制作两个圆形把手，单击“绘图”工具栏上的“椭圆”按钮，在门上绘制一个圆形，选中图形，选择“绘图”工具栏上的“填充颜色”→“填充效果”→“渐变”命令。在“渐变”选项卡的“颜色”框中选择“预设”单选项，在右侧出现的“预设颜色”中选择“麦浪滚滚”，在“底纹样式”框中选择“中心辐射”单选项，在“变形”框中选择“变形 1”，设置完毕单击“确定”按钮。
- 这时的把手还没有凸起效果，选用三维效果中的“三维样式 11”，由于三维深度过大，需要减小深度。选择“三维设置”命令，弹出“三维设置”工具栏，单击其中的“深度”按钮，将“72 磅”改为“15 磅”。通过复制、粘贴的方法将另一个把手移动到另一扇柜门上，大衣柜的效果图就完成了。
- 这样用单个图形拼成的大衣柜是不方便移动的，需要把它们组合起来。按住【Shift】键，用鼠标分别选中大衣柜主体、两扇柜门、两个把手，在选中的大衣柜上右键单击鼠标，在弹出的菜单中选择“组合”→“组合”命令。组合完成后，大衣柜的各个图形就成为了一个整体，可以随意移动了。

提 示

当绘制的家具所使用的图形超过两个时，就需要把它们组合起来，这样便于调整家具的位置。如果需要修改家具的某一个部位，只要取消组合即可，不过修改完毕不要忘记再把它们组合起来。

小技巧

1. 如何在文档中插入文件

在 Word 文档中插入文件分为插入 Word 文件与其他格式文件两种。

1）插入 Word 文件

选择“插入”→“文件”命令，弹出“插入文件”对话框，选择要插入的文件，单击“插入”按钮，可在 Word 文档中插入相应的文件。

2）插入其他格式的文件

选择“插入”→“对象”命令，弹出“对象”对话框，如图 5-42 所示。在对象类型中选择要插入文件的格式，如选择插入 Microsoft Excel 图表，可得到如图 5-43 所示效果。

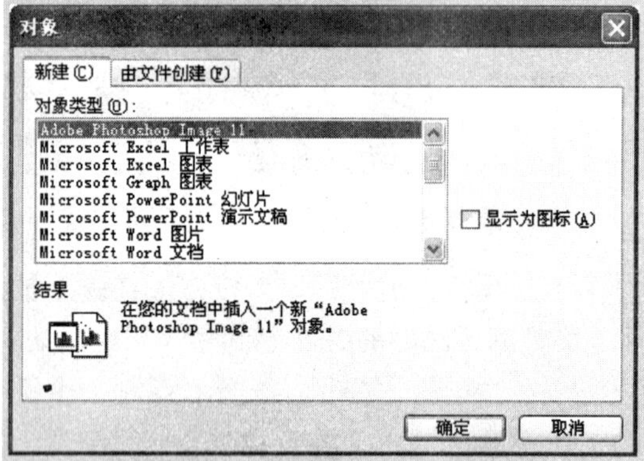

图 5-42 “对象”对话框

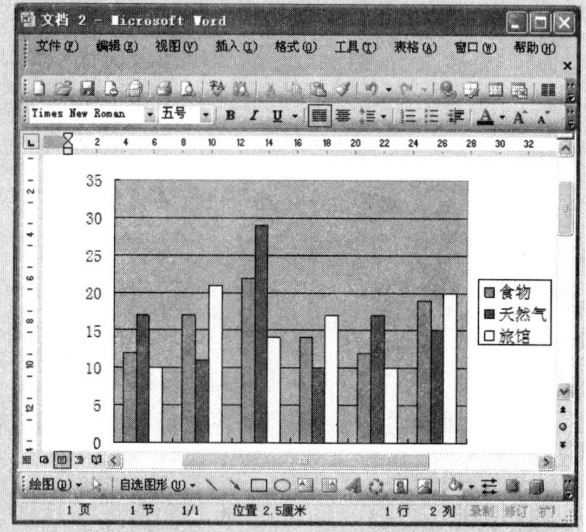

图 5-43 插入 Excel 文件后效果

如需要在文档中插入一个数学公式，可以利用公式编辑器，在对象类型中选择“Microsoft 公式 3.0”，弹出“公式编辑器”窗口和“公式”工具栏，如图 5-44 所示。

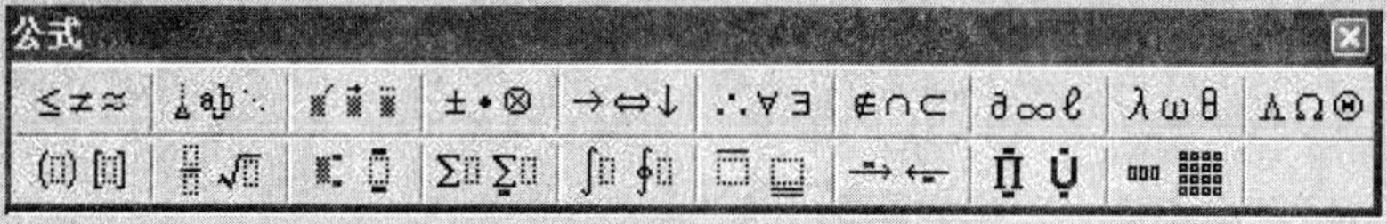

图 5-44 “公式编辑器”和“公式”工具栏

为方便使用，可以在“常用”工具栏中建立快捷图标，选择“工具”→“自定义”→“命令”→“插入类别”→“公式编辑器”命令，将其拖至“常用”工具栏，此时在“常用”工具栏中出现 $\sqrt{\alpha}$ 图标，单击此图标也可弹出如图 5-44 所示的工具栏。

“公式”工具栏有上下两排按钮，上面一排是“符号”工具板，包括 10 类 150 多种数学符号，下面一排是“模板”工具版，包括 9 类 120 多种数学公式模板。

例如：要输入数学公式“$\frac{\sqrt{9}}{\sqrt[3]{27}}$”，可以单击要插入公式的位置，调出“公式编辑器”窗口和“公式”工具栏，选择“分式和根式”模板，单击“分式”按钮，再单击模板中第四排第一个图标，输入“9”，通过键盘的方向键移动鼠标到分母处，单击模板中第四排第二个图标，通过键盘的上下箭头分别输入“3”和“27”。公式输入完成后在文档空白位置单击，公式将转变为图片形式。如果需要对公式进行改动，双击公式图片，此时重新启动公式编辑器，可对其进行编辑。

2. 如何在文档中设置水印

在 Word 中设置的水印主要分为设置图片水印和设置文字水印两种，选择“格式”→“背景”→“水印”命令，可以调出“水印”对话框，如图 5-45 所示。

1）图片水印

选择“图片水印”单选项，单击“选择图片”按钮，弹出“插入图片”对话框，选择要作为水印的图片路径，单击“确定”按钮即可。

2）文字水印

选择“文字水印”单选项，输入要设为水印的文字，设置文字的字体、尺寸、颜色及版式，最后单击“确定”按钮即可添加文字水印。

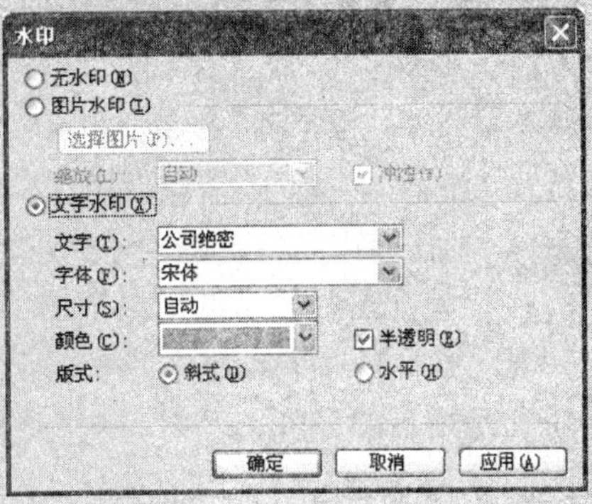

图 5-45　“水印”对话框

3. 如何在文档中插入脚注、尾注和题注等

1）插入脚注和尾注

脚注一般位于页面的底部，作为文档某处内容的注释；尾注一般位于文档的末尾，用于说明引文的出处等。插入脚注和尾注时，首先将光标定位于要插入的位置，选择“插入”→“引用”→“脚注和尾注”命令，弹出“脚注和尾注”对话框，如图 5-46 所示。

选择“脚注”单选项，在“格式”部分进行脚注格式的设置，单击“插入”按钮，可以在页面底部插入脚注，在插入点处输入对文档内容的注释。尾注的插入与脚注的插入相同。

2）插入题注

题注是为文档中的图片、表格及公式等添加的文字说明。插入题注时，首先选择插入题注的对象，选择“插入”→“引用”→“题注”命令，弹出“题注”对话框，如图 5-47 所示。选择题注选项的标签和显示位置，单击“确定”按钮，即可在选中的位置添加题注。如果需要新建标签，单击对话框中的“新建标签”按钮即可。

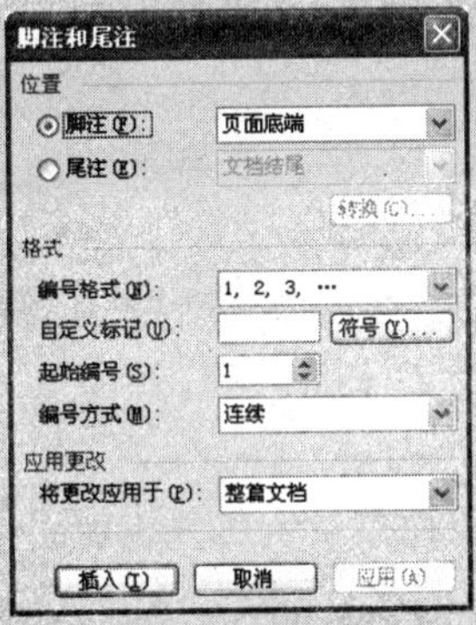

图 5-46　“脚注和尾注”对话框

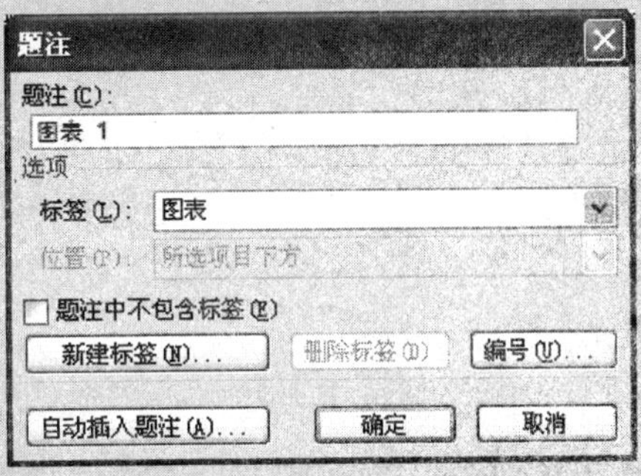

图 5-47　“题注”对话框

如果为对象自动添加题注，需单击“自动插入题注”按钮，弹出“自动插入题注”对话框。在列表中选择插入时能够自动添加题注的对象，设置“使用标签”和显示位置等选项，最后单击“确定”按钮。以后在文档中插入该类型的项目时，Word 将自动为其添加题注。

4. 怎么在 Word 里绘制流程图

1）页面和段落的设置

首先启动 Word 2003，打开一个空白文档，并切换到页面视图。选择菜单“文件”→“页面设置”命令，打开“页面设置”对话框，在“页边距”选项卡中，设置上、下边距为“1 厘米”，左、右边距为“2 厘米”，完成后单击“确定”按钮。由于后面要在自选图形中输入文字，为了让输入的文字在垂直方向上看起来居中，需设置一下段前距。选择菜单“格式”→“段落”命令，打开“段落”对话框，在“缩进和间距”选项卡中设置段前间距为“1 行”，完成后单击“确定”按钮。

2）制作流程图的标题

在“自选图形”工具栏中单击“矩形”按钮。在页面中将出现“在此创建图形”的画布，拖动鼠标，在该画布中绘制矩形，让矩形的宽度与画布相同，高度设置为 3 厘米。画好后调整画布的高度，使之与矩形的高度相同。然后选中插入的矩形，右键单击鼠标，在弹出的菜单中选择“设置自选图形格式”命令，打开“设置自选图形格式”对话框，在“颜色与线条”选项卡中，先设置线条颜色为“无线条颜色”，单击“填充”区“颜色”下拉箭头，选择“其他颜色”命令，打开“颜色”对话框，设置填充颜色，完成后单击“确定”按钮。在矩形框中插入艺术字标题。选中矩形框，右键单击鼠标，在弹出的菜单中选择“添加文字”命令，这时可以看到光标在矩形框内闪动，表示等待添加文字。单击底部“绘图”工具栏上的“插入艺术字”按钮，打开“艺术字库”对话框。选择第二行第二种艺术字，单击“确定”按钮；在打开的“编辑‘艺术字’文字”对话框中，输入文字并设置字体格式，完成后单击“确定”按钮，返回 Word 编辑窗口，艺术字被添加到矩形框中。按回车键换行，输入文字“毕业论文写作流程图”，并将其字体设置为“宋体”、“小二”、“加粗”，对齐方式为“右对齐”，标题就制作完成了。

3）绘制流程图框架

所谓框架就是画出图形，将图形大致布局并在其中输入文字。

单击“自选图形”按钮，在弹出的菜单中选择“流程图”，选择“流程图”中的“准备”图形。在页面中标题的下方会出现一个“在此创建图形”的画布，拖动鼠标，在画布的恰当位置画出“准备”图形。选中“准备”图形，右键单击鼠标，在弹出的菜单中选择“添加文字”命令，在其中输入文字“开始”。如果觉得“开始”文字的位置过于靠近底部，则可以调整它的段前距为“0.5 行”。然后设置其对齐方式为“居中对齐”，拖动“画布”右下角控制点，使其扩大面积到页面底部边缘，以便能容纳流程图的其他图形。用同样的方法，绘制其他图形，并在其中输入相应的文字。

4）流程图的对齐与修饰

由于的框架的制作都是手工的，因此在对齐上可能不太准确，使用对齐命令可精确对齐，同时可对图形做一些修饰，让它们有更漂亮的外观。

按住【Shift】键，同时选中左边一列的所有图形，单击窗口底部“绘图”工具栏上的“绘图”按钮，选择“对齐或分布”→“水平居中”命令，将所有选中的图形“水平居中”对齐。同样地，同时选择其他图形，选择“对齐或分布”→“垂直居中”命令，使其“垂直居中”对齐。然后为图形设置三维效果，按住【Shift】键，同时选中所有的图形，单击“绘图”工具栏上的“三维效果样式”按钮，在弹出的列表中选择“三维样式 1”，可以看到所有的图形被添加了三维效果样式。在所有图形保持被选中的状态下，再次单击“三维效果样式”按钮，选择“三维设置”命令，打开“三维设置”工具栏，设置其“深度”为“12 磅”。完成后三维效果的厚度看起来更薄更自然。为同种类型的图形设置相同的填充色，如选中“开始”图形，右键单击鼠标，在弹出的菜单中选择“设置自选图形格式”命令，打开“设置自选图形格式”对话框，在“颜色与线条”选项卡，设置该图形的填充色。用同样的方法为其他图形设置填充色，让流程图的外观看起来更漂亮。

5）添加连接箭头

为流程图的各个图形之间添加连接箭头。连接箭头可以让阅读者更准确快速地把握工作流程的走向。在绘制箭头之间，为了能够让绘出的箭头完全水平或垂直，一定要提前利用“对齐或分布”的“水平对齐”或“垂直对齐”命令对图形进行对齐。如果前面没有设置对齐，则可以在绘制时将相应图形“水平对齐”或“垂直对齐”。

选择“自选图形”按钮，在弹出的列表选择“连接符”→“直箭头连接符”命令。在两个需要添加连接符的图形之间拖动鼠标，当鼠标移动到图形对象上时，图形会显示蓝色的连接点，这些点表示可以附加连接符。将鼠标在两个图形的下方连接点和上方连接点之间拖动即可将两个图形连接在一起。用同样的方法为其他图形间添加直箭头连接符。在这个过程中，如果需要对某个图形进行移动，可选中图形后用方向键移动，如果要微移，则按住【Ctrl】键的同时，使用方向键。

6）添加折线连接符和说明性文字

添加折线连接符和说明性文字，单击窗口底部的“自选图形”按钮，在弹出的列表选择“连接符”→“肘形箭头连接符”命令。在需要连接的图形左侧的连接点单击，向左侧拖动鼠标，然后向上再往右，完成后可以看到连接线上有一个小点，利用鼠标拖动这个小点可以调整肘形线的幅度，在这个小点处画一个矩形框，在其中可以添加文字，同时设置该矩形框的线条颜色为“无线条颜色”，即不显示边框。其他肘形线和说明文字的添加完全一样，可以仿照操作。

提 示

为了提高工作流程图的制作效率，在具体制作之前应该先在头脑中构思一下流程图的大概效果，最好能够在稿纸上把效果图画出来，这往往比边想边做要快很多。

思考与实训

一、填空题

1. 要在文档某处插入一张剪贴画，可以从________菜单中选择________命令。

2. 图片有五种基本文字环绕方式，分别是________、________、________、________和________。

3. 如果仅需要图片中的一部分，可以对文档中的图片进行裁剪，但图片的裁剪必须要在________版式中进行。裁剪图片也可以分为________和________两种。

4. Word 工具栏中按钮的作用是________，按钮的作用是________，按钮的作用是________。

5. 插入艺术字需要选择________命令。“艺术字”工具栏中图标的含义是________。

6. Word 中文本框类型分为________和________两种。

7. 设置文本框的环绕方式在________对话框的“版式”选项卡中进行。在 Word 中让文本框旋转起来的办法是________。

8. 在 Word 中，连接两个文本框的方法之一是右键单击一个文本框，在快捷菜单中选择________命令，然后单击第二个文本框。

9. 在移动图形的同时，按住________键，可将图形复制到新位置。

10．给文档中的图片、表格和公式等添加的文字说明叫做________，是通过________完成的。

二、简答题

1．如何对图片进行裁剪？

2．如何对图片的属性进行设置？

3．“艺术字”工具栏的主要按钮都有什么作用？

4．如何进行文本框的连接？

5．如何对多个图形进行组合和拆分？

6．简述制作流程图的步骤。

三、上机实训

新建文档“再别康桥”样稿，插入“再别康桥”文档，插入文本、剪贴画、艺术字和文本框等，并对其进行如下编辑，使其混排效果如图 5-48 所示。

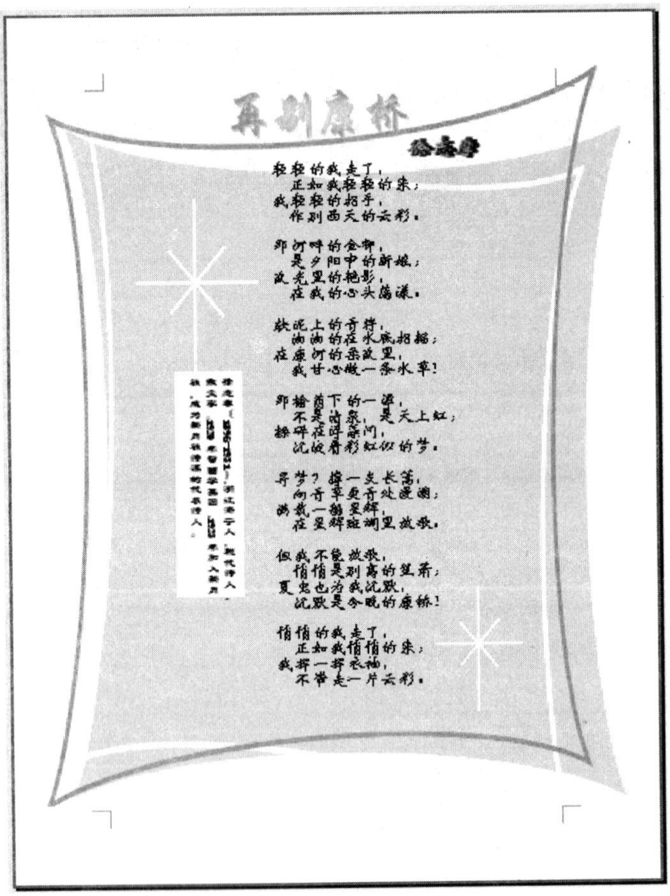

图 5-48 “再别康桥”样稿

1．新建 Word 文档，插入“再别康桥”文档。

2．在正文中插入一幅剪贴画，作为背景。

3．插入艺术字，设置字体与字号。

4．插入竖排文本框，输入徐志摩简介。

模块6

设计制作表格

实例 9：爱心从义工开始——设计制作“义工履历登记表”文档

爱无限，真诚到永远，爱心从义工开始，根据给定样张如图 6-1 所示，在 D 盘根目录下建立“义工履历登记表”文档，设计制作如样张所示的“义工履历登记表”。

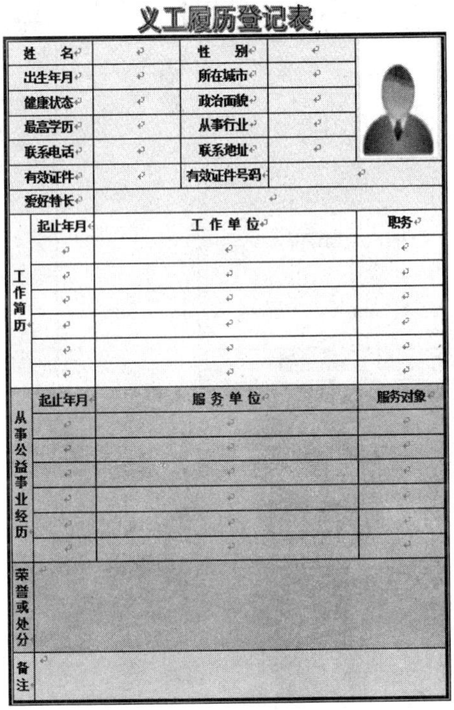

义工履历登记表

姓　名		性　别			
出生年月		所在城市			
健康状态		政治面貌			
最高学历		从事行业			
联系电话		联系地址			
有效证件		有效证件号码			
爱好特长					
工作简历	起止年月	工作单位		职务	
从事公益事业经历	起止年月	服务单位		服务对象	
荣誉或处分					
备注					

图 6-1　义工履历登记表

实例分析

- 在 Word 2003 中创建表格。
- 掌握合并单元格的操作方法。
- 掌握拆分单元格的操作方法。
- 根据需要灵活改变表格的行高和列宽。
- 掌握表格文本的输入及格式化的方法。
- 为表格添加边框和底纹。

操作步骤

1. 新建 Word 文档，插入艺术表头

启动 Word 2003，选择“文件”→“新建…”命令，新建“义工履历登记表”文档，并保存到 D 盘根目录下，插入艺术字“义工履历登记表”为表格标题，样式为第二行第五个，编辑文字为“黑体”，“24 号”，“加粗”等属性，关闭对话框，单击“居中”按钮。

2. 创建表格

选择“表格”→“插入”→“表格…”命令，弹出“插入表格”对话框，如图 6-2 所示，输入列数为“5”，行数为“23”，“自动调整”操作选项组设为“固定列宽”，单击“确定”按钮。

3. 合并单元格

（1）选中第 5 列的第 1～5 单元格，选择“表格”→“合并单元格”命令，如图 6-3 所示。

（2）合并第 6 行第 4、5 单元格，第 7 行第 2～5 单元格。

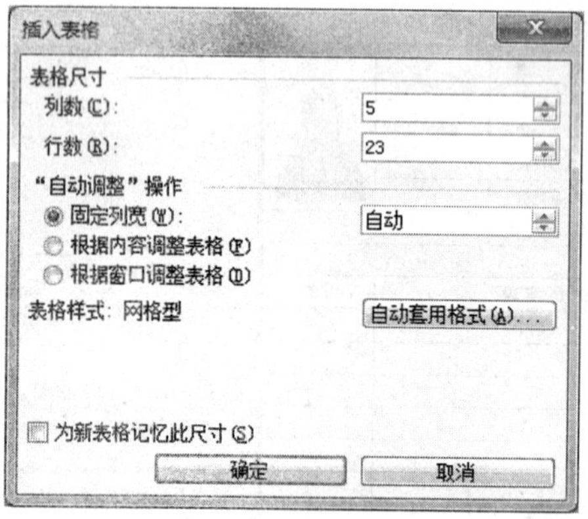

图 6-2 “插入表格”对话框

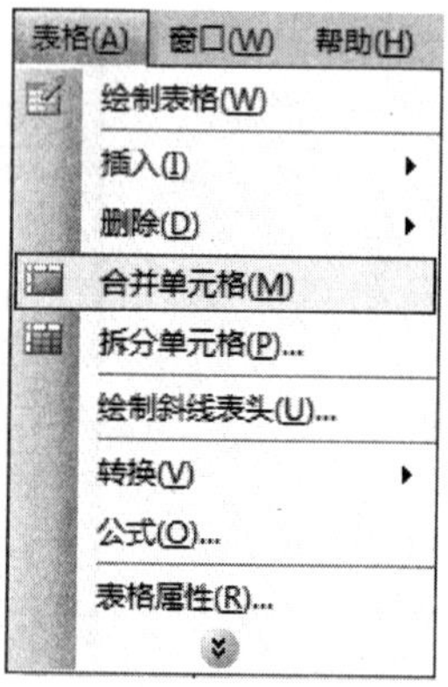

图 6-3 合并单元格菜单

4. 拆分单元格

（1）选中第二列第 8 至第四列第 21 单元格，选择“表格”→“拆分单元格…”命令，如图 6-4 所示，打开“拆分单元格”对话框，如图 6-5 所示，确定行数和列数，并选择“拆分前合并单元格”选项，然后单击“确定”按钮。

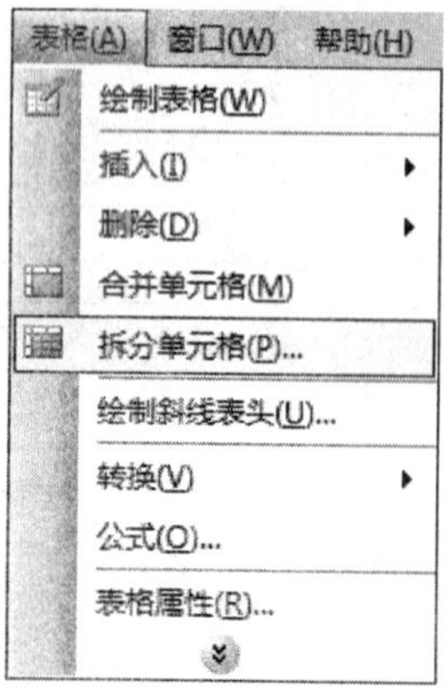

图 6-4 拆分单元格菜单

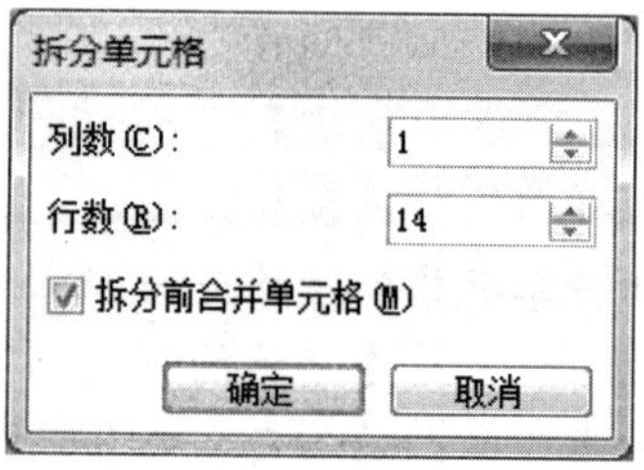

图 6-5 “拆分单元格”对话框

（2）选中第一列第 8～23 单元格，选择“表格”→“拆分单元格”命令，按照拆分单元格第（1）步骤的方法，拆分单元格为 2 列 16 行，选中第一列第 8～14 单元格并合并单元格，再选中第一列第 15～21 单元格并合并单元格。最后，将第 22 行第 2～6 单元格合并为一个单元格；第 23 行第 2～6 单元格合并为一个单元格。

5. 改变行高和列宽

（1）把鼠标指向表格第一行的左侧，当鼠标变为右向箭头时，单击选中表格第一行。然后按住鼠标左键并向下拖动选中第 1 行至第 21 行。

（2）选择“表格”→“表格属性…”命令，打开“表格属性”对话框，选择“行”选项卡，如图 6-6 所示，选中“指定高度”复选框，设为 0.8 厘米，行高值选择“固定值”，单击“确定”按钮。

（3）选中第 22 行，以同样的方法设置行高为 3 厘米；选中第 23 行，设置行高为 1.6 厘米。

（4）将鼠标指向表格第一列的第 8～11 单元格拖动鼠标选中单元格。同样打开“表格属性”对话框后选择“列”选项卡，如图 6-7 所示，选中“指定宽度”复选框，设为 0.7 厘米，列宽单位设定为“厘米”，单击“确定”按钮。

再选中第一列第 8、9 单元格右侧相邻单元格，设定列宽为“2.3 厘米”。

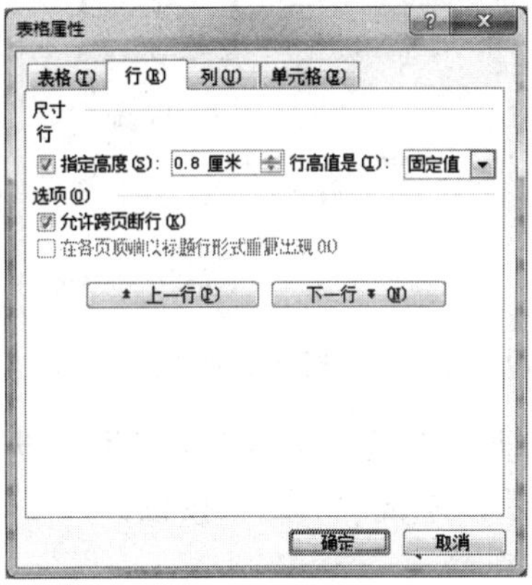

图 6-6 “行”选项卡

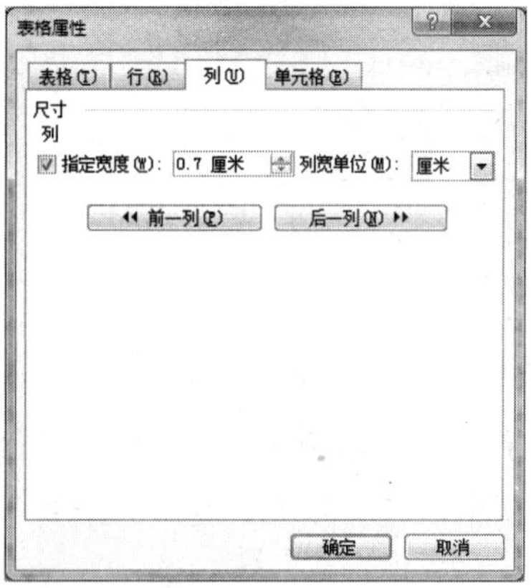

图 6-7 “列”选项卡

6. 输入文本并格式化

（1）按照如图 6-1 所示，在表格中输入相应文字。

（2）选中表格中的文字，在“格式”工具栏中设置为“宋体、小四号、加粗、居中”。

（3）单击表格左上方的⊞标志，选中整个表格，单击鼠标右键，在弹出的快捷菜单中单击“单元格对齐方式”中的▣按钮，如图 6-8 所示，设置单元格数据水平垂直居中；这样，就初步完成义工履历登记表设计制作，如图 6-1 所示。

用下面的方法也可完成此操作。

单击表格左上方的⊞标志，选中整个表格，选择“格式”→“段落…”命令，打开“段落”对话框，选择“缩进和间距”选项卡，在对齐方式选择“居中”，单击“确定”

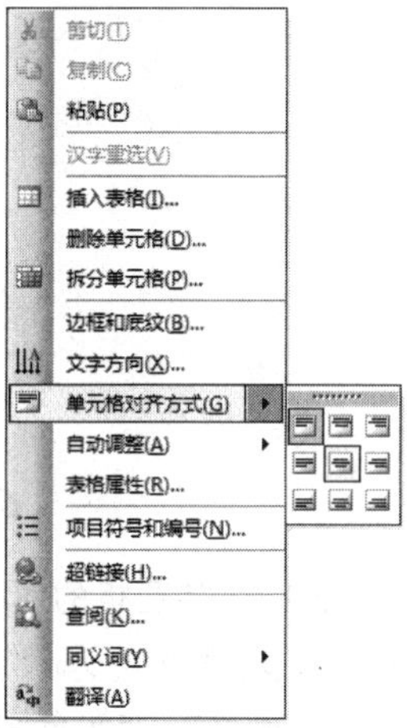

图 6-8 单元格对齐方式菜单

按钮，设定表格中文字水平居中；单击表格左上方的⊞标志，选中整个表格，选择“表格”→“表格属性…”命令，打开“表格属性”对话框，选择“单元格”选项卡，在垂直对齐方式选择“居中”，单击“确定”按钮，设定表格中文字垂直居中。

此外，在单元格中还可以插入图片，具体操作步骤如下：

（1）选中单元格，或将插入点定位于要插入图片的单元格中。

（2）选择“插入”→“图片”→“来自文件…”命令，在“插入图片”对话框中，选中要插入的图片，单击“插入”按钮即可，如图 6-1 所示。

7. 设置表格的边框和底纹

（1）将光标定位在表格内，选择“格式”→“边框和底纹…”命令，如图 6-9 所示，打开“边框和底纹”对话框，选择“边框”选项卡，在“设置”中单击“网格”按钮，外边线“线型”为“武装线”，“宽度”为“3 磅”，“内边线”为“1 磅单实线”，单击“确定”按钮，如图 6-10 所示，完成表格边框的设置。

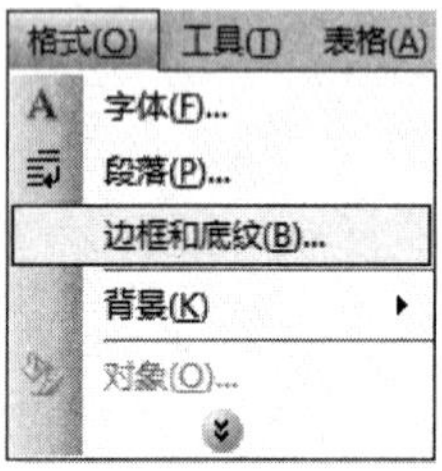

图 6-9 “边框和底纹”菜单

图 6-10 “边框和底纹”对话框“边框”选项卡

（2）选中表格的第 1 至第 7 行单元格区域，打开“边框和底纹”对话框，选择“底纹”选项卡，选择填充色为“浅青绿”，如图 6-11 所示，单击“确定”按钮。

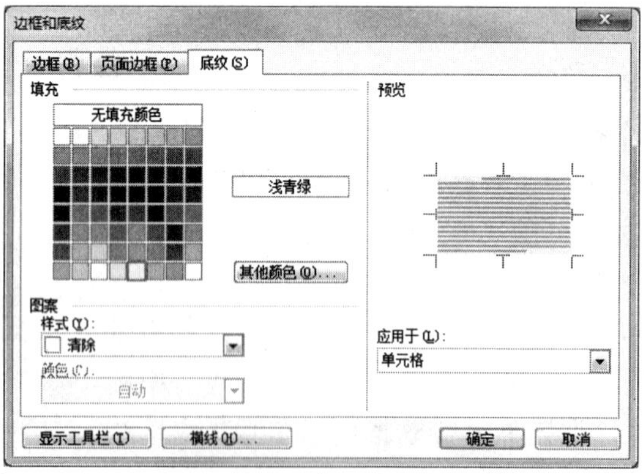

图 6-11 “边框和底纹”对话框“底纹”选项卡

（3）选中表格的第 8～14 行单元格区域，在“边框和底纹”对话框的“底纹”选项卡中，设置填充色为“淡黄”，单击“确定”按钮。以同样方法完成其他区域底纹（“淡蓝”、“玫瑰红”、“灰色-15%”）的填充，这样如图 6-1 所示的“义工履历登记表”就设计制作完成了。

6.1 表格的创建

表格是由行与列交叉而形成的网格。行与列交叉处形成的矩形框称为单元格。表格由单元格构成，在创建表格前一定要先明确所创建的表格要包含哪些内容，以便创建符合需求的表格架构。创建表格一般遵循先设计制作表格架构，再输入表格内容的操作顺序。根据实际需要，还可完成相应的数据计算和排序等操作。

1. 创建表格

首先要确定创建表格的行、列数，然后再创建表格。创建表格的方法有很多种，既可使用"插入表格"按钮，也可使用"插入表格"对话框，还可以使用"表格和边框"工具栏自行绘制表格等。可以根据具体情况，选择不同的方法来创建表格。

1）使用"插入表格"按钮创建表格

- 在文档中，将插入点置于插入表格的位置。
- 单击"常用"工具栏中的"插入表格"按钮 ，弹出一个下拉网格框，如图 6-12 所示，下拉网格框的最下面一行是提示信息行，显示当前所选中表格的行数与列数。
- 在下拉框中，移动鼠标可以选中表格的行数和列数，系统默认创建 4 行 5 列以内的表格，如图 6-12 所示。如果想创建此范围之外的表格，可以按住鼠标左键沿下拉边框向下或向右拖动，则下拉框就会沿横向或纵向扩大范围。

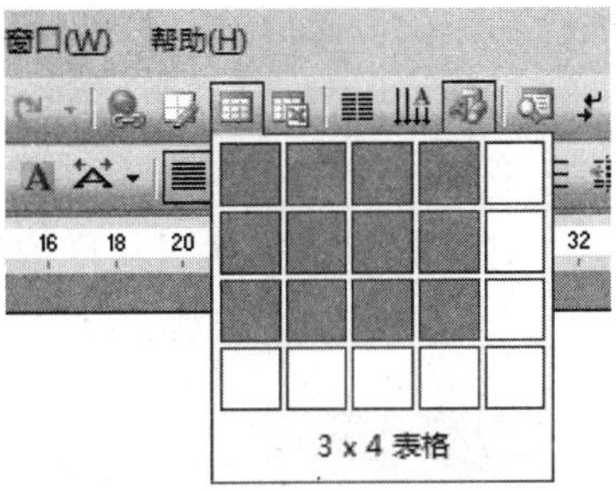

图 6-12　插入表格按钮下拉网格框

- 将鼠标拖动至选中的位置后释放，此时在光标的位置上即可插入一个表格。

2）使用"插入表格"对话框创建表格

如果在创建表格的同时需要指定表格的列宽，则可以使用"插入表格"对话框来完成，具体操作步骤如下：

- 将插入点置于要插入表格的位置。
- 选择"表格"→"插入"→"表格…"命令，打开"插入表格"对话框，如前图 6-2 所示。
- 在"列数"数值框中输入列数，在"行数"数值框中输入行数。
- 在"自动调整"操作选项组如果选中"固定列宽"单选按钮，则可以在其右面的数值框中输入列的宽度，或者使用默认的"自动"选项，让页面宽度在指定的列数之间平均分配；如果选中"根据窗口调整表格"单选按钮，则表示表格的宽度与窗口或 Web 浏览器的宽度相适应，当窗口或 Web 浏览器的宽度改变时表格的宽度也会随着变化；如果选中"根据内容调整表格"单选按钮，则表示列宽会自动适应内容的宽度。
- 在"插入表格"对话框中单击 自动套用格式(A)... 按钮，打开"表格自动套用格式"对话框，如图 6-13 所示，可以自动将预先定义好的格式应用于表格，包括边框和底纹，单击"确定"按钮。

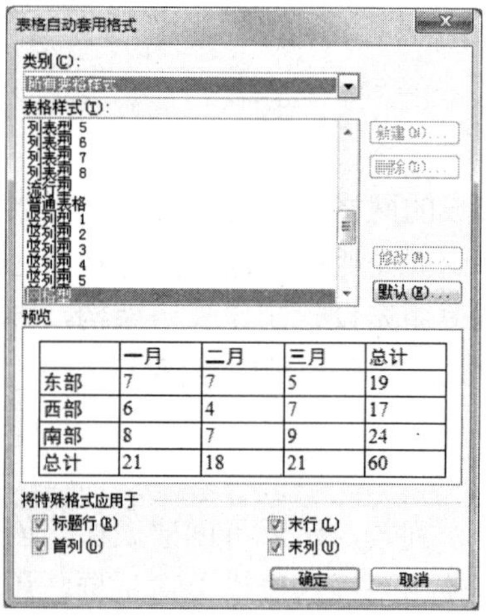

图 6-13 “表格自动套用格式”对话框

3）使用“表格和边框”工具栏创建表格

该方法的最大优点是可以根据需求喜好进行绘制，可以在任意地方绘制不同行高和列宽的复杂表格，多用在日程安排表、值班表和花名册等表格的制作上。

具体操作步骤如下：

➢ 选择“表格”→“绘制表格”命令，弹出如图 6-14 所示的“表格和边框”工具栏。把鼠标指向工具栏中相应按钮时，将显示相关提示信息。

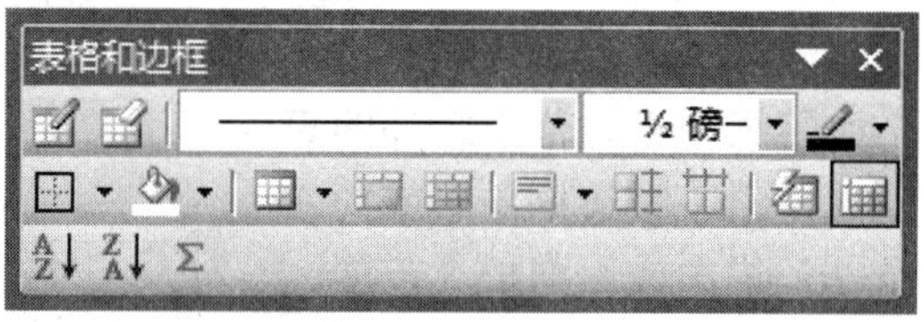

图 6-14　表格和边框工具栏

➢ 单击绘制表格工具按钮，在文档的空白处拖动鼠标，画出如图 6-15 所示的表格边框。分别单击绘制表格工具按钮，拖动鼠标后在表格内画出如图 6-16 所示的内侧线。

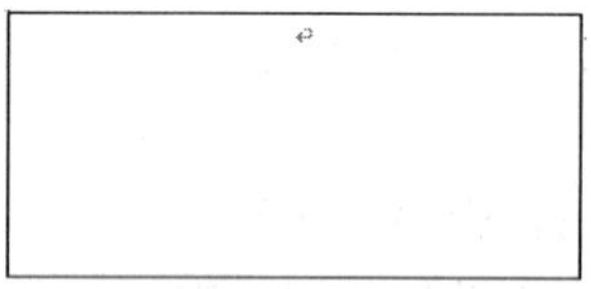

图 6-15　表格边框

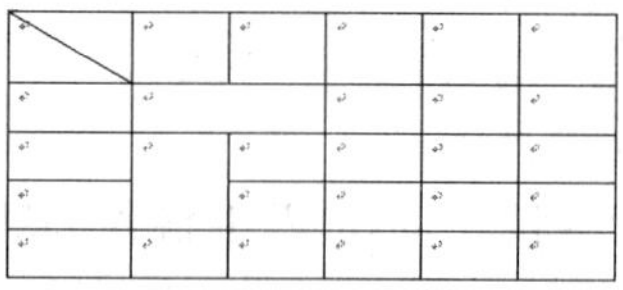

图 6-16　表格内侧线

绘制如图 6-16 所示的表格内侧线时，可以用擦除工具擦除多余的线条；也可以在使用绘制工具绘制表格线时，按下【Shift】键在光标变成橡皮形状时擦除表格线。

4）手动添加表格

可以利用键盘来手动添加表格，也就是利用“+”和“-”键，自动套用格式来插入表格。使用此项功能前，应确认具有“自动套用格式”中的“表格”功能。方法是选择“工具”→“自动更正选项…”命令，打开“自动更正”对话框，选择“输入时自动套用格式”选项卡，在“输入时自动应用”选项组中，选择“表格”复选框，如图 6-17 所示。

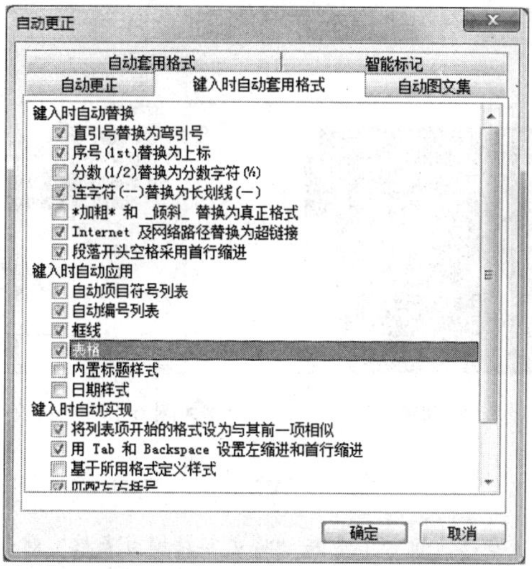

图 6-17 “自动更正”对话框

完成上述操作后，再按下面的方法进行操作。

➢ 在要插入表格的位置输入表示表格单元格左端的“+”，再连续输入“-”，如下所示：

```
+-------------+----------+------------------+----------------+
```

在全角或半角状态下输入正号、负号均可，负号并不是必需的，可以简化到只用正号，也就是在正号与正号之间可用空格代替，但必须以“+”开始，“+”结束，如输入：

```
+             +          +                  +                +
```

➢ 直至到达所需的单元格宽度，然后可以照此继续输入“+”号，输入所需的列数，直至输入“+”表示本行最后单元格。

➢ 输入最后一个“+”后，按回车键，即可生成如下所示表格。

➢ 以上生成的表格只有一行，要增加表格行数，可把光标移到最后一个单元格内，按【Tab】键，可得到如下所示的多行表格。

5）文本转换成表格

在 Word 中，可以将设置了分隔符的文本转换成表格，常用的分隔符有制表符、段落标记、逗号和空格。在文本中插入制表符（空格、逗号）来划分列，以段落标记来划分行，即可将文本转换成表格，具体操作步骤如下：

➢ 选中要转换的文本，如图 6-18 所示。

➢ 选择“表格”→“转换”→“文本转换成表格…”命令，打开如图 6-19 所示的“将文字转换成表格”对话框。

➢ 在“文字分隔位置”选项组中选择所需选项，如图 6-18 所示，该文本之间用空格分隔开，所以应选择“空格”单选项。

图 6-18 选中要转换的文本

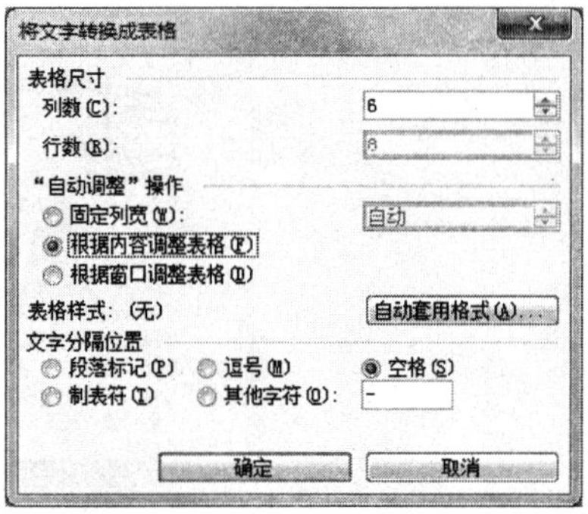

图 6-19 “将文字转换成表格”对话框

提 示

在文本中插入的制表符（空格、逗号）应与“将文字转换成表格”对话框选择的分隔符号相一致，例如：文本中分隔符是逗号（在半角状态下），那么在“文字分隔位置”选项组中就要选择以“逗号”来划分表格的各列；如果文本分隔符是逗号（在全角状态下），那么在“文字分隔位置”选项组中就要选择以“其他字符”来划分表格的各列，并在其后文本框中输入“逗号（在全角状态下）”。

- 在“自动调整”操作选项组中，选择“根据内容调整表格”单选项。
- 单击“确定”按钮，可生成一个含有文本的表格，操作结果如图 6-20 所示。

如果要将表格转换为文本文字，可以使用下面的方法：

- 选中要转换成文本的表格，可以是表格的一部分，也可以是整个表格。
- 选择“表格”→“转换”→“表格转换成文本…”命令，打开“表格转换成文本”对话框，如图 6-21 所示。

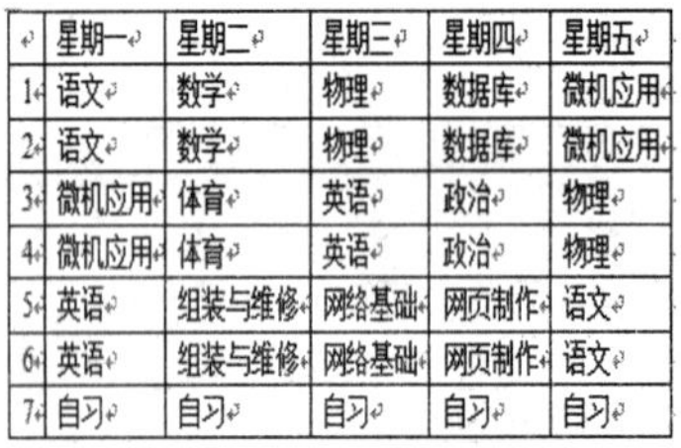

	星期一	星期二	星期三	星期四	星期五
1	语文	数学	物理	数据库	微机应用
2	语文	数学	物理	数据库	微机应用
3	微机应用	体育	英语	政治	物理
4	微机应用	体育	英语	政治	物理
5	英语	组装与维修	网络基础	网页制作	语文
6	英语	组装与维修	网络基础	网页制作	语文
7	自习	自习	自习	自习	自习

图 6-20 生成的表格

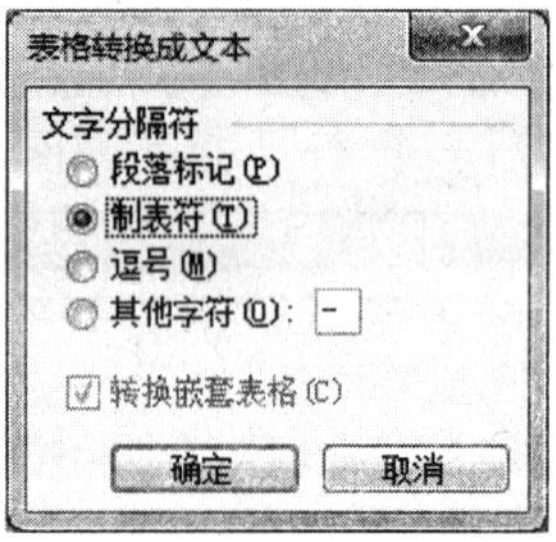

图 6-21 “表格转换成文本”对话框

- 在“文字分隔符”选项组中选中要定义的分隔符号，如果没有要选用的符号，则在“其他字符”框中输入，Word 将以指定的分隔符来分隔表格的文字，单击“确定”按钮，就可以将表格转换成文本。

2. 表格自动套用格式

已创建的表格还可以使用表格自动套用格式来快速设置表格的格式，具体操作步骤如下：

（1）将插入点移动到表格的任意单元格中。

（2）选择“表格”→“表格自动套用格式…”命令，打开“表格自动套用格式”对话框，如图 6-13 所示。在“表格自动套用格式”对话框的“将特殊格式应用于”选项组中，提供了一些格式化选项，如果已经设置了表格文本的标题行，则可以取消“标题行”复选框。

（3）在“表格自动套用格式”对话框中，“表格样式”列表框中列出了可用的格式，可根据需要从中选择某一种格式；还可以单击［新建(N)...］按扭，打开“新建样式”对话框，如图 6-22 所示，可以在该对话框中按照需要建立表格样式，还可以添加为自己的模板。单击“确定”按钮，当前的表格将按照设计的格式进行排版。

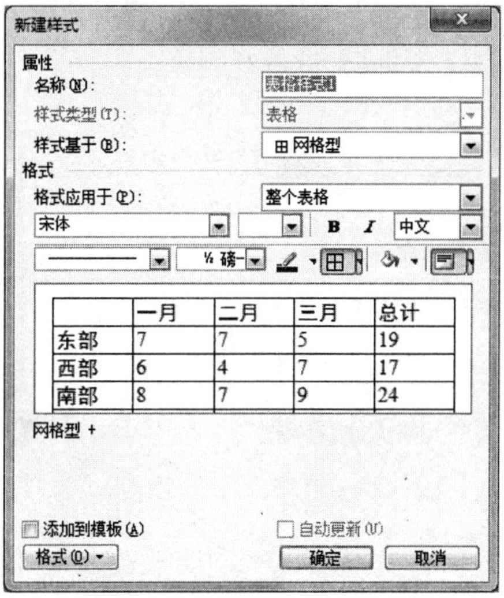

图 6-22　“新建样式”对话框

3. 绘制斜线表头

许多表格都有斜线表头，斜线表头是复杂表格经常用到的一种格式。只有一条斜线的表头称为简单斜线表头，多于一条斜线的表头称为复杂斜线表头。除了可以使用如前图 6-14 所示的“表格和边框”工具栏中的绘制表格工具来绘制斜线表头外，Word 2003 也提供了绘制斜线表头的其他操作方法。

表格的斜线表头一般是在表格的第一行第一列。在设置表格斜线表头前，要将该斜线表头的单元格放大到足够大，然后执行下面的操作。

（1）将光标放在要添加斜线的单元格内，如图 6-23 所示，选择“表格”→“绘制斜线表头…”命令，弹出“插入斜线表头”对话框，如图 6-24 所示。

	星期一	星期二	星期三	星期四	星期五
1	语文	数学	物理	数据库	微机应用
2	语文	数学	物理	数据库	微机应用
3	微机应用	体育	英语	政治	物理
4	微机应用	体育	英语	政治	物理
5	英语	组装与维修	网络基础	网页制作	语文
6	英语	组装与维修	网络基础	网页制作	语文
7	自习	自习	自习	自习	自习

图 6-23　课程表

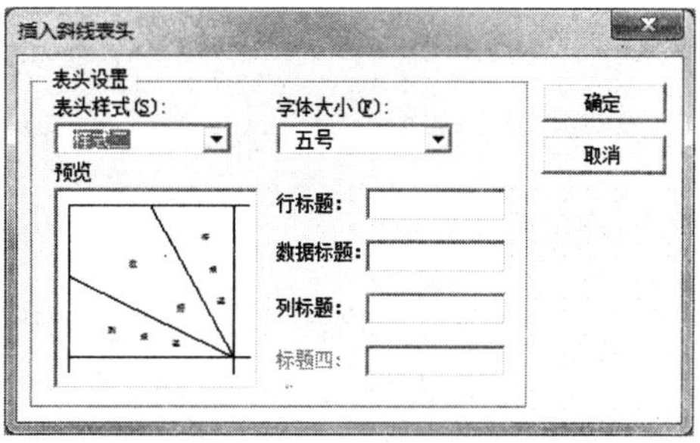

图 6-24　“插入斜线表头”对话框

（2）在“表头样式”中选择需要的样式，并在“行标题”、“数据标题”和“列标题”中分别输入相应名称，在“字体大小”下拉列表框中选择表头字号，单击“确定”按钮，即可添加斜线表头。

如果表头标题文字太大，则会弹出 “插入斜线表头”的单元格太小提示框，如图 6-25 所示，这时单击“确定”按钮，则只添加表头斜线而不添加标题文字；单击“取消”按钮，返回对话框中。

由于这种方法制作的表头斜线是由绘图工具的直线和文本框等组成，因此要取消制作的斜线表头，需先单击“绘图”工具栏中的“选择对象”按钮，如图 6-26 所示。拖动鼠标选择所有斜线及标题内容，按【Delete】键进行删除。

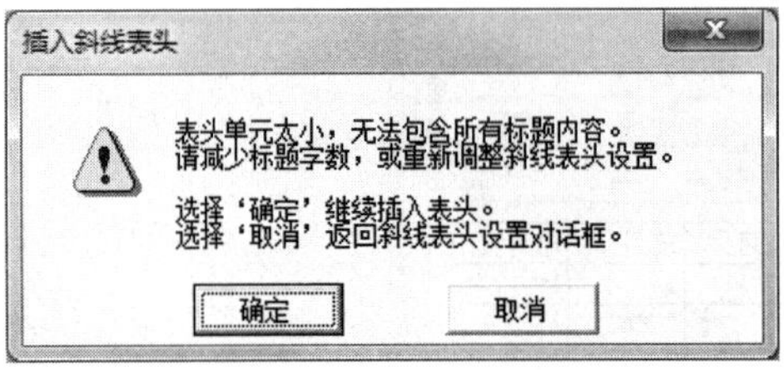

图 6-25 斜线表头单元格太小提示框

图 6-26 选择对象按钮

4. 输入文本内容

在表格中输入文本内容，只需将插入点定位到单元格中，然后输入所需的字符即可。当输入的文本内容到达单元格的右边界时，将自动在单元格中换行；同一个单元格中可以输入多段文本内容，与直接在文档中输入文本内容的操作基本相同。

在一个单元格中输入文本内容后，可以通过按【→】、【←】、【↑】、【↓】方向键切换到其他单元格中；另外，按【Tab】键可以依次向后切换活动单元格，按【Shift+Tab】组合键可以依次向前切换活动单元格，也可直接用鼠标单击确定当前单元格。

6.2 表格的编辑

对于制作好的表格，可能会因为某种原因要在绘制好的表格中，进行一些修改，如进行移动，复制，插入，删除行、列或单元格等基本操作。在进行这些操作之前，应先选中操作对象。

1. 表格的选中与取消

选中要进行操作的单元格、行、列或整个表格后，被选中的部分会呈高亮度显示，具体的操作方法如下。

1）选中单元格

- 选中一个单元格：将鼠标指针移到表格某单元格的左侧，当鼠标指针变为“↗”时单击，即可选中；也可以将光标插入点定位到要选中的单元格，然后选择“表格”→“选择”→“单元格”命令。
- 选中多个连续的单元格区域：将鼠标指针移到表格某单元格的左侧，当鼠标指针变为“↗”时拖动鼠标选中连续的多个单元格区域；也可当鼠标指针变为“↗”时先选中左上角单元格，在按住【Shift】键的同时单击选中右下角单元格，选择连续的单元格区域。

➢ 选中间隔的单元格区域：在按住【Ctrl】键的同时逐个单击或拖动鼠标可选中间隔的单元格区域。

2）选中行

➢ 选中一行：将鼠标指针移到表格的左侧，当鼠标指针变为“↗”时单击，即可选中此行；也可将光标插入点定位到要选中行的任意一个单元格，然后选择“表格”→“选择”→“行”命令。

➢ 选中多行：将鼠标指针移到表格的左侧，当鼠标指针变为“↗”时单击，拖动鼠标，即可选中多行。

3）选中列

➢ 选中一列：将鼠标指针移到表格顶部，当鼠标指针变为“↓”时单击，即可选中此列；也可将光标插入点定位到要选中列的任意一个单元格，然后选择“表格”→“选择”→“列”命令。

➢ 选中多列：将鼠标指针移到表格顶部，当鼠标指针变为“↓”时拖动鼠标，选中多列。

4）选中整个表格

可以选择“表格”→“选择”→“表格”命令，或单击表格左上方的⊞标志；也可将光标插入点定位到要选中表格的任意一个单元格，然后选择“表格”→“选择”→“表格”命令。

5）取消选中

单击文档的其他区域即可。

2. 移动或复制单元格

在表格中可以方便地将某个或多个单元格中的内容移动或复制到其他单元格中。

1）移动单元格

选中要移动的单元格，然后向下拖动鼠标，鼠标指针变成“ ”形状时，移动到所需的单元格中释放鼠标，选中的单元格内容便被移动到该位置。

2）复制单元格

选中要复制的单元格，同时按住【Ctrl】键，向上拖动鼠标，鼠标变成“ ”形状时，移动到所需的单元格中释放鼠标，选中的单元格内容便被复制到该位置。

提 示

➢ 移动、复制单元格和移动、复制单元格文本内容不同，移动、复制单元格可以同时移动或复制多个单元格的内容，且目标单元格中的内容会被覆盖，而移动、复制单元格文本内容一次只能移动一个单元格中的内容，且目标单元格的内容依然存在。

➢ 移动和复制单元格也可使用【Ctrl+X】组合键、【Ctrl+C】组合键和【Ctrl+V】组合键来达到相同的目的。

➢ 移动、复制行和列的方法与移动、复制单元格的方法相同。

3. 插入行、列或单元格

1）插入行

➢ 如果在表格的底部插入一行，可以将插入点放在表格的最后一个单元格中，然后按

【Tab】键。

- 如果要在位于文档开始的表格前增加一行，可以将光标移到第一行的第一个单元格，然后按【Enter】键。
- 如果要在当前的单元格下面增加一行，可以把光标插入点移到该表格的当前单元格的右侧，如图 6-27 所示，然后按【Enter】键，将会在当前单元格下面插入一空行，如图 6-28 所示。

课程 星期 节次	星期一	星期二	星期三	星期四	星期五
1	语文	数学	物理	数据库	微机应用
2	语文	数学	物理	数据库	微机应用
3	微机应用	体育	英语	政治	物理
4	微机应用	体育	英语	政治	物理
5	英语	组装与维修	网络基础	网页制作	语文
6	英语	组装与维修	网络基础	网页制作	语文
7	自习	自习	自习	自习	自习

插入点

图 6-27　插入点位置

课程 星期 节次	星期一	星期二	星期三	星期四	星期五
1	语文	数学	物理	数据库	微机应用
2	语文	数学	物理	数据库	微机应用
3	微机应用	体育	英语	政治	物理
4	微机应用	体育	英语	政治	物理
5	英语	组装与维修	网络基础	网页制作	语文
6	英语	组装与维修	网络基础	网页制作	语文
7	自习	自习	自习	自习	自习

图 6-28　插入行效果

- 在表格中间的某个位置插入多行：在要插入行的位置单击鼠标，选中与插入行相同的行数，然后选择“表格”→“插入”→“行（在上方）”或“行（在下方）”命令即可。

2）插入列

在表格中插入列的操作步骤如下：

- 在要插入新列的位置选中一列或多列。
- 选择“表格”→“插入”→“列（在左侧）”或“列（在右侧）”命令即可，也可在选中的区域右键单击鼠标，在快捷菜单中选择插入列，将在选中列的左侧插入列。

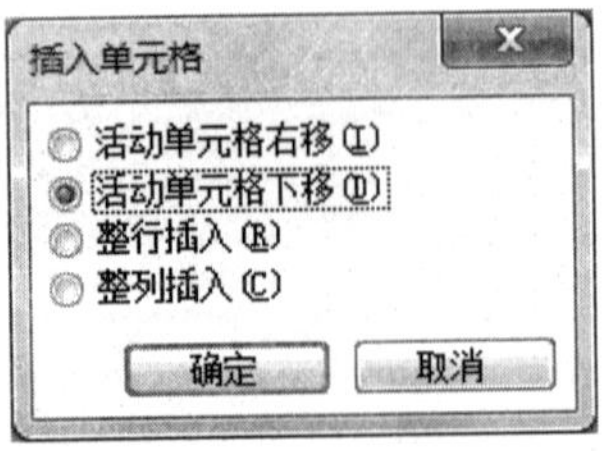

图 6-29 “插入单元格”对话框

3）插入单元格

在表格中插入单元格的操作步骤如下：

- 在要插入新单元格位置的右边或上边选中一个或几个单元格。
- 选择“表格”→“插入”→“单元格…”命令，打开“插入单元格”对话框，如图 6-29 所示。
- 在“插入单元格”对话框中，根据操作要求选择某一个单选按钮。

“活动单元格右移”单选按钮：在选中单元格的左边插入一个新单元格。

“活动单元格下移”单选按钮：在选中单元格的上方插入一个新单元格。

“整行插入”单选按钮：插入整行。

“整列插入”单选按钮：插入整列。

➢ 单击“确定”按钮，即可插入相应单元格。

4）使用工具按钮插入行、列或单元格

在“表格与边框”工具栏中，单击插入表格工具按钮，可以打开如图 6-30 所示的下拉菜单，选择相应选项，完成相关操作。

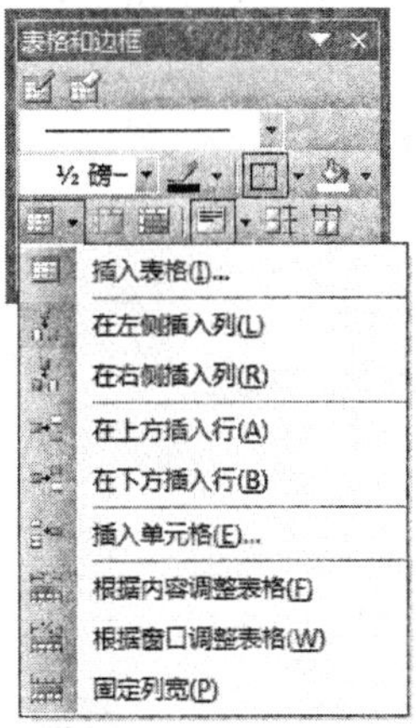

图 6-30　插入表格工具菜单

4. 删除行、列或单元格

如果表格中的某些行、列或单元格不再需要，可以将它们删除。

1）删除行

删除表格中一行或多行：选中表格中要删除的一行或多行，选择“表格”→“删除”→“行”命令或按【Ctrl+X】组合键或【Backspace】键。

2）删除列

删除表格中一列或多列：选中表格中要删除的一列或多列，选择“表格”→“删除”→“列”命令或按【Ctrl+X】组合键或【Backspace】键。

3）删除单元格

选中表格中要删除的单元格，选择“表格”→“删除”→“单元格…”命令，打开“删除单元格”对话框，如图 6-31 所示。在“删除单元格”对话框中，要使被选中单元格右侧的单元格移动到该位置处，则选中“右侧单元格左移”单选按钮；要使被选中单元格下方的单元格移动到该位置处，则选中“下方单元格上移”单选按钮；要删除被选中单元格所在行，则选择“删除整行”单选按钮；要删除被选中单元格所在列，则选择“删除整列”单选按钮，然后再单击“确定”按钮即可删除选中的单元格、单元格所在的整行或整列。

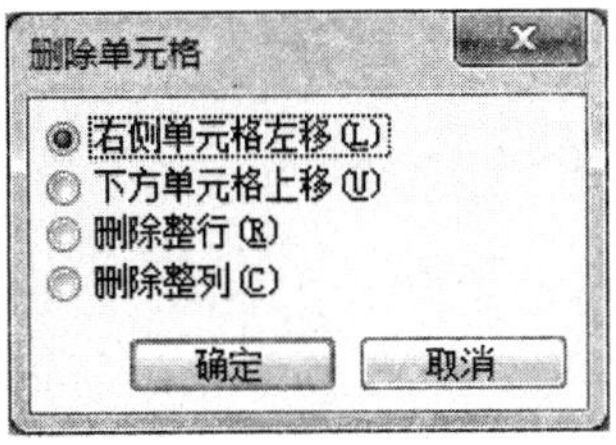

图 6-31　“删除单元格”对话框

5. 合并与拆分单元格

绘制表格的一般方法是先制作一个规则表格，然后根据需要把相邻单元格之间的边线擦除，将两个单元格合并成一个大的单元格；或在一个单元格中添加一条线，将一个单元格拆分成两个小单元格，这是合并与拆分单元格最简单的办法，具体的操作方法如下。

1）合并单元格

可以直接使用“擦除”按钮擦除多余的线条，但速度比较慢；而使用“合并单元格”命令则可以使多个单元格快速合并成一个单元格，操作步骤如下：

- 选中要合并的多个单元格。
- 选择“表格”→“合并单元格”命令，即可删除选中单元格之间的分隔线，使其成为一个大单元格；或者单击“表格和边框”工具栏中“合并单元格”按钮。

例如，将课程表的第六行所有单元格合并为一个单元格，即可得到如图 6-32 所示的课程表。

课 星 期 程 节 次	星期一	星期二	星期三	星期四	星期五
1	语文	数学	物理	数据库	微机应用
2	语文	数学	物理	数据库	微机应用
3	微机应用	体育	英语	政治	物理
4	微机应用	体育	英语	政治	物理
5	英语	组装与维修	网络基础	网页制作	语文
6	英语	组装与维修	网络基础	网页制作	语文
7	自习	自习	自习	自习	自习

图 6-32　课程表合并单元格效果

2）拆分单元格

将一个单元格拆分成多个单元格的操作步骤如下：

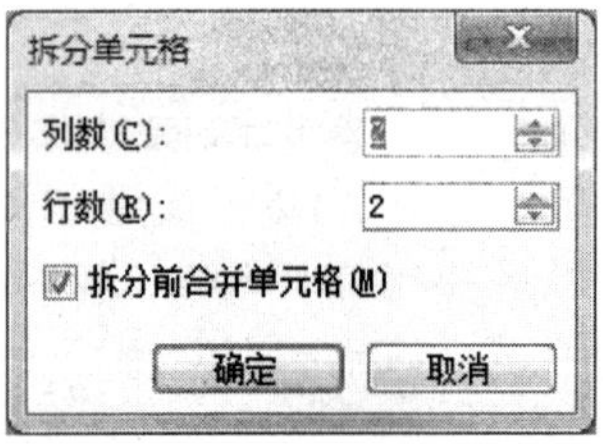

图 6-33 “拆分单元格”对话框

- 选中要拆分的单元格，选择“表格”→“拆分单元格…”命令，打开“拆分单元格”对话框，如图 6-33 所示；或单击“表格和边框”工具栏中“拆分单元格”按钮。
- 在“拆分单元格”对话框中输入拆分后的“行数”与“列数”。如果选择“拆分前合并单元格”复选框，则在拆分前会先合并所选的单元格，然后再将“行数”和“列数”数值框中的值应用到整个单元格中，从而得到平均拆分的效果，单击“确定”按钮，完成操作。

6. 合并与拆分表格

使用合并表格可使某几个表格合并为一个表格，也可以将一个表格拆分成两个表格。

（1）如要合并上、下两个表格，只要删除上、下两个表格之间的内容或按回车键即可。

（2）如要将一个表格拆分为上、下两部分，先将光标置于拆分后的第二个表格上，然后选择菜单“表格”→“拆分表格”命令，或者按组合键【Ctrl+Shift+Enter】，就可以拆分表格，如图 6-34 所示为拆分表格前后对比效果。

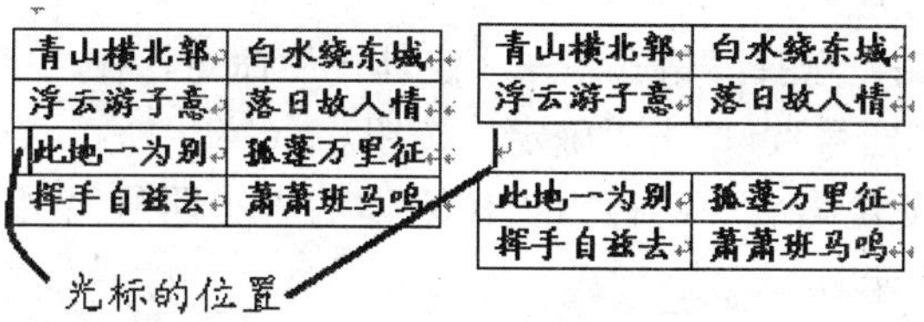

图 6-34　拆分表格效果对比图

（3）利用表格边框拆分表格。将如图 6-35 所示的表格拆分为左、右两部分，操作步骤比较复杂，具体如下：

青山横北郭	白水绕东城		浮云游子意	落日故人情
此地一为别	孤蓬万里征		挥手自兹去	萧萧班马鸣

图 6-35　拆分前表格

➢ 选择表格中间的一列，如图 6-36 所示。

青山横北郭	白水绕东城		浮云游子意	落日故人情
此地一为别	孤蓬万里征		挥手自兹去	萧萧班马鸣

图 6-36　选择表格中间的一列

➢ 选择“格式”→“边框与底纹…”命令，打开“边框和底纹”对话框，选择“边框”选项卡，如图 6-10 所示。

➢ 在“设置”选项组中，选中“全部”选项，单击“预览”窗格下方的、、三个按钮，把“预览”窗口中单元格的三根横线去掉，这时在预览窗口中就可以看到表格横线已经去掉，单击“确定”按钮，结果如图 6-37 上图所示。

➢ 这时要拆分的表格就分为两个表格，如果要隐藏虚线，可以选择“表格”→“隐藏虚框”命令，在显示或隐藏虚线之间切换，隐藏虚线后拆分表格的效果如图 6-37 下图所示。

青山横北郭	白水绕东城		浮云游子意	落日故人情
此地一为别	孤蓬万里征		挥手自兹去	萧萧班马鸣

青山横北郭	白水绕东城
此地一为别	孤蓬万里征

浮云游子意	落日故人情
挥手自兹去	萧萧班马鸣

图 6-37　隐藏虚线前后拆分表格的效果

6.3 表格的修饰

表格创建完成后，可以根据实际需求对表格进行修饰，使其更加美观，赏心悦目。

1. 设置表格文本的格式

设置表格文本的字体、字形、字号、字符缩放等格式的方法与前面所讲的文本格式化方法相同，选中文本后，选择菜单“格式”→“字体…”命令可以将表格中的文本进行格式化。例如：将如图 6-38 所示的表格中第 1 行文字设置为“黑体”、“加粗”、“四号”；第 2～9 行文字设置为“仿宋体”、“小四号”、“加粗”、字间距紧缩“1 磅”，操作步骤如下：

（1）选中第 1 行后，选择“格式”→“字体…”命令，在“字体”对话框中，分别设置“黑体”、“加粗”、“四号”，单击“确定”按钮。

（2）以同样方法设置第 2～9 行为“仿宋体”、“小四号”、“加粗”、字间距紧缩“1 磅”，效果如图 6-38 所示。

课 星 期 程 节 次	星期一	星期二	星期三	星期四	星期五
1	语文	数学	物理	数据库	微机应用
2	语文	数学	物理	数据库	微机应用
3	微机应用	体育	英语	政治	物理
4	微机应用	体育	英语	政治	物理
5	英语	组装与维修	网络基础	网页制作	语文
6	英语	组装与维修	网络基础	网页制作	语文
7	自习	自习	自习	自习	自习

图 6-38　设置表格文本格式效果

2. 设置表格列宽与行高

在实际操作时，Word 2003 把表格的每一个单元格看作一个独立的文档，而表格的每一列可看作是一个分栏，可以根据每一栏的需要，设置列宽与行高。

1）拖动鼠标改变列宽与行高

当使用 Word 编辑表格时，用拖动鼠标法改变列宽与行高是最直接便捷的方法，具体操作步骤如下：

- 在“页面”视图状态下，将光标精确定位于表格的列或行单元格线上，这时光标会变成两条靠近的平行线，当鼠标指针变成“⟷”或“↕”形状时，按住鼠标拖动网格线至指定的位置，如图 6-39 所示。
- 释放鼠标，网格线就被重新定位，即可迅速完成改变列宽与行高的操作。

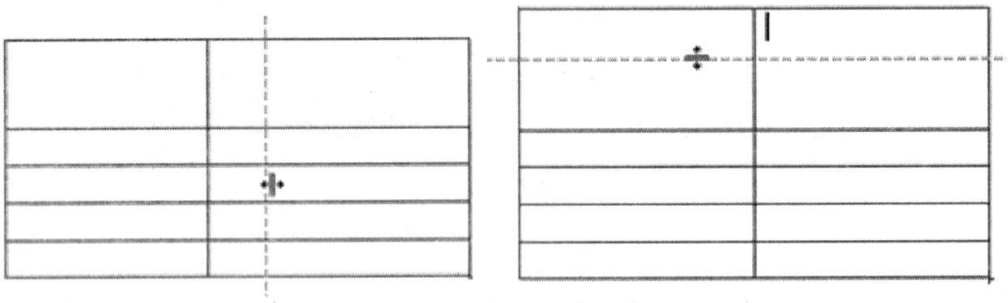

图 6-39　按住鼠标拖动网格线至指定位置示意图

使用网格线更改列宽时，表格的总宽度保持不变，Word 会相应地增大或减小相邻列的宽度（这与使用标尺更改列宽正好相反）。如果按下【Shift】键的同时拖动，则整个表格的宽度会更改，而此时其他列宽将保持不变；如果按下【Alt】键的同时将该列向右或左拖动，则在移动网格线时，会在标尺上看到以字符显示的精确列宽，如图 6-40 所示；这两个键同时使用时，可同时实现这两种效果。

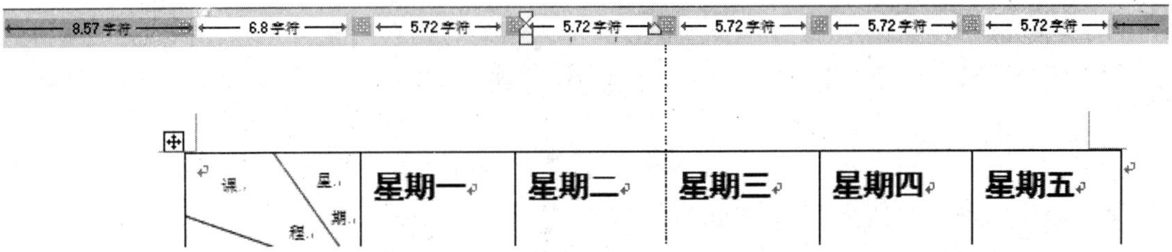

图 6-40 显示精确列宽的标尺

2）使用标尺更改表格列宽与行高

使用文档的标尺更改列宽，操作步骤如下：

➢ 在“页面”视图状态下，选择“视图”→“标尺”命令，显示 Word 的标尺。

➢ 把光标定位在表格内，选中表格。按住鼠标拖动想要移动网格线相应的水平标尺上的暗色区（如果将光标悬停于该暗色区，则会看到“移动表格列”的提示），如图 6-41 所示。

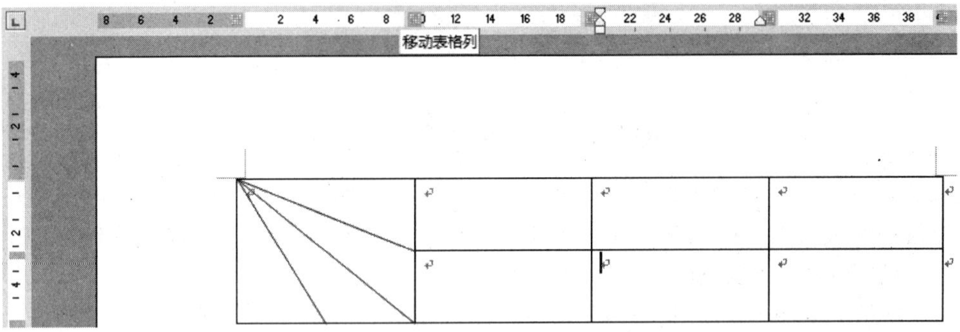

图 6-41 使用标尺更改表格列宽与行高

➢ 按下鼠标左键的同时，将暗色区（及相应的网格线）拖到指定的位置。

➢ 释放鼠标，网格线就被重新定位。

当使用 Word 的标尺来更改列宽时，表格的总宽度会相应的扩展或压缩（这与使用网格线更改列宽正好相反）。如果在按下【Shift】键的同时拖动，则表格的整个宽度保持不变，Word 仅调整与所选列相邻的列，以便再次更改；如果按下【Alt】键的同时向右或向左拖动该列，则在移动网格时，会在标尺上以字符显示精确的列宽；同时按这两个键可产生这两种效果。

3）使用“表格属性”对话框设置行高与列宽

如果要精确地设置表格行高与列宽的位置，可以选择“表格”→“表格属性…”命令来设置，操作步骤如下：

➢ 选中需调整宽度的一行（或列）或多行（或多列），如果只有一行（或列），只需把插入点置于该行（或列）中。

➢ 选择“表格”→“表格属性…”命令，弹出“表格属性”对话框，如图 6-6 所示，选择“行（或列）”选项卡。

➢ 选中“指定宽度”复选框，在后面的微调框中指定行高或列宽的数值，在“行高值”右边的列表框中选择“最小值”或“固定值”（或在“列宽单位”右边的下拉列表框中选中单位）。如要设置其他行（或列）的宽度，可以单击“上一行”（“前一列”）或“下一行”（“后一列”）按钮，单击“确定”按钮即可。

4）使用“表格”→“自动调整”命令调整表格的行高和列宽

在表格中输入文字的时候，可能会注意到，当输入的某行文字比较长时（如网站的地址等），表格的列宽会自动调整，默认状态下，这一功能是打开的。如果发现所创建的表格没有这一功能，可以在选中表格的情况下，依次选择“表格”→“自动调整→“根据内容调整表格”命令，如图 6-42 所示。

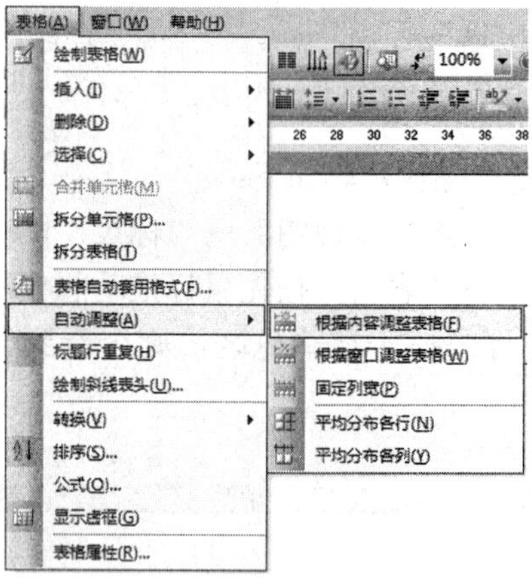

图 6-42　根据内容调整表格菜单

有了这一功能，无须手动调节，Word 就可以自动调节以文字内容为主的表格，使表格的列宽和行高达到最佳配置，如图 6-43 上图所示为没有调整前的表格，图 6-43 下图所示为根据内容调整后的表格。

如果选择“根据窗口调整表格”命令，则表格的内容就与文档窗口宽度相同，当表格超出了页面宽度时，就会缩成页面一样的大小，如图 6-44 所示。

青山横北郭	白水绕东城	青山横北郭	白水绕东城
浮云游子意	落日故人情	浮云游子意	落日故人情

青山横北郭	白水绕东城	青山横北郭	白水绕东城
浮云游子意	落日故人情	浮云游子意	落日故人情

图 6-43　根据内容调整表格前后对比

青山横北郭	白水绕东城	青山横北郭	白水绕东城
浮云游子意	落日故人情	浮云游子意	落日故人情

图 6-44　根据窗口调整表格

如果选择“固定列宽”命令，则可以指定表格的宽度。

如果选择“平均分布各行”命令，则会自动调整表格各行具有相同的高度，效果如图 6-45 所示。

青山横北郭	白水绕东城	青山横北郭	白水绕东城
浮云游子意	落日故人情	浮云游子意	落日故人情

青山横北郭	白水绕东城	青山横北郭	白水绕东城
浮云游子意	落日故人情	浮云游子意	落日故人情

图 6-45　平均分布各行表格前后对照

如果选择“平均分布各列”命令，则会自动调整表格各列单元格具有相同列宽，效果如图 6-46 所示。

青山横北郭	白水绕东城	青山横北郭	白水绕东城
浮云游子意	落日故人情	浮云游子意	落日故人情

青山横北郭	白水绕东城	青山横北郭	白水绕东城
浮云游子意	落日故人情	浮云游子意	落日故人情

图 6-46 平均分布各列表格前后对照

3. 单元格中文本的对齐方式

改变单元格中文本对齐方式的操作步骤如下：

（1）选中要改变文本对齐方式的单元格。

（2）选择“表格”→“表格属性…”命令，打开“表格属性”对话框，选择“单元格”选项卡，如图 6-47 所示。

（3）在“垂直对齐方式”选项组中可以选择相应的垂直对齐方式“顶端对齐”、“居中”或“底端对齐”。单击“选项”按钮，打开“单元格选项”对话框，可以设置单元格的边距等，如图 6-48 所示，单击“确定”按钮。

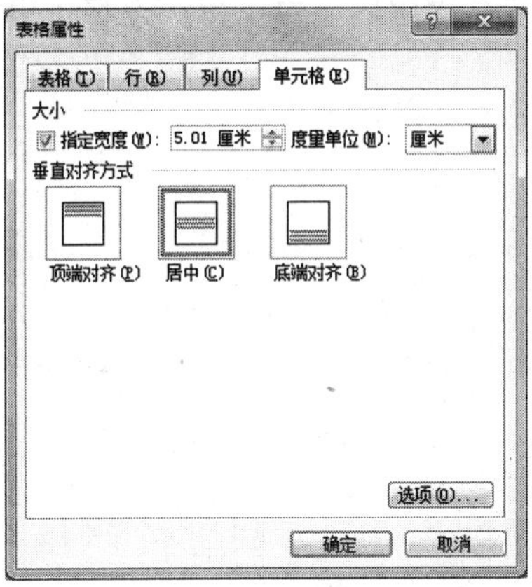

图 6-47 “表格属性”对话框“单元格”选项卡

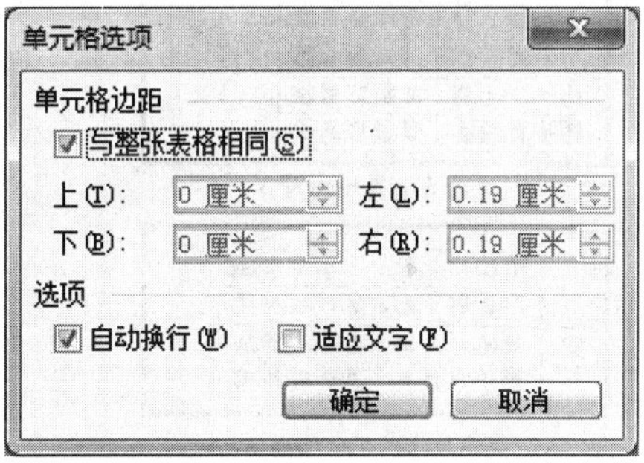

图 6-48 “单元格选项”对话框

例如：将课程表相应单元格文本设置为水平及垂直居中，如图 6-49 所示。

课程 星期 节次	星期一	星期二	星期三	星期四	星期五
1	语文	数学	物理	数据库	微机应用
2	语文	数学	物理	数据库	微机应用
3	微机应用	体育	英语	政治	物理
4	微机应用	体育	英语	政治	物理
午 休					
5	英语	组装与维修	网络基础	网页制作	语文
6	英语	组装与维修	网络基础	网页制作	语文
7	自习	自习	自习	自习	自习

图 6-49 单元格文本水平、垂直居中

当然，也可以通过选中整个表格，右键单击鼠标，在弹出的快捷菜单中选择“单元格对齐方式”中的对齐按钮，操作菜单如前图 6-8 所示，或者单击“表格与边框”工具栏的对齐工具按钮，在九个对齐选项中，单击选择需要的对齐方式。

4．改变表格的位置

在 Word 2003 中，可以直接使用鼠标来缩放表格。将插入点移到表格中，表格的右下角就会出现一个调整句柄，将鼠标指针指向该句柄时，鼠标指针变为斜向的双向箭头，按住鼠标左键拖动。在拖动过程中，会出现一个虚框表示改变后表格的大小，拖动到合适位置释放鼠标左键即可。

在 Word 文档中，也可以进行文字与表格混排，如果将表格拖放到文字段落中，文字就会环绕表格。

1）表格在页面中的对齐

可以设置表格相对于文档页面的对齐方式，从而为排版带来极大的方便。表格在页面中的对齐方式有三种：“左对齐”、“居中” 和 “右对齐”，分别如图 6-50 所示。

设置表格的对齐方式可用以下两种方法。

第一种方法：

- 把插入点置于表格中，或者选中整个表格。
- 选择“表格” → “表格属性…” 命令，打开 “表格属性” 对话框，选择 “表格” 选项卡，如图 6-51 所示。

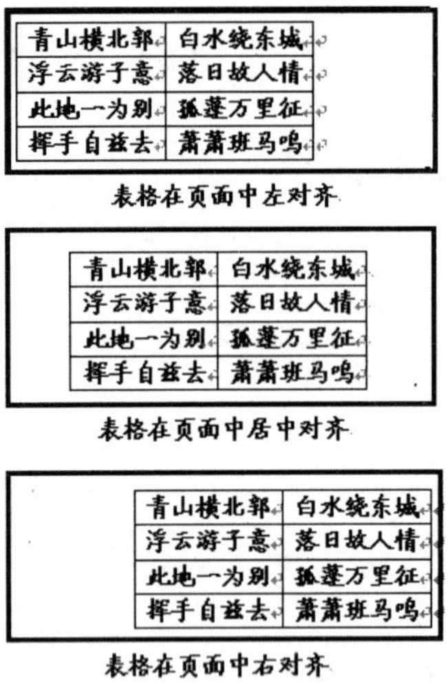

图 6-50　表格在页面中的各种对齐方式

图 6-51　“表格属性” 对话框 “表格” 选项卡

- 在 “对齐方式” 选项组下选择需要的对齐方式，如果要设置左对齐表格的缩进量，可在 “左缩进” 微调框中输入或选择适当的数值。

第二种方法：

将整个表格选中，然后单击 “格式” 工具栏中的居中、右对齐等按钮，就可实现表格页面对齐方式的设定。

2）表格在文档中的文字环绕

在日常文字处理工作中，难免会碰到要在表格周围绕排文字的情况，表格周围绕排文字大致有以下 4 种操作方法：

➢ 在表格两边插入文本框，要绕排的文字放在文本框中。
➢ 在原表格两边增加没有边框的列，将要绕排的文字放在两边的列中。
➢ 将表格放在图文框中，将图文框设置为“环绕”方式，这样图文框周围就能绕排文字了。
➢ 利用“表格属性”对话框设置环绕。在如图 6-51 所示的“表格”选项卡中，在“文字环绕”选项组中选择“环绕”选项，即可实现表格与文字绕排。

如果要精确设置表格的环绕方式，以及设置表格与文字之间的距离，选择“文字环绕”选项组的“环绕”选项，此时单击“定位”按钮，打开如图 6-52 所示的“表格定位”对话框，然后按下列步骤进行设置。

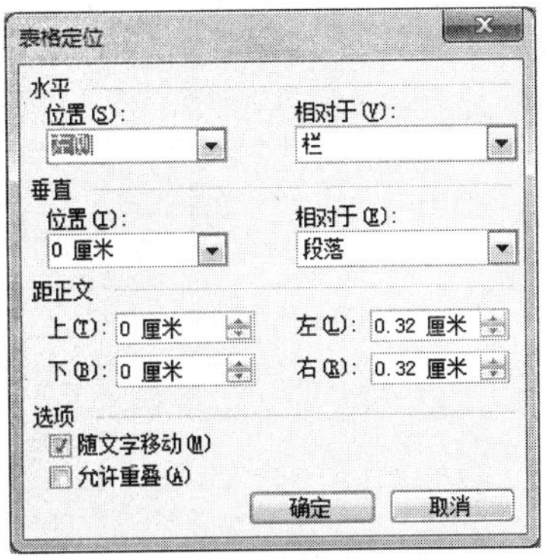

图 6-52 “表格定位”对话框

➢ 在“水平”选项组的“位置”中，输入一个精确的数值，也可以从列表框中直接选择所需要的位置；另外，还可以在“相对于”列表框中设置表格相对页面左右边界、页边距以及分栏的距离。
➢ 在“垂直”选项组的“位置”中，输入一个精确的数值，也可以从列表框中直接选择所需要的垂直位置距离；另外，还可以在“相对于”列表框中设置表格相对页面上下边界、页边距以及段落的距离。
➢ 在“距正文”选项组中，设置表格与周围正文的距离，单击“确定”按钮。

5. 为表格添加边框和底纹

完成新建表格后，默认情况下，表格边框类型是网格型，表格线为 1/2 磅的黑色单实线，可以根据需要任意设置表格边框和底纹。有时为了突出显示某些单元格中的内容，需要为这些单元格设置底纹，或添加边框。

1）设置表格边框

➢ 将插入点置于要添加边框的表格中（或选中整个表格），选择“格式”→“边框和底纹…”命令打开“边框和底纹”对话框，选择“边框”选项卡，如图 6-10 所示。
➢ 在“应用于”下拉列表中选择“表格”选项，在“设置”选项组中选择边框的格式，此时在“预览”框中将显示出该表格边框的格式。如果要清除某个边的边框线，只须在“预览”区中单击相应的边框或四周的按钮即可。
➢ 如果要改变线型，可以在“线型”列表框中选择线型；在“颜色”下拉列表中选择边框的颜色；在“宽度”下拉列表中选择边框的宽度，单击“确定”按钮，完成设置表格边框。

2）设置单元格边框

除了为整个表格添加边框之外，还可以为部分单元格添加边框，具体的操作步骤如下：

➢ 选中要添加边框的单元格。
➢ 选择“格式”→“边框和底纹…”命令，打开“边框和底纹”对话框，选择“边框”选项卡。
➢ 在“应用于”下拉列表中选择“单元格”选项，分别设置“线型”、“宽度”及“颜色”，单击“确定”按钮。

例如：将课程表的表格边框设置为“线粗 1.5 磅”的红色双线，内边框设置为“线粗 1 磅”的深蓝色单线，再将部分单元格的指定边线设置为“线粗 2.5 磅”的深蓝色单实线，如图 6-53 所示。

星期 课程 节次	星期一	星期二	星期三	星期四	星期五
1	语文	数学	物理	数据库	微机应用
2	语文	数学	物理	数据库	微机应用
3	微机应用	体育	英语	政治	物理
4	微机应用	体育	英语	政治	物理
午休					
5	英语	组装与维修	网络基础	网页制作	语文
6	英语	组装与维修	网络基础	网页制作	语文
7	自习	自习	自习	自习	自习

图 6-53　设置边框效果

3）为表格添加底纹

- 将插入点置于要添加底纹的表格中（或选中整个表格）。
- 选择“格式”→“边框和底纹…”命令，打开“边框和底纹”对话框，选择“底纹”选项卡，如图 6-11 所示。
- 在“填充”选项组中选择要填充的颜色，在“应用于”下拉列表中选择“表格”选项，单击“确定”按钮。

例如：给课程表添加“浅青绿”的底纹，如图 6-54 所示。

星期 课程 节次	星期一	星期二	星期三	星期四	星期五
1	语文	数学	物理	数据库	微机应用
2	语文	数学	物理	数据库	微机应用
3	微机应用	体育	英语	政治	物理
4	微机应用	体育	英语	政治	物理
午休					
5	英语	组装与维修	网络基础	网页制作	语文
6	英语	组装与维修	网络基础	网页制作	语文
7	自习	自习	自习	自习	自习

图 6-54　添加底纹效果

4）为单元格添加底纹

- 选中要添加底纹的单元格。
- 选择“格式”→“边框和底纹…”命令，打开“边框和底纹”对话框，选择“底纹”选项卡。
- 在“填充”选择中选择要填充的颜色，在“应用于”下拉列表中选择“单元格”选项，单击“确定”按钮。

例如：在课程表中，将表格左上单元格设置为“橙色”底纹，第一行其他单元格设置为“酸橙色”底纹，“午休”所在行设置为“金色”底纹，节次“1～7”所在单元格设置为“浅橙色”底纹，表格中其他单元格设置为“浅绿色”底纹，如图 6-55 所示。

小技巧

1. 在表格上面插入空行

在 Word 文档中，如果一个表格位于首页且上面没有空行，要想在其上添加标题可以将光标置于左上角第一个单元格中（单元格内有文字则放在文字前），然后按回车键，表格上方就会空出一行，如图 6-55 所示。如果表格上方有文字或空行，这种方法无效。

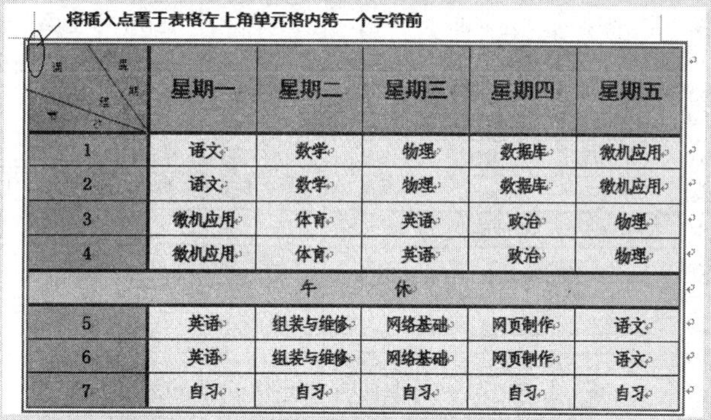

	星期一	星期二	星期三	星期四	星期五
1	语文	数学	物理	数据库	微机应用
2	语文	数学	物理	数据库	微机应用
3	微机应用	体育	英语	政治	物理
4	微机应用	体育	英语	政治	物理
午 休					
5	英语	组装与维修	网络基础	网页制作	语文
6	英语	组装与维修	网络基础	网页制作	语文
7	自习	自习	自习	自习	自习

图 6-55 在表格上面插入空行

2. 在表格中制作竖排文字

Word 表格的每个单元格，都可以单独设置文字的方向，这大大丰富了表格的表现力，具体操作步骤如下：

（1）选中表格中的任意单元格，右键单击鼠标，在快捷菜单中选择“文字方向”命令，打开如图 6-56 所示的“文字方向-表格单元格”对话框。

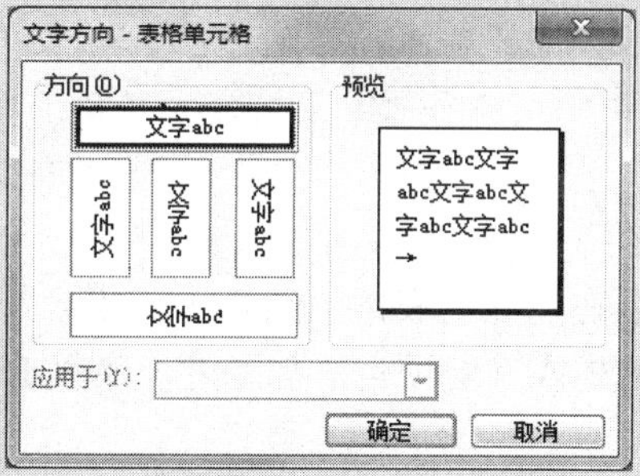

图 6-56 “文字方向-表格单元格”对话框

（2）根据需要选择一种文字方向，可以在“预览”窗口中看到所选方向的样式。

（3）单击“确定”按钮，就可以将选中的方向应用于单元格的文字，如图 6-57 右图所示。

3. 制作具有单元格间距的表格

可以将一张如图 6-58 左图所示的表格，设置为如图 6-58 右图所示的具有单元格间距的表格。

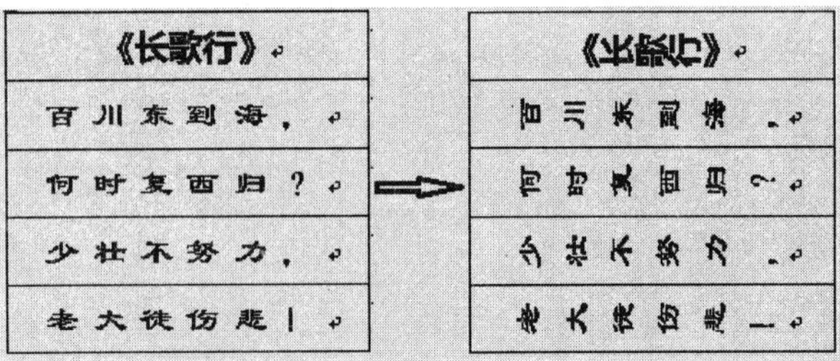

图 6-57　设置表格中文字的不同方向

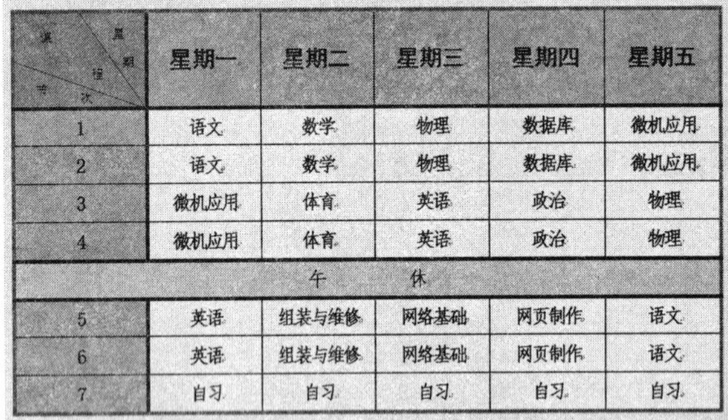

	星期一	星期二	星期三	星期四	星期五
1	语文	数学	物理	数据库	微机应用
2	语文	数学	物理	数据库	微机应用
3	微机应用	体育	英语	政治	物理
4	微机应用	体育	英语	政治	物理
午　休					
5	英语	组装与维修	网络基础	网页制作	语文
6	英语	组装与维修	网络基础	网页制作	语文
7	自习	自习	自习	自习	自习

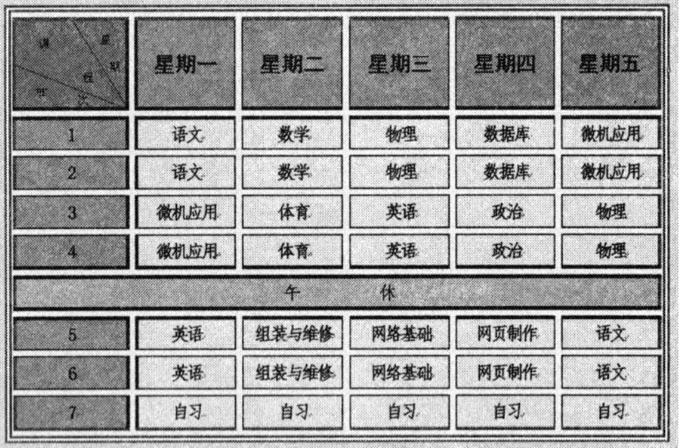

	星期一	星期二	星期三	星期四	星期五
1	语文	数学	物理	数据库	微机应用
2	语文	数学	物理	数据库	微机应用
3	微机应用	体育	英语	政治	物理
4	微机应用	体育	英语	政治	物理
午　休					
5	英语	组装与维修	网络基础	网页制作	语文
6	英语	组装与维修	网络基础	网页制作	语文
7	自习	自习	自习	自习	自习

图 6-58　制作具有单元格间距的表格

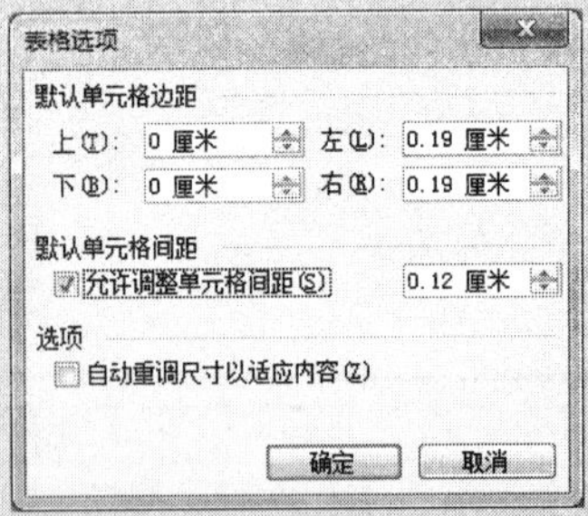

图 6-59　“表格选项”对话框

操作步骤如下：

（1）将插入点置于表格内的任意位置。

（2）选择“表格”→“表格属性…”→“表格”命令，打开如图 6-51 所示的“表格属性”对话框“表格”选项卡，单击“选项…”按钮。

（3）在打开的“表格选项”对话框中，选中“允许调整单元格间距”复选框，并在右侧微调框中输入需要的数值，如 0.12 厘米，如图 6-59 所示。连续单击“确定”按钮后将得到如图 6-58 右图所示效果。

4. 自动添加题注

在 Word 2003 中，可以在插入的表格、图表、公式或其他项目中自动添加题注，也可以为已有的表格、图表、公式或其他项目添加题注。下面介绍插入项目时自动添加题注的方法。

（1）选择“插入”→“引用”→“题注…”命令，打开如图 6-60 所示的“题注”对话框，单击对话框中的“自动插入题注”按钮，打开“自动插入题注”对话框，如图 6-61 所示。

（2）在“插入时添加题注”列表中，选择要用 Word 插入题注的项目。如果要在插入表格时自动添加题注，则选中“Microsoft Excel”复选项。

（3）在“使用标签”下拉列表框中选择相应的标签。如果“使用标签”列表中没有想要的标签，单击“新建标签”按钮，在“标签”文本框中输入想用的标签如“附表”，然后单击“确定”按钮。

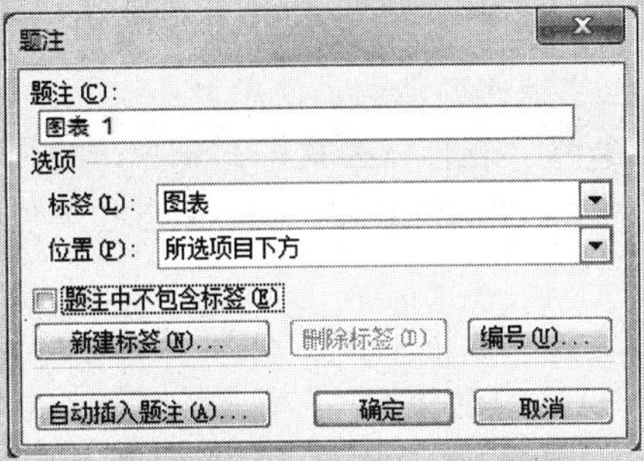

图 6-60 “题注”对话框

图 6-61 “自动插入题注”对话框

（4）在“位置”下拉列表框中选择题注所处的位置。Word 一般是以阿拉伯数字“1，2，3，…”为题注编号，如想使用其他编号方式，单击“编号”按钮，打开“题注编号”对话框，在“格式”下拉列表框中选择一种编号方式，单击“确定”按钮。

（5）以后每次在文档中插入表格时，Word 2003 就会按所选择的方式为其添加题注。

实例 10：将爱心进行到底——爱心捐助表格统计

涓滴之水成海洋，颗颗爱心变希望，送出一份爱心，收获明媚阳光，将爱心进行到底。打开“素材”文件夹中“爱心捐助一览表”文档，如图 6-62 所示，完成 Word 表格的数据运算与分析。

爱心捐助一览表

物品 / 单位	食品(箱)	衣服(套)	玩具(个)	学习用品(套)	图书(册)
市科技局	520	890	600	780	2605
市教研室	650	560	580	420	1820
市园林局	700	688	367	456	1658
市情报局	420	775	489	652	2623
开发区建行	980	965	975	1356	3354
开发区工行	1067	1320	897	1289	5986
开发区交行	1120	1280	1026	1098	6016
开发区农行	1050	980	998	1032	3316
总　计					
平均值					
最高值					

图 6-62 爱心捐助一览表

实例分析

- 对表格中的数据进行求和、平均值等数据处理。
- 通过排序等方法对数据进行分析。

操作步骤

1. 打开数据表

启动 Word 2003，打开“素材”文件夹中的“爱心捐助一览表”文档，如图 6-62 所示，了解数据。

2. 表格数据处理

（1）将光标定位在第 10 行第 2 列单元格内，选择“表格”→“公式…”命令，打开“公式”对话框，如图 6-63 所示。在“公式”文本框中输入公式“=SUM(ABOVE)”统计各单位捐献食品总数，用同样的方法依次算出各单位捐献的其他物品总数。

（2）将光标定位在第 11 行第 2 列单元格内，选择“表格→公式…”命令，打开“公式”对话框，在“公式”文本框中输入公式“= AVERAGE(B2:B9)”，计算出各单位捐献食品平均数，依次算出各单位捐献的其他物品的平均数。

（3）将光标定位在第 12 行第 2 列单元格内，选择“表格”→“公式…”命令，打开“公式”对话框，在“公式”文本框中输入公式“= MAX(B2:B9)”，找出捐献食品最高值并填入当前单元格，依次找出捐献其他物品最高值填入相应单元格中，操作结果如图 6-64 所示。

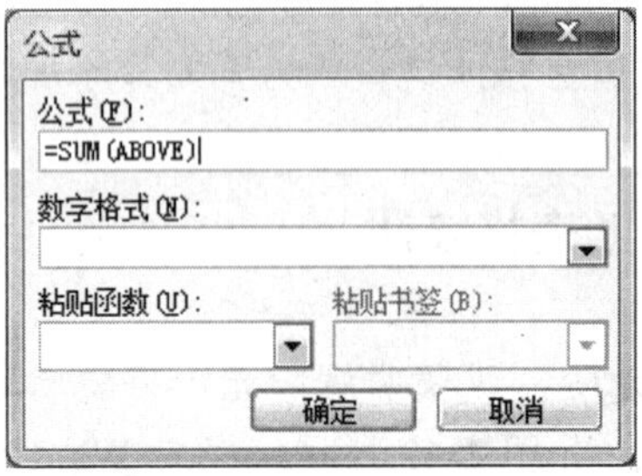

图 6-63 “公式”对话框

爱心捐助一览表

物品 / 单位	食品(箱)	衣服(套)	玩具(个)	学习用品(套)	图书(册)
市科技局	520	890	600	780	2605
市教研室	650	560	580	420	1820
市园林局	700	688	367	456	1658
市情报局	420	775	489	652	2623
开发区建行	980	965	975	1356	3354
开发区工行	1067	1320	897	1289	5986
开发区交行	1120	1280	1026	1098	6016
开发区农行	1050	980	998	1032	3316
总　计	6507	7458	5932	7083	27378
平均值	813	932	742	885	3422
最高值	1120	1320	1026	1356	6016

图 6-64 数据处理后的爱心捐助一览表

3. 表格数据分析

拖动鼠标选中表格中第 2～9 行，选择“表格”→“排序…”命令，在弹出的“排序”对话框中，“主要关键字”设为“列 6”，排序方式为“降序”，单击“确定”按钮，如图 6-65 所示，排序结果如图 6-66 所示。

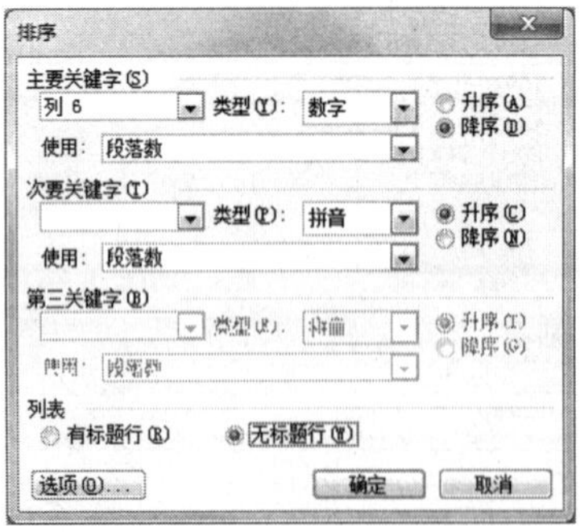

图 6-65 “排序”对话框

爱心捐助一览表

物品 / 单位	食品(箱)	衣服(套)	玩具(个)	学习用品(套)	图书(册)
开发区交行	1120	1280	1026	1098	6016
开发区工行	1067	1320	897	1289	5986
开发区建行	980	965	975	1356	3354
开发区农行	1050	980	998	1032	3316
市情报局	420	775	489	652	2623
市科技局	520	890	600	780	2605
市教研室	650	560	580	420	1820
市园林局	700	688	367	456	1658
总　计	6507	7458	5932	7083	27378
平均值	813	932	742	885	3422
最高值	1120	1320	1026	1356	6016

图 6-66 排序后的爱心捐助一览表

6.4 表格的计算与排序

在 Word 2003 表格的单元格中，除了可以输入数据外，还可以通过输入带有加、减、乘、除（+、-、*、/）等运算符的公式进行计算，也可以使用 Word 2003 提供的标准函数进行较为复杂的计算。

Word 表格中的计算都是以单元格或单元格区域为单位进行的，为了方便在单元格之间进行运算，每个单元格都有一个地址，用 A、B、C、D 等字母表示列标，第一列即为 A 列，第二列为 B 列，以此类推，用 1、2、3、4 等数字表示行号。例如，第三列第二个单元格用 C2 表示，如图 6-67 所示为单元格地址的示例。

	A	B	C	D
1	A1	B1	C1	D1
2	A2	B2	C2	D2
3	A3	B3	C3	D3

图 6-67 单元格地址示例

1. 单元格的引用

在单元格中输入公式时，必须先在英文半角状态下输入一个等号“=”，然后再输入表达式，单元格的引用需要注意以下几个方面。

（1）在函数中引用独立的单元格时，其间用逗号分隔。例如，求 A1、B2 及 A3 三者之和，公式为“=SUM(A1,B2,A3)”效果等同于“=A1+B2+A3”。

（2）如果需要引用的单元格相连为一个矩形区域，则不必一一罗列单元格，此时可表示为“左上单元格：右下单元格”连续区域。如公式“=SUM(A1:B2)”表示以 A1 为开始、以 B2 为结束的矩形区域中所有单元格之和，效果等同于公式“=SUM(A1,A2,B1,B2)”。

（3）有两种方法可表示整行或整列，如第 2 行可表示为“A2:D2”或“2:2”；同理第 2 列可表示为“B1:B3”或“B:B”。需要注意的是，用“2:2”表示第二行，当表格中添加一列后，计算将包括新增的列；而用“A2:D2”表示一行时，当表格中添加一列后，计算只包括新表格的 A2、B2、C2 以及 D2 等 4 个单元格。整列的引用为同样操作。

2. 表格公式的使用

一般的计算公式可引用单元格地址的形式，如某单元格“= (A2＋B2)*3”即表示第一列的第二单元格加第二列的第二单元格然后再乘 3。利用函数可使公式更为简单，如=SUM(A2:A80)即表示求出从第一列第 2 单元格到第一列第 80 单元格之间的所有单元格数值总和。

公式是由等号、运算符号、函数以及数字、单元格地址所表示的数值、单元格地址所表示的数值范围、指代数字的书签、结果为数字域的任意组合组成的表达式，该表达式可引用表格中的数值和函数的返回值，可使用的操作符，如表 6-1 所示，可选择的函数如表 6-2 所示。

表 6-1 公式运算符号表

运算符号	意　义	运算符号	意　义
+	加	=	等于
-	减	<	小于
*	乘	<=	小于等于
/	除	>	大于
%	百分比	>=	大于等于
^	乘方和开方	<>	不等于

表 6-2　公式函数表

函　数	返 回 结 果
ABS(x)	返回公式或数字的正数值，不论它实际上是正数还是负数
AND(x y)	如果逻辑表达式 x 和 y 同时为真，则返回值为 1，如果有一个表达式为假则返回值为 0
AVERAGE( )	返回一组数值的平均数
COUNT( )	返回列表中的项目数
DEFINED(x)	如果表达式 x 是合法的，则返回值为 1，如果无法计算表达式，则返回值为 0
FALSE	返回 0
INT(x)	返回数值或公式 x 中小数点左边的数值
MIN( )	返回一列数中的最小值
MAX( )	返回一列数中的最大值
MOD(x y)	返回数值 x 被 y 除得的余数
NOT(x)	如果逻辑表达式 x 为真，则返回 0（假），如果表达式为假，则返回 1（真）
OR(x,y)	如果逻辑表达式 x 和 y 中的一个为真或两个同时为真，则返回 1（真），如果表达式全部为假，则返回 0（假）
PRODUCT( )	返回一组值的乘积，例如，函数{ = PRODUCT(1,3,7,9)}返回的值为 189
ROUND(x,y)	返回数值 x 保留指定的 y 位小数后的数值，x 可以是数值或公式的结果
SIGN(x)	如果 x 是正数，则返回值为 1，如果 x 是负值，则返回值为-1
SUM( )	返回一列数值或公式的和
TRUE	返回数值 1

3. 对一行或一列单元格求和

1）使用工具栏按钮自动求和

使用表格的公式求和，最简单的方法是单击“表格和边框”工具栏中的“自动求和”按钮 Σ，利用这个按钮，可以求得光标所在单元格行或列的总和，具体操作步骤：将光标置于合计单元格中，然后单击“表格和边框”工具栏按钮中的“自动求和”按钮 Σ，就可以得到如图 6-68 所示的每列计算结果。

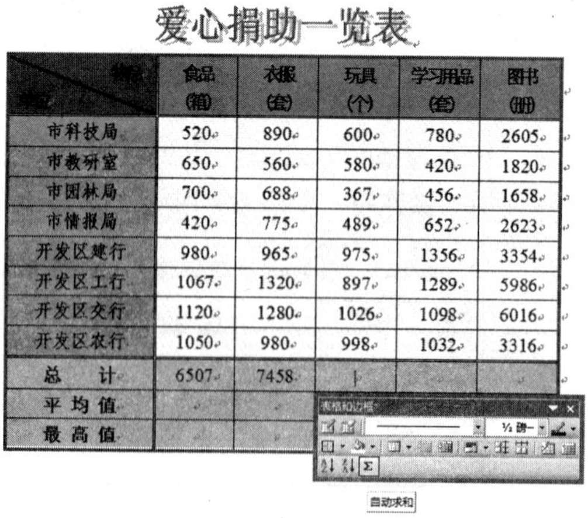
爱心捐助一览表

	食品（箱）	衣服（套）	玩具（个）	学习用品（套）	图书（册）
市科技局	520	890	600	780	2605
市教研室	650	560	580	420	1820
市园林局	700	688	367	456	1658
市情报局	420	775	489	652	2623
开发区建行	980	965	975	1356	3354
开发区工行	1067	1320	897	1289	5986
开发区交行	1120	1280	1026	1098	6016
开发区农行	1050	980	998	1032	3316
总　计	6507	7458			
平 均 值					
最 高 值					

图 6-68　每列自动求和结果

需要注意的是，一列数值求和时，光标要放在此列数据最下端的单元格；一行数据求和时，光标要放在此行数据最右端的单元格，当求和单元格的左方或上方表格中都有数据时，列求和优先。求和的位置必须是空单元格，同时确认表格中输入的是符合标准的数字，空白的部分必须用 0 代替。

2）使用“公式”对话框对列单元格求和

下面介绍使用“公式”对话框进行求和的方法，操作步骤如下：

将插入点定位到存放计算结果单元格中，选择“表格”→“公式…”命令，打开如图 6-69 所示的“公式”对话框。

- 在“公式”文本框中输入正确的公式，或者在“粘贴函数”下拉列表框中选择所需的函数，在此应选函数为“=SUM(ABOVE)”。
- 在“数字格式”下拉列表框中选择计算结果的表示格式（如结果需要保留 2 位小数，则选择“0.00”，如果全部是整数，则选择数字格式“0”）。
- 单击“确定”按钮，在选中的单元格中就可得到计算的结果，如图 6-69 所示。

爱心捐助一览表

物品	食品(箱)	衣服(套)	玩具(个)	学习用品(套)	图书(册)
市科技局	520	890	600	780	2605
市教研室	650	560	580	420	1820
市园林局	700	688	367	456	1658
市情报局	420	775	489	652	2623
开发区建行	980	965	975	1356	3354
开发区工行	1067	1320	897		
开发区交行	1120	1280	1026		
开发区农行	1050	980	998		
总　计	6507	7458	5932		
平均值					
最高值					

图 6-69　使用公式对话框对列单元格进行求和

其中，公式格式为“=操作符（或函数）任意组合的表达式”，操作符及使用函数请参照表 6-1，表 6-2。

3）使用“公式”对话框对行单元格求和

在上述计算中，Word 将计算结果作为一个域插入选中的单元格。如果插入点位于表格中一行的右端，则它对该单元格左侧的数据进行求和。如果要对表格的行求和，操作步骤与列求和步骤一致，变换参数取值范围即可。

在函数计算的过程中，常用到参数 LEFT 表示当前单元格左侧的所有单元格参与运算；RIGHT 表示当前单元格右侧所有单元格参与运算；ABOVE 表示计算上方所有数值的参数值。

4. 表格的复杂计算

在日常应用中，除了要对表格的数据进行求和计算外，还需要求平均值或进行四则运算等复杂计算，Word 具有这些基本的计算功能。这些计算是通过“域”功能实现的，只需利用“域”即可方便地对表格中的数据进行各种运算。

如要对上面表格中的每种物品的数量求平均值，具体操作步骤如下：

（1）选中要放置计算结果的单元格，如 D11。

（2）选择“表格”→“公式…”命令，打开“公式”对话框。

（3）在“公式”文本框内可能会显示 Word 建议使用的公式。如果所选单元格位于数字列底部，Word 会建议使用“=SUM(ABOVE)”公式，对该单元格上面的各单元格求和；如果所选单元格位于数字行右边，Word 会建议使用“=SUM(LEFT)”公式，对该单元格左边的各单元格求和；此时不能用 Word 建议的公式，应从“公式”文本框中将其删除。在“公式”文本框中输入公式 “=AVERAGE(D2:D9)”，即求 D2～D9 行单元格的平均值。也可单击“粘贴函数”下拉列表框，从中选择所需要的函数“AVERAGE()”。Word 为表格计算功能提供了许多计算函数，可根据需要从中加以选择。此时“公式”文本框中将显示出该函数名，应在单括号内输入公式计算引用的单元格地址，如图 6-70 所示。

爱心捐助一览表

物品 / 单位	食品（箱）	衣服（套）	玩具（个）	学习用品（套）	图书（册）
市科技局	520	890	600	780	2605
市教研室	650	560	580	420	1820
市园林局	700	688	367	456	1658
市情报局	420	775	489	652	2623
开发区建行	980	965	975	1356	3354
开发区工行	1067	1320	897		
开发区交行	1120	1280	1026		
开发区农行	1050	980	998		
总　计	6507	7458	5932		
平 均 值	813	932	742		
最 高 值					

图 6-70　使用“公式”对话框对列单元格求平均值

（4）从“数字格式”下拉列表框中选择或输入合适的数字格式，如选择“0.00”；“数字格式”下拉列表框主要用于定义 Word 自动计算出来表格数据的格式，必须适当加以设置，以便保证表格数据与原来的格式相同。如选择“0.00”即表示按正常方式显示，并将计算结果保留两位小数。

（5）单击“确定”按钮，可得到该行数值的平均值。

运用组合键【Alt+F9】可在运算结果与显示域代码之间进行切换。

尽管 Word 不具备真正的数据计算功能，但通过它的“域”处理功能可满足表格数据计算的要求，可充分加以利用。

使用表格公式计算应注意：

- 对 SUM()和 PRODUCT()等函数，当其参数为单元格时，这种引用必须是直接的，不能先运算再引用。如表达式“=SUM(A1*2,A2)”是错误的，应表示为“=SUM(PRODUCT(A1，2)，A2)”或“=A1*2+A2”。
- 在单元格引用的过程中，对多页的表格，可将其当做一个“很长”的表格来操作，每页的表头（如果有的话）都要作为有效的单元格。
- 如果某单元格的数值为零，填入“0”或不填都不会影响公式的计算结果。
- 单元格内容为文字的（如表头），在计算过程中取其值为“0”，但是如果文字是以阿拉伯数字开头的，取值为开头的数字。若单元格中内容为“二零一二年产量”，则取值为“0”；若单元格中内容为“2012 年产量”，则取值为“2012”。
- 公式中的“,”、“:”和“()”等应为英文半角状态输入。如果在中文输入状态下编辑公式，很容易导致公式语法错误。
- 如果修改了参与计算的单元格数据，原公式计算结果并不随着改变。为了避免出现错误，在修改数据后，需要对计算结果进行更新。具体方法是，选中要更新的结果数据，待结果底色为灰色时，按【F9】功能键。公式复制后，也需要对计算结果进行更新。

5. 表格的排序

表格的排序可以选择表格中单独的列或整个表格进行排序，也可以在单独的表格列中用多于一个的单词或域进行排序。例如，若在一列中同时包含名字和姓氏，则可以用姓氏或名字进行排序，就像姓氏和名字是在列表里而不是在表格中一样。具体排序方式的规则如下：

（1）文字：Word 2003 首先对以标点或符号开头的项目进行排序（如!、#、$、%或&），然后是以数字开头的项目，最后是以字母开头的项目。

（2）数字：Word 忽略数字以外的所有其他字符，数字可以位于段落中的任意位置。

（3）日期：Word 将分隔符、连字符、斜线（/）、逗号和句号等字符识别为有效的日期，同时 Word 将冒号（:）识别为有效的时间分隔符。如果 Word 无法识别一个日期或时间，则会将该项目放置在列表的开头或结尾（依照升序或降序的方式排列）。

（4）特定的语言：Word 将根据语言的排序规则进行排序，某些语言有不同的排序规则可供选择。

（5）以相同字符开头的两个或更多的项目，Word 将比较各项目的后续字符，以决定排列的次序。

（6）Word 可以按照数字、拼写、中文笔画或日期的顺序来排序，排序的范围可达整篇文档。

这里仅以表格的排序来说明其操作的方法。

例如，以如图 6-71 所示的“爱心捐助一览表”为例，对各单位按“图书”册数进行降序排序各单位数据行，如果图书册数相等的再以“学习用品”为次关键字降序排序。具体的操作步骤如下。

爱心捐助一览表

物品 单位	食品(箱)	衣服(套)	玩具(个)	学习用品(套)	图书(册)
市科技局	520	890	600	780	2605
市教研室	650	560	580	420	2500
市园林局	700	688	367	456	1658
市情报局	420	775	489	652	2500
开发区建行	980	965	975	1356	3354
开发区工行	1067	1320	897	1289	5986
开发区交行	1120	1280	1026	1098	6016
开发区农行	1050	980	998	1032	3316
总　计	6507	7458	5932	7083	27935
平 均 值	813	932	742	885	3492
最 高 值	1120	1320	1026	1356	6016

图 6-71　爱心捐助一览表

（1）选中 A2：F9 数据区域。

（2）选择“表格”→“排序…”菜单，打开“排序”对话框，如图 6-64 所示。

（3）在“主要关键字”下拉列表中选择“列 6”，在“类型”下拉列表中选择“数字”，然后选择“降序”单选项。

（4）在“次要关键字”下拉列表中选择“列 5”，在“类型”下拉列表中选择“数字”及“降序”单选项。

（5）在“列表”选项组中有两个单选项，“有标题行”和“无标题行”。通常情况下表格的第 1 行为标题行，为了避免对标题行也进行排序可以选中“有标题行”单选项；若选中“无标题行”单选项则可以对整个表格进行排序。本例中选中排序区域无标题行，因此选中“无标题行”单选项，单击“确定”按钮即可。表格排序的结果如图 6-72 所示。

爱心捐助一览表

单位 \ 物品	食品（箱）	衣服（套）	玩具（个）	学习用品（套）	图书（册）
开发区交行	1120	1280	1026	1098	6016
开发区工行	1067	1320	897	1289	5986
开发区建行	980	965	975	1356	3354
开发区农行	1050	980	998	1032	3316
市科技局	520	890	600	780	2605
市情报局	420	775	489	652	2500
市教研室	650	560	580	420	2500
市园林局	700	688	367	456	1658
总　计	6507	7458	5932	7083	27935
平 均 值	813	932	742	885	3492
最 高 值	1120	1320	1026	1356	6016

图 6-72　排序后的爱心捐助一览表

提 示

如果只想对一列进行排序，那么只需将插入点置于要排序列的任意单元格中，然后单击“表格和边框”工具栏中的升序按钮或降序按钮即可。

思考与实训

一、填空题

1．在 Word 2003 中创建表格的方法有________、________、________、________和________等。

2．选中要合并的单元格区域，选择“表格”菜单的________命令，即可将选中的单元格区域合并为一个单元格。

3．选中要拆分的单元格，选择“表格”菜单的“拆分单元格…”命令，即可打开________对话框，进行拆分单元格的操作。

4．在“表格自动套用格式”对话框的“将特殊格式应用于”组合框中，提供了一些格式化选项，若不想将格式应用于表格文本的标题行，则可以________。

5．如要将一个表格拆分为上、下两部分，先将光标置于拆分后的第二个表格上，按组合键________，就可以拆分表格。

6．使用标尺更改表格列宽与行高操作必须在________视图方式下进行。

7．在“表格”菜单的“转换”子菜单下选择________命令，可将选中的文字转换为表格。

8．选中一个或几个单元格，选择“表格”→“插入”→“单元格…”命令，打开________对话框。

9．表格中的数据是可以按________或________进行排序的，可以通过________菜单中的________命令来实现。

10．可以对表格中的数据进行基本的统计运算，它是通过执行“表格”菜单中的________命令来实现的。

11．在 Word 表格中，对计算结果进行更新，需选中要更新的结果数据，待单元格底色为灰色时，按________功能键即可。

12．求和函数是________。

13．求平均值的函数是________。

14．在 Word 表格中，对统计函数（如平均、最大、求和等）的值有效排序，应选择按照________类型排序。

15．运用组合键________可在运算结果与显示域代码之间进行切换。

二、简答题

1．移动、复制单元格和移动、复制单元格内容有什么不同？

2．如何在表格中插入行、列和单元格？

3．怎样为表格添加外边框为“红色”、“1.5 磅双线”？

4．在 Word 表格中，数据求和有哪几种操作方法？

5．简述在 Word 2003 中对指定表格中的数据排序方法。

三、上机实训

在 Word 中按如图 6-73 所示的样式制作表格，并完成相应计算。

人才需求热门专业供求对照表

供求 / 专业	供求对照表		
	岗位需求（个）	求职者供应量（人）	对接率（供/需）
教育医疗类	802	8910	
电子信息类	6805	3564	
金融保险类	709	8019	
管理行政类	1118	13365	
销售贸易类	7506	16038	
汽车机械类	3122	9801	
总　量			

图 6-73　人才需求热门专业供求对照表

1．在 D 盘根目录下建立名为“人才需求热门专业供求对照表”文档，并输入表头“人才需求热门专业供求对照表”，设置格式为“小三”、“微软雅黑”、“加粗”、“居中”。

2．建立表格，输入相应表格文本。

3．插入斜线表头，并分别设置行标题为“供求”，列标题为“专业”；表头行字体为“五号”、“宋体”、“加粗”、“居中”。

4．设置表格中其他所有文字的字体为“仿宋体”、“五号”、水平及垂直居中。

5．表格的外边框设置为“深红色、3 磅单实线”，内框为“蓝色、1 磅单实线”，表格表头行设置“20%灰色”底纹，A2：A8 单元格区域设置为“茶色”底纹，表格中其他所有单元格设置为“浅绿色”底纹。

6．计算各专业对接率并填入相应单元格（对接率=供应量/需求量）。

7．分别计算所有岗位需求总量和求职者供应量，填入相应单元格中。

8．按对接率升序对所有专业进行排序。试分析哪个专业最好找工作，哪个专业最难找工作。

9．保存表格，退出 Word。

模块7

综合应用

实例 11：关爱生命，关爱人类——制作一张爱心贺卡

“送一张贺卡，献一份爱心”。根据如图 7-1 所示的样张，在 D 盘根目录下，建立“爱心贺卡”文档，制作一张与给定样张完全一致的贺卡，并把这张贺卡发给周围的朋友，鼓励大家积极投身“关爱生命，关爱人类”的公益事业。

图 7-1　“爱心贺卡”样张

（1）在 D 盘根目录下，建立“爱心贺卡”文档。

（2）页面设置：纸张为 A4，横向，上、下页边距分别设置为“3.17 厘米”，左、右页边距分别设置为“2.54 厘米”。

（3）页面背景：设置为预设“心如止水”，底纹样式为“水平”，变形样式为“第二行第一个”。

（4）插入图片：插入“素材\传递.jpg”图片，并设置图片格式为“嵌入式”环绕方式，图片高度为“14.5 厘米”，宽度为“24.77 厘米”；并设置为“锁定纵横比”、“相对图片原始大小”。

（5）插入艺术字：在页面相对位置插入艺术字“关爱生命　关爱人类”，设置文字为“隶书”、“36 号”、“加粗”。艺术字样式为“第三行第四个样式”。

（6）插入自选图形：在图片的相对位置插入自选图形“云形标注”，并拖放到适当的

大小，分别给自选图形添加文字“我爱美好的家园（格式为仿宋体、5 号、深蓝色）”、“热心公益 关爱他人（格式为楷体、5 号、加粗、橙色）”、“珍爱生命 保护自然（格式为方正姚体、小 5 号、加粗、红色）”。

（7）制作标志图形：在图片右下角相应位置插入心形图形，线条及填充色均为“红色”，调整到适当大小将图形旋转到适当的位置，添加“阴影样式 2”；在其右侧添加“波形”自选图形，填充色及线条为“浅青绿”，添加“阴影样式 2”，并添加文字“有一种爱是关爱”，设置格式为“隶书”、“小四号”、颜色为“蓝色”。将心形和波形图形组合为一个图形。

（8）设置页眉/页脚：在页眉中输入文字“爱无限 真诚到永远”，并设置格式为“隶书”、“三号”、“加粗”、“左对齐”；在页脚中输入文字“爱心奉献 美好祝愿”，并设置格式为“微软雅黑”、“四号”、“加粗”、“右对齐”。

实例分析

- 在 Word 2003 应用软件中，新建文档，准确保存文档。
- 对文档进行页面设置。
- 进行背景设置。
- 插入图片并对图片进行格式设置。
- 插入艺术字并设置艺术字效果。
- 插入自选图形，并对自选图形进行编辑。
- 插入页眉/页脚。

操作步骤

1. 启动 Word 2003 应用软件，完成新建文档、保存文档的基本操作

（1）在 Word 2003 中，选择“文件”→“新建…”命令，在“新建文档”任务窗格中，选择“新建空白文档”命令，将新建名为“文档 1”的空白文档。

（2）选择“文件”→“保存…”命令，在“另存为”对话框中，设置“保存位置”为 D 盘，文件名为“爱心贺卡”，保存类型为“Word 文档”，单击“保存”按钮。

2. 页面设置基本操作

选择“文件”→“页面设置…”命令，在“页面设置”对话框中，选中“纸张”选项卡，设置纸张大小为“A4”；选中“页边距”选项卡，设置上、下页边距为“3.17 厘米”，左、右页边距为“2.54 厘米”，方向为“横向”，单击“确定”按钮。

3. 背景设置

选择“格式”→“背景”→“填充效果…”命令，在“渐变”选项卡中，选择预设“心如止水”，底纹样式“水平”，变形样式为“第二行第一个”，单击“确定”按钮。

4. 插入图片并设置图片格式

选择“插入”→“图片”→“来自文件…”命令，在“插入图片”对话框中，选中“素材\传递.jpg”，单击“插入”按钮。在选中图片上右键单击鼠标，在快捷菜单中，选择“设置图片格式…”命令；在“大小”选项卡中，设置图片高度为“14.5 厘米”，宽度为“24.77 厘米”，并设置为“锁定纵横比”、“相对图片原始大小”；在“版式”选项卡中，设置图片格式为“嵌入式”环绕方式。

5. 插入艺术字并设置艺术字效果

选择“插入”→“图片”→“艺术字…”命令，在“艺术字库”对话框中，选择“第三行第四个样式”，单击“确定”按钮，在“编辑艺术字”对话框中，输入文字“关爱生命 关爱人类”，设置格式为“隶书”、“36 号”、“加粗”，单击“确定”按钮。

6. 插入自选图形，并对自选图形进行编辑

（1）在绘图工具栏中，选择“自选图形”→“标注”→“云形标注”命令，将图形缩放到适当的大小，分别给自选图形添加文字“我爱美好的家园（格式为仿宋体、5 号、深蓝色）”、“热心公益 关爱他人（格式为楷体、5 号、加粗、橙色）”、“珍爱生命 保护自然（格式为方正姚体、小 5 号、加粗、红色）”。

（2）在“绘图”工具栏中，选择“自选图形”→“基本图形”→“心形”命令，缩放到适当的大小，选中图片，在线条颜色下拉菜单中选择“红色”，在“填充颜色”下拉菜单中选择红色。设置阴影样式为“阴影样式 2”，复制产生第二、第三个心形图形，拖动鼠标旋转到相应的位置。

（3）在绘图工具栏中，选择“自选图形”→“星与旗帜”→“波形”命令，设置填充色及线条为“浅青绿”，添加“阴影样式 2”，并添加文字“有一种爱是关爱”，设置格式为“隶书”、“小四号”，颜色为“蓝色”。

（4）按住【Shift】键同时单击选中心形和波形图形，在选中的图形上右键单击，在快捷菜单中选择“组合”命令。

7. 插入页眉/页脚

选择“视图”→“页眉和页脚”命令，在页眉中输入文字“爱无限 真诚到永远”，选中输入的文字设置格式为“隶书”、“三号”、“加粗”、“左对齐”；在页脚中输入文字“爱心奉献 美好祝愿”，选中输入的文字格式设置为“微软雅黑”、“四号”、“加粗”、“右对齐”。

小技巧

1. 如何在文档中插入数学公式

Word 2003 的公式编辑功能非常强大，可以建立复杂的数学公式。选择“插入”→“对象…”命令，在“对象”对话框中，选择“Microsoft 公式 3.0”，单击“确定”按钮，如图 7–2 所示。打开“公式”工具栏，可插入符号或结构等，如图 7–3 所示。

➢ 插入分式：选中插入位置，在“公式”工具栏中，单击相应模板，单击所需结构按钮，在当前公式槽中插入相应的结构，再逐一输入，完善即可。如输入“$\frac{9}{16}$”，确定插入点位置，选择“插入”→“对象…”命令，在“对象”对话框中，选择“Microsoft 公式 3.0”，单击“确定”按钮。在“公式”工具栏中，单击“分式和根式”模板相应的“分式”按钮，如图 7–4 所示。在文档中将出现一个文本框，在相应的位置输入相应数字，在文本框外单击鼠标左键即可，如图 7–5 所示。

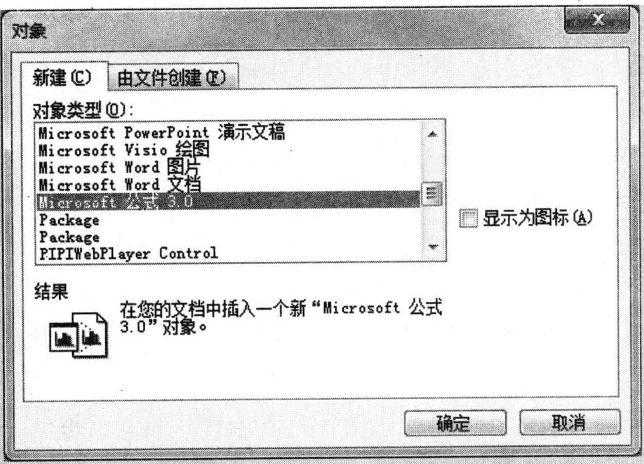

图 7-2 “对象”对话框

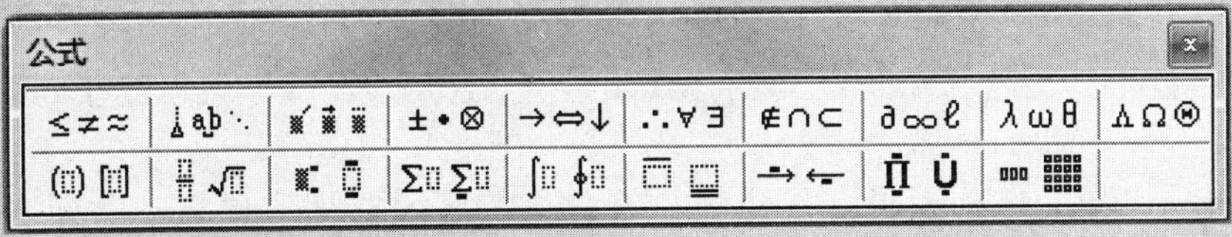

图 7-3 “公式”工具栏

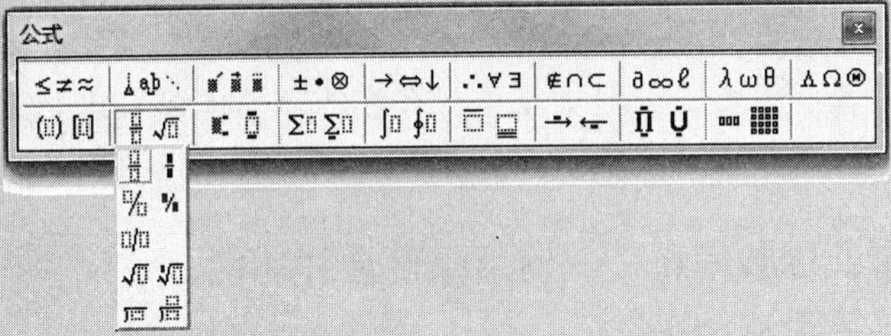

图 7-4 “分式和根式”模板

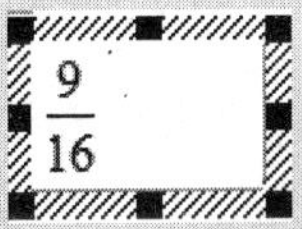

图 7-5 文本框

- 插入根式：在“公式”工具栏中，单击“分式和根式”模板中的相应“根式”按钮。如输入“$\sqrt{2}$”，确定插入点位置，在“公式”工具栏中，选择“分式和根式”模板中相应的“根式”按钮，如图 7-4 所示。在文档中将出现一个文本框，在相应的位置输入数字“2”，在文本框外单击鼠标左键即可。
- 插入上标或下标：如输入“$A_6^6A_2^2$”，确定插入点位置，在“公式”工具栏中，单击“上标和下标”模板中相应的按钮，如图 7-6 所示，在文档中将出现一个文本框，在相应的位置输入数字，在文本框外单击鼠标左键即可，如图 7-7 所示。

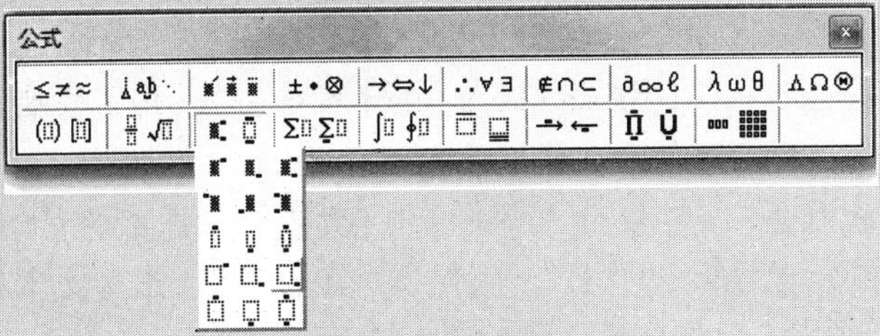

图 7-6 “上标和下标”模板

$$A_6^6A_2^2$$

图 7-7 “上标和下标”样例

➢ 插入围栏模板：如输入“$|F_1P|\times|F_2P|$”。确定插入点位置，在“公式”工具栏中，单击“围栏”模板中相应的按钮，在文本框中输入“F”，单击“上标和下标”模板中相应的按钮，在文本框中相应位置输入“1”，再输入“P”，单击“围栏”模板中相应的按钮，单击“运算符号”模板中的乘号按钮。重复上面的操作，完成$|F_2P|$的输入操作。

在编辑公式时，光标总是位于当前的插入槽中，插入结构之后，光标将自动插到该结构的空插槽中。通过键盘移动光标或单击某一插槽，均可移动插入点光标的位置，以便使插入点光标位于不同的插槽中。建立公式时，在公式编辑框外单击鼠标左键，可退出公式编辑状态；在公式上单击鼠标，可进入公式编辑状态。所建立的公式默认文字环绕方式为“嵌入式”，所以可把整个公式当作字符来对待，其选定、复制、移动、删除等操作与字符的相应操作一致。

2. 如何建立文档模板

同一种类型的文档一般具有相同的格式和结构，使用“模板”可以加快创建文档的速度。通常创建模板有以下两种方法：

（1）根据已有文档创建模板。首先打开已排好版的文档，选择“文件”→“另存为…”命令，在“另存为”对话框中的“保存类型”列表框中选择“文档模板”选项，然后输入文件名，单击“保存”按钮即可。

（2）新建一个模板。选择“文件”→“新建…”命令，在“新建”任务窗格中选择“本机上的模板”或“网站上的模板”命令，可以基于已存在的文档模板来建立文档，从而大大提高工作效率。

实例 12：点燃希望，你我同行——使用邮件合并功能，制作“慈善活动请柬”

“用心点燃希望，用爱撒播人间。这是心的呼唤，这是梦的起航！”曙光慈善会举行“点燃希望，你我同行”希望工程义演活动，特邀社会财团及仁人志士参与活动。请为慈善会设计请柬，并使用邮件合并功能，实现为“特邀嘉宾信息表”中的每一位嘉宾撰写一份请柬（在“素材”文件夹中已有“特邀嘉宾信息表”）。

（1）根据样张，在 D 盘根目录建立主文档“慈善活动请柬”，插入“素材”文件夹中的“叶子.png ”图片，设置其与纸张等大，置于底层。

（2）标题“请柬”为艺术字：设置格式为“隶书”、字号为“36 号”、艺术字样式为“第一列第三个”，填充色为双色渐变 “深红到红色中心辐射变形 2 样式”。

（3）左上角插入文字：“给予而不求回报”、“付出而不顾安危”、“爱，谁不祈盼拥有”、“当爱成为责任”、“我们必当面对”、“点燃希望，你我同行…”。并设置插入文字格式为“华文彩云”、字号为“小二号”、颜色为“紫罗兰色”。

（4）正文文字格式为“微软雅黑”、字号为“小一号”、颜色为“深红色”。落款文字格式为“宋体”、字形为“加粗”、字号为“二号”、颜色为“深红色”；正文文本框颜色填充水平渐变为“玫瑰红渐变到白色”，文字竖排，如图 7-8 所示。

（5）合并邮件。

图 7-8 “请柬”样张

实例分析

- 建立主文档“慈善活动请柬”，设置页面方向为横向，插入图片，并设置图片格式。
- 插入艺术字，并设置艺术字格式。
- 输入文本，并设置文字及段落格式。
- 插入文本框，并输入文字，设置文本框格式，设置文本格式及文字方向。
- 合并邮件。

操作步骤

1. 建立主文档“慈善活动请柬”

（1）新建文档。在 Word 2003 中，选择“文件”→“新建…”命令，在“新建文档”任务窗格中，选择新建“空白文档”选项，新建名为“文档 1”的空白文档。

（2）保存文档。选择“文件”→“保存…”命令，在“另存为”对话框中，设置“保存位置”为 D 盘，文件名为“慈善活动请柬”，保存类型为“Word 文档”，单击“保存”按钮。

（3）选择“文件”→“页面设置…”命令，在“页面设置”对话框中，设置方向为“横向”，上、下、左、右页边距为 0 厘米，单击“确定”按钮。

（4）选择“插入”→“图片”→“来自文件…”命令，在“插入图片”对话框中，选择“素材\叶子.png”，单击“插入”按钮。调整图片大小，使图片与纸张等大。

（5）选择“插入”→“图片”→“艺术字…”命令，在“艺术字库”对话框中，选择“第一列第三个样式”，单击“确定”按钮。在“编辑‘艺术字’文字”对话框中，输入文字“请”，并设置为“隶书”、“36 号”，单击“确定”按钮。右键单击“请”字，在快捷菜单中，选择“设置艺术字格式…”命令，在“设置艺术字格式…”对话框中，选择填充双色渐变 “深红到红色中心辐射变形 2 样式”，单击“确定”按钮。复制“请”字并改为“柬”字，粘贴在适当位置，如图 7-8 所示。

（6）将插入点定位于左上角，选择“插入”→“文本框”→“横排”命令，在文本框中输入“给予而不求回报 付出而不顾安危 爱，谁不祈盼拥有 当爱成为责任 我们必当面对 点燃希望，你我同行…”。选定文字，选择“格式”→“字体…”命令，在“字体”

对话框中，设置为“紫罗兰色”、“华文彩云”、“小二号”，单击“确定”按钮。

（7）选择“插入”→“文本框”→“横排”命令，在文本框中输入正文文字，如图 7-8 所示，选定正文文字，选择“格式”→“字体…”命令，在“字体”对话框中，设置为“深红色”、“微软雅黑”、“小一号”，单击“确定”按钮。选定落款文字，选择“格式”→“字体…”命令，在“字体”对话框中，设置为“深红色”、“宋体”、“二号”、“加粗”，单击“确定”按钮。

（8）选定文本框，选择“格式”→“文字方向…”命令，在“文字方向-文本框”对话框中，如图 7-9 所示，单击“确定”按钮。

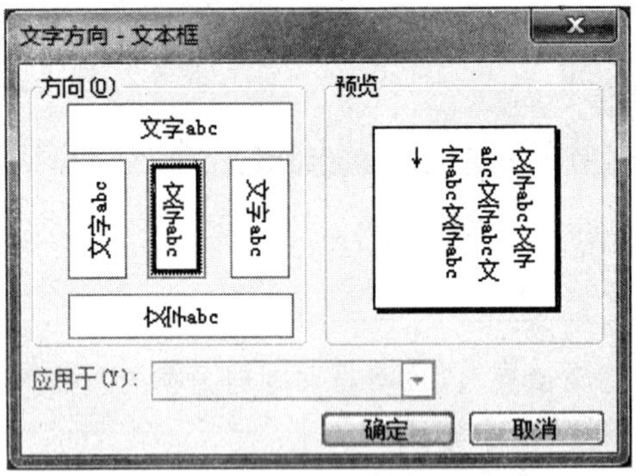

图 7-9 “文字方向-文本框”对话框

（9）右键单击文本框，在快捷菜单中，选择“设置文本框格式…”命令，在“设置文本框格式…”对话框中，设置文本框颜色填充水平渐变为“玫瑰红渐变到白色”，单击“确定”按钮。

2. 邮件合并

选择“工具”→“信函与邮件”→“邮件合并…”命令，如图 7-10 所示，打开“邮件合并”任务窗格。在“邮件合并”任务窗格中选择正在使用的文档类型为“信函”，选择“下一步 正在启动文档”命令，如图 7-11 所示。在“邮件合并”任务窗格中，选择“使用当前文档”命令，选择“下一步 选取收件人”命令，如图 7-12 所示。在“邮件合并”任务窗格中，选择“使用现有列表”命令，单击“浏览…”按钮，如图 7-13 所示，打开“选取数据源”对话框。在对话框中选择“素材”文件夹中的“特邀嘉宾信息表”，单击“打开”按钮，如图 7-14 所示，打开“邮件合并收件人”对话框，单击“全选”按钮，再单击“确定”按钮，如图 7-15 所示。在“邮件合并”任务窗格中，选择“下一步 撰写信函”命令，如图 7-16 所示。将插入点定位到“先生/女士”之前，在“邮件合并”任务窗格中，单击“其他项目…”按钮，如图 7-17 所示，打开“插入合并域”对话框。在“插入合并域”对话框中，选择“数据库域”、“姓名”，单击“插入”按钮，再单击“关闭”按钮，如图 7-18 所示，将在插入点处插入域“姓名”。

在“邮件合并”任务窗格中，选择“下一步 预览信函”命令，如图 7-19 所示，核实无误后，选择“下一步 完成合并”命令，再在“邮件合并”任务窗格中，选择“编辑个人信函…”命令，如图 7-20 所示，打开“合并到新文档”对话框，选择合并记录为“全部”，单击“确定”按钮，如图 7-21 所示，即可完成合并邮件的操作。以“慈善活动请柬”为文件名，将文档保存到 D 盘。

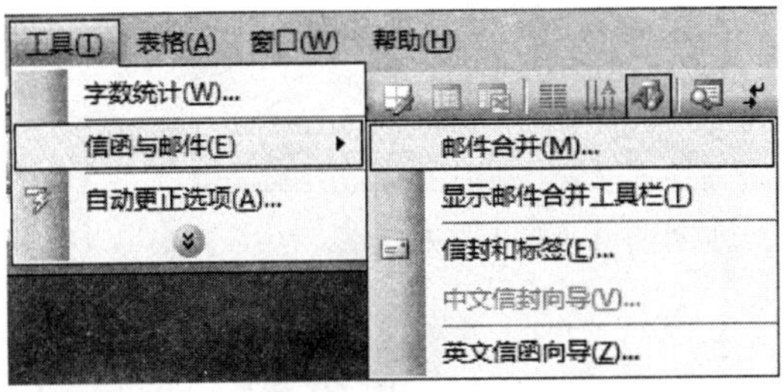

图 7-10　“工具”菜单

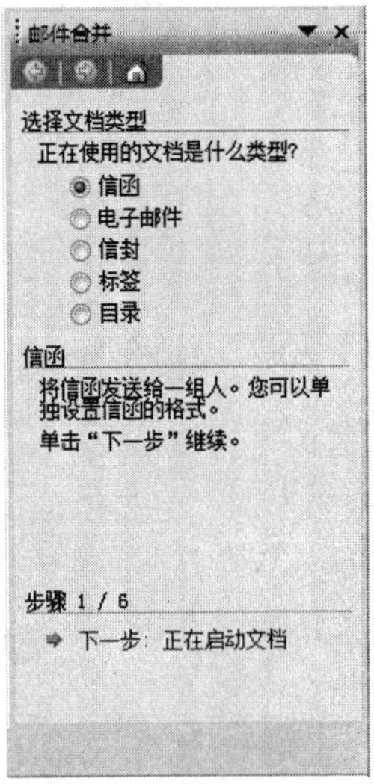

图 7-11　正在启动文档命令

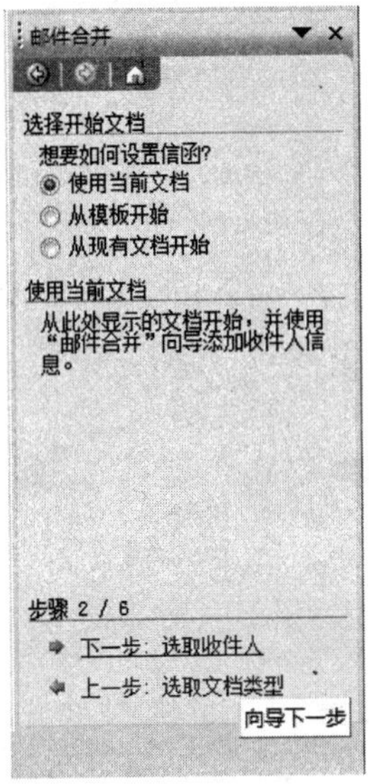

图 7-12　选取收件人命令

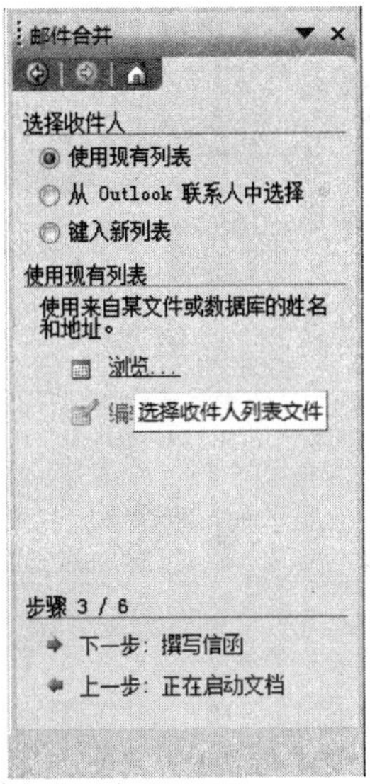

图 7-13　使用现有列表命令

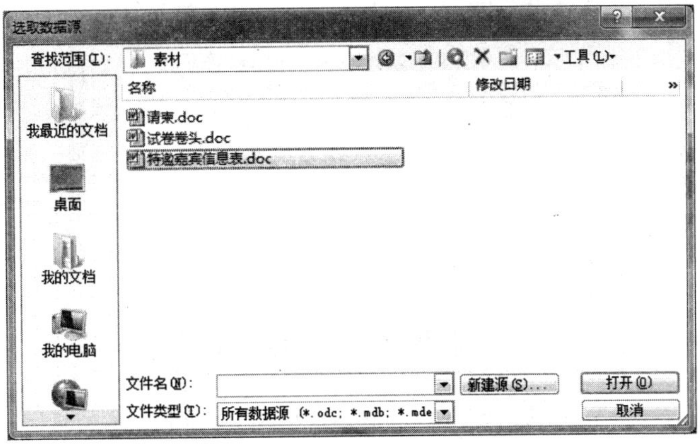

图 7-14　“选取数据源”对话框

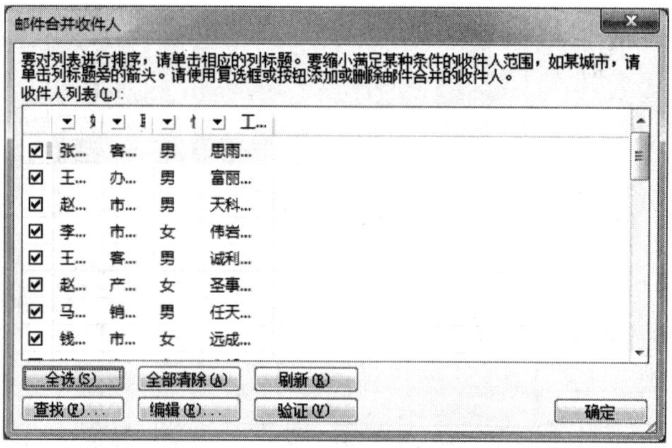

图 7-15　“邮件合并收件人”对话框

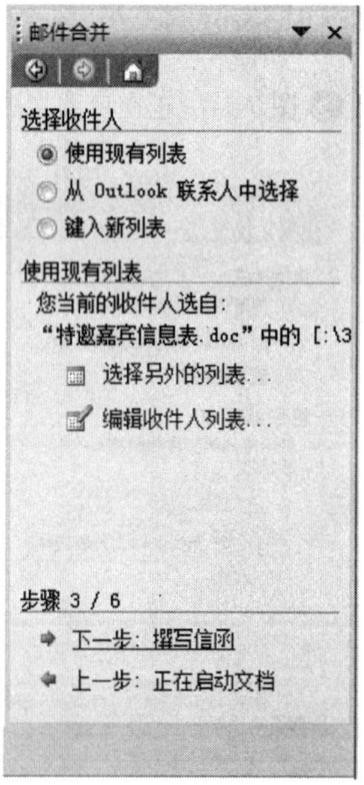

图 7-16　撰写信函命令

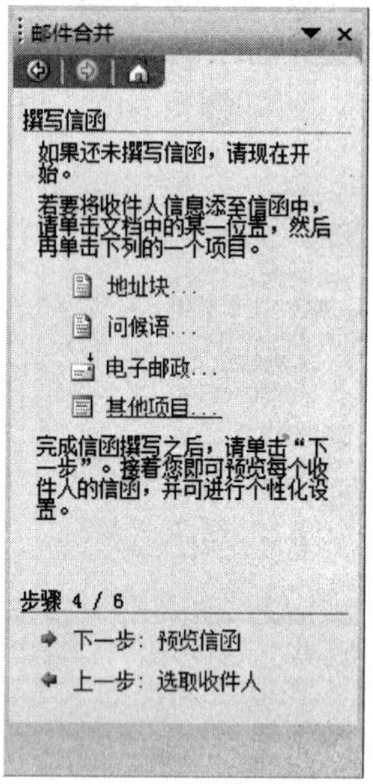

图 7-17　其他项目命令

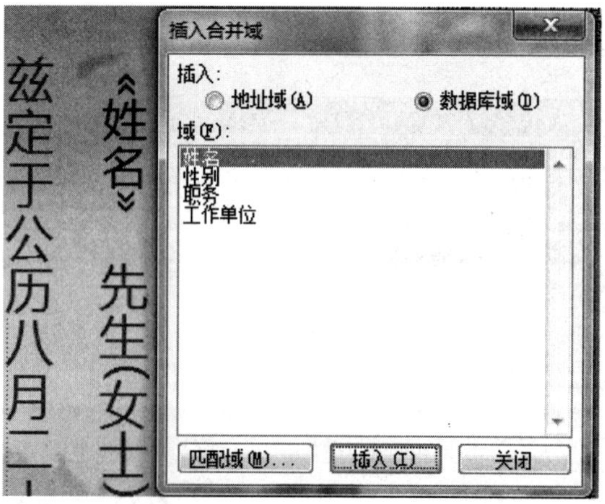

图 7-18　“插入合并域”对话框

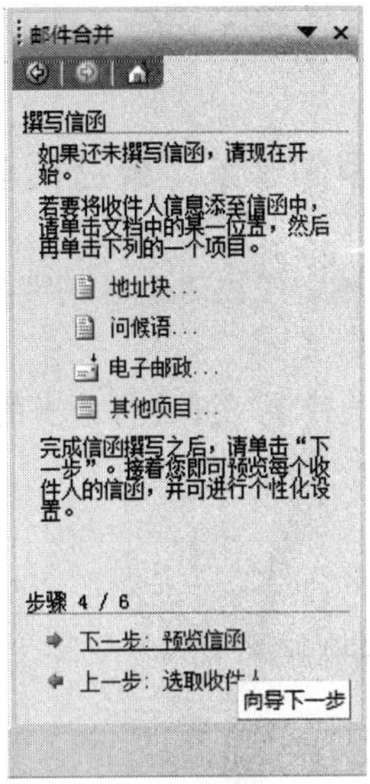

图 7-19　预览信函命令

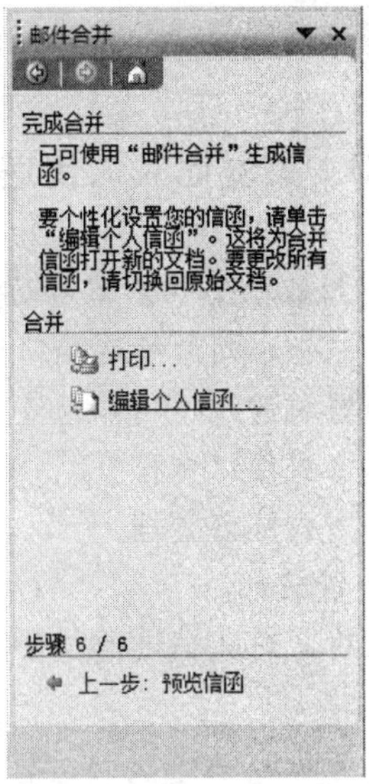

图 7-20　编辑个人信函命令

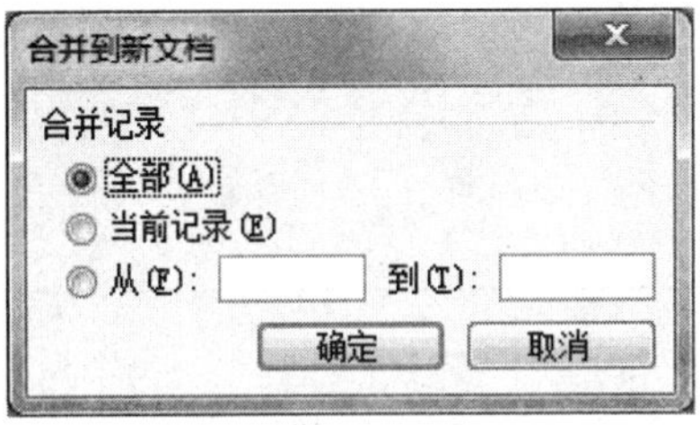

图 7-21　“合并到新文档”对话框

小技巧

1. 什么是邮件合并

如果希望创建一组具有统一格式、内容相近，但接收对象不同的文档，可使用 Word 2003 提供的邮件合并功能。邮件合并就是把数据源和主文档合并成一个新的文档，对指定的全部或部分记录在新文档中生成相应的内容。使用邮件合并首先要设置主文档，创建主文档后，确定接收对象。

2. 数据源的含义

数据源是含在合并文档的各副本中不相同的数据文件。数据源可以是收件人的姓名、地址、邮政编码等。数据源就像简单的表格，数据源中的每一列为一个信息类别（即数据域），每一数据域的名称列在第一行的单元格中，此行为域名记录，剩下的每一行包含一组完整的相关信息，如姓名、性别、职务、地址及工作单位等。可使用多种类型的数据源，包括 Microsoft Word 表格、Microsoft Excel 工作表、Microsoft Outlook 联系人列表、Microsoft Access 数据库和 ASCII 文本文件等。既可使用现有列表或使用 Outlook 联系人列表也可使用输入新列表来进行邮件合并。使用邮件合并可把较复杂的工作简单化，有效提高工作效率，轻松快捷地完成工作任务。

实例 13：关爱他人，传递爱心——审阅修改“公益活动策划书”文档

学生会主席小刘拟写了“公益活动策划书”文档交于校团委书记进行修改，校团委提出如下修改意见，并让小刘最终定稿，请帮助完成。

（1）使用“拼写和语法”功能检查文章中存在的错误，并进行恰当的修改。

（2）以嵌入的方式修订文档。

（3）以气球的方式修订文档。

（4）接受/拒绝修订。

（5）改稿完成后，对文档进行加密，密码为“gatrcdax”。

实例分析

- 使用“拼写和语法”功能检查校对文档。
- 以嵌入的方式修订文档。
- 以气球的方式修订文档。
- 接受/拒绝修订。
- 文档加密操作。

操作步骤

1．检查拼写与语法

（1）打开“素材”文件夹中的“公益活动策划书”文档，由于文档中含有拼写和语法错误，在状态栏中显示“发现校对错误”图标。

（2）双击状态栏中的“发现校对错误”图标，系统自动定位在出现拼写或语法错误的位置，并显示快捷菜单，如图 7-22 所示。

（3）选择快捷菜单中的“语法”命令，打开“语法:中文(中国)”对话框，在“建议”列表框中，以加粗红色方式标出语法错误部分，并提示“Delete repeted word”，如 图 7-23 所示。

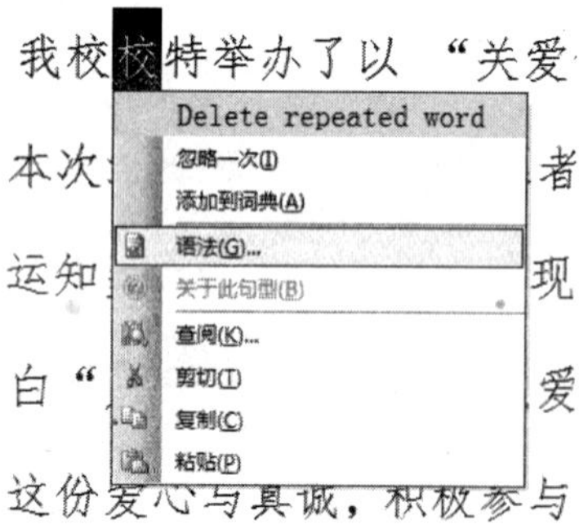

图 7-22 “错误检查”快捷菜单

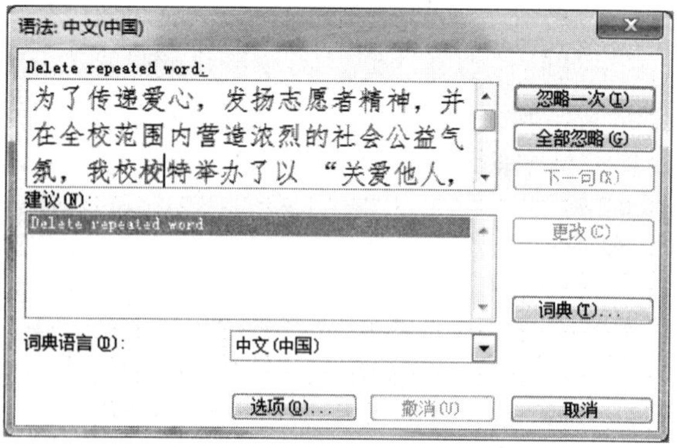

图 7-23 “语法:中文(中国)”对话框

（4）删除重复文字，单击“更改”按钮。若系统认定的错误不需要修改，可单击“忽略一次”按钮，忽略当前错误提示，若系统认定的错误都不需要修改，可单击“全部忽

略”按钮，忽略全部错误提示。若单击“取消”按钮将关闭对话框。如果还含有系统认定的错误，在“语法”对话框中会显示下一处错误。根据实际情况，逐项加以修改。

（5）全文检查修改完毕，状态栏中“拼写和语法”图标将显示为 。将更改后的文档另存到 D 盘，文件名为“公益活动策划书 1”。

文档编辑完成，可以进一步修改文件，也可将其传送给他人帮助修改，为了让对方清楚地知道修改了文档中的哪些内容，Word 2003 提供了修订功能。提供两种显示修订的方式：一是以嵌入的方式显示修订本，二是以气球的方式显示修订本。

2. 以嵌入的方式修订文档

（1）打开 D 盘的“公益活动策划书 1”文档，选择“工具”→“修订”命令，如图 7-24 所示，启动“审阅”工具栏，打开修订功能。在“审阅”工具栏中，选择“显示”→“气球”→“从不”命令，将以嵌入方式显示所有修订，如图 7-25 所示。

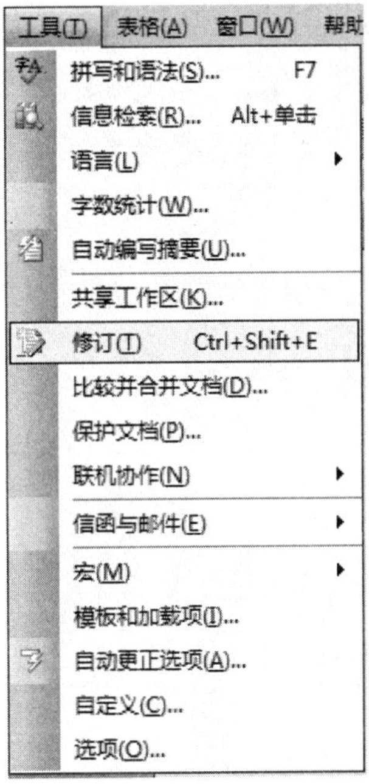

图 7-24　“工具”菜单“修订”命令

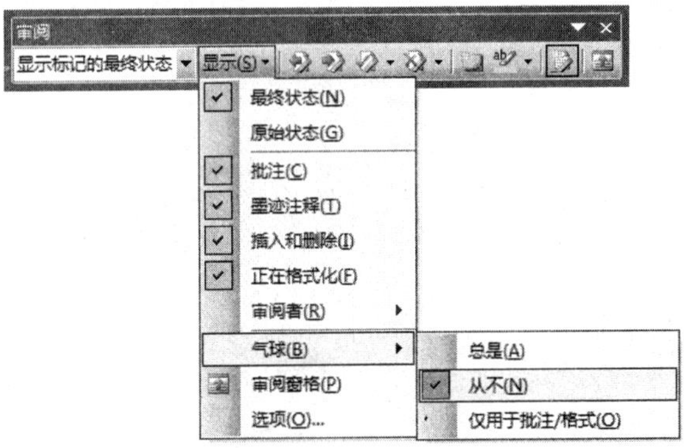

图 7-25　“审阅”工具栏

（2）开始阅读文档，选择第一自然段中的“气氛”并将其改为“氛围”，将显示如图 7-26 所显示的效果。

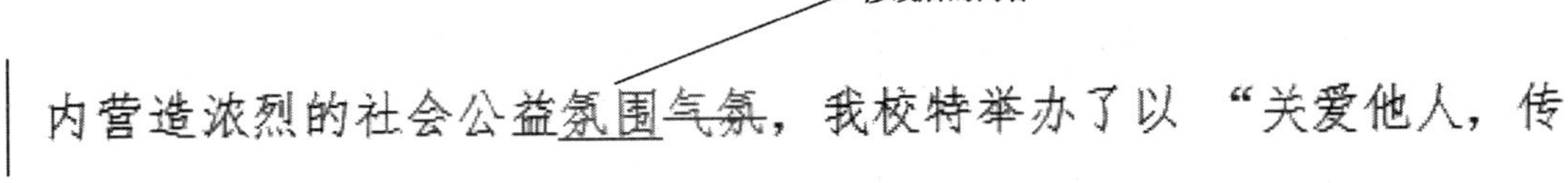

图 7-26　修改文档中的内容

（3）以同样的方式，完成全文修订，修订后如图 7-27 所示。

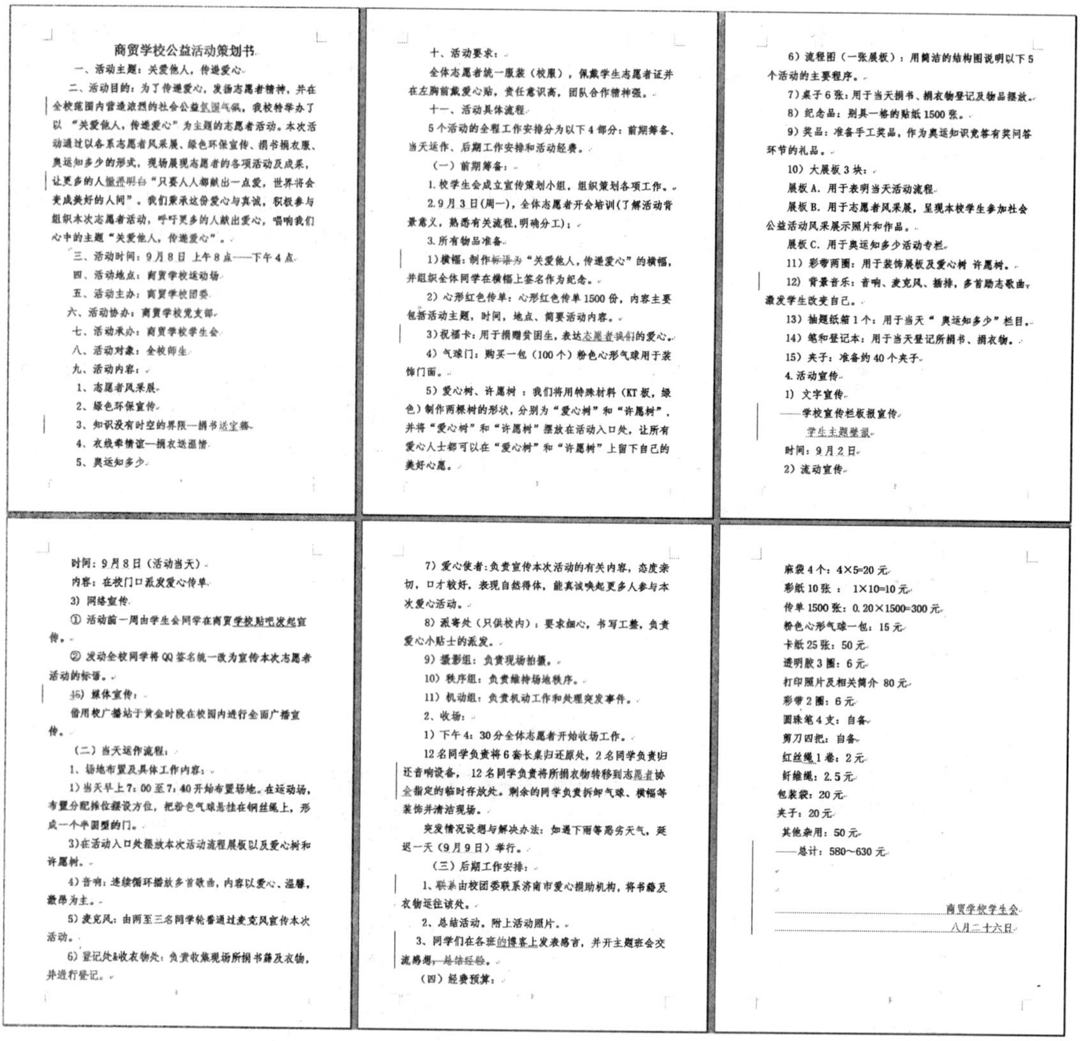

商贸学校公益活动策划书

一、活动主题：关爱他人，传递爱心。

二、活动目的：为了传递爱心，发扬志愿者精神，并在全校范围内营造浓烈的社会公益氛围气氛，我校特举办了以“关爱他人，传递爱心”为主题的志愿者活动。本次活动通过以各系志愿者风采展、绿色环保宣传、捐书捐衣服、奥运知多少的形式，现场展现志愿者的各项活动及成果，让更多的人懂得明白“只要人人都献出一点爱，世界将会变成美好的人间”。我们秉承这份爱心与真诚，积极参与组织本次志愿者活动，呼吁更多的人献出爱心，唱响我们心中的主题“关爱他人，传递爱心”。

三、活动时间：9 月 8 日 上午 8 点——下午 4 点

四、活动地点：商贸学校运动场

五、活动主办：商贸学校团委

六、活动协办：商贸学校党支部

七、活动承办：商贸学校学生会

八、活动对象：全校师生

九、活动内容：

1、志愿者风采展

2、绿色环保宣传

3、知识没有时空的界限—捐书送书籍

4、衣线牵情谊—捐衣送温情

5、奥运知多少

十、活动要求：

全体志愿者统一服装（校服），佩戴学生志愿者证并在左胸前戴爱心贴，责任意识高，团队合作精神强。

十一、活动具体流程

5 个活动的全程工作安排分为以下 4 部分：前期筹备、当天运作、后期工作安排和活动经费。

（一）前期筹备：

1.校学生会成立宣传策划小组，组织策划各项工作。

2.9 月 3 日(周一)，全体志愿者开会培训(了解活动背景意义，熟悉有关流程，明确分工)；

3.所有物品准备

1）横幅：制作标语为“关爱他人，传递爱心”的横幅，并组织全体同学在横幅上签名作为纪念。

2）心形红色传单：心形红色传单 1500 份，内容主要包括活动主题，时间，地点、简要活动内容。

3）祝福卡：用于捐赠贫困生，表达志愿者诚挚的爱心。

4）气球门：购买一包（100 个）粉色心形气球用于装饰门面。

5）爱心树、许愿树：我们将用特殊材料（KT 板，绿色）制作两棵树的形状，分别为“爱心树”和“许愿树”，并将“爱心树”和“许愿树”摆放在活动入口处，让所有爱心人士都可以在“爱心树”和“许愿树”上留下自己的美好心愿。

6）流程图（一张展板）：用简洁的结构图说明以下 5 个活动的主要程序。

7）桌子 6 张：用于当天捐书、捐衣物登记及物品摆放。

8）纪念品：别具一格的贴纸 1500 张。

9）奖品：准备手工奖品，作为奥运知识竞答有奖问答环节的礼品。

10）大展板 3 块：

展板 A. 用于表明当天活动流程

展板 B. 用于志愿者风采展，呈现本校学生参加社会公益活动风采展示照片和作品。

展板 C. 用于奥运知多少活动专栏

11）彩带两圈：用于装饰展板及爱心树 许愿树。

12）背景音乐：音响、麦克风、插排，多首励志歌曲，激发学生改变自己。

13）抽题纸箱 1 个：用于当天“ 奥运知多少”栏目。

14）笔和登记本：用于当天登记所捐书、捐衣物。

15）夹子：准备约 40 个夹子

4.活动宣传

1）文字宣传

——学校宣传栏板报宣传

学生主题墙报

时间：9 月 2 日

2）流动宣传

时间：9 月 8 日（活动当天）

内容：在校门口派发爱心传单

3）网络宣传

① 活动前一周由学生会同学在商贸学校贴吧发起宣传。

② 发动全校同学将 QQ 签名统一改为宣传本次志愿者活动的标语。

45）媒体宣传：

借用校广播站于黄金时段在校园内进行全面广播宣传。

（二）当天运作流程：

1、场地布置及具体工作内容：

1）当天早上 7：00 至 7：40 开始布置场地。在运动场，布置分配摊位摆设方位，把粉色气球悬挂在钢丝绳上，形成一个半圆型的门。

3)在活动入口处摆放本次活动流程展板以及爱心树和许愿树。

4)音响：连续循环播放多首歌曲，内容以爱心、温馨，激昂为主。

5)麦克风：由两至三名同学轮番通过麦克风宣传本次活动。

6）登记处&收衣物处：负责收集现场所捐书籍及衣物，并进行登记。

7）爱心使者：负责宣传本次活动的有关内容，态度亲切，口才较好，表现自然得体，能真诚唤起更多人参与本次爱心活动。

8）派寄处（只供校内）：要求细心，书写工整，负责爱心小贴士的派发。

9）摄影组：负责现场拍摄。

10）秩序组：负责维持场地秩序。

11）机动组：负责机动工作和处理突发事件。

2、收场：

1）下午 4：30 分全体志愿者开始收场工作。

12 名同学负责将 6 套长桌归还原处，2 名同学负责归还音响设备，12 名同学负责将所捐衣物转移到志愿者协会指定的临时存放处。剩余的同学负责拆卸气球、横幅等装饰并清洁现场。

突发情况设想与解决办法：如遇下雨等恶劣天气，延迟一天（9 月 9 日）举行。

（三）后期工作安排：

1、联系由校团委联系济南市爱心捐助机构，将书籍及衣物运往该处。

2、总结活动，附上活动照片。

3、同学们在各班的博客上发表感言，并开主题班会交流感想，总结经验。

（四）经费预算：

麻袋 4 个：4×5=20 元

彩纸 10 张 ： 1×10=10 元

传单 1500 张：0.20×1500=300 元

粉色心形气球一包：15 元

卡纸 25 张：50 元

透明胶 3 圈：6 元

打印照片及相关简介 80 元

彩带 2 圈：6 元

圆珠笔 4 支：自备

剪刀四把：自备

红丝绳 1 卷：2 元

纤维绳：2.5 元

包装袋：20 元

夹子：20 元

其他杂用：50 元

——总计：580～630 元

商贸学校学生会

八月二十六日

图 7-27　以嵌入的方式修订文档

修订完成后，文档中不仅含有修订前的内容，还含有修订后的内容，看起来有些不便，为了更方便查看修订的最终结果，可单击“审阅”工具栏中“显示标记的最终状态”下拉列表框，如图 7-28 所示，从中选择“最终状态”选项，得到如图 7-29 所示的文档修订效果。

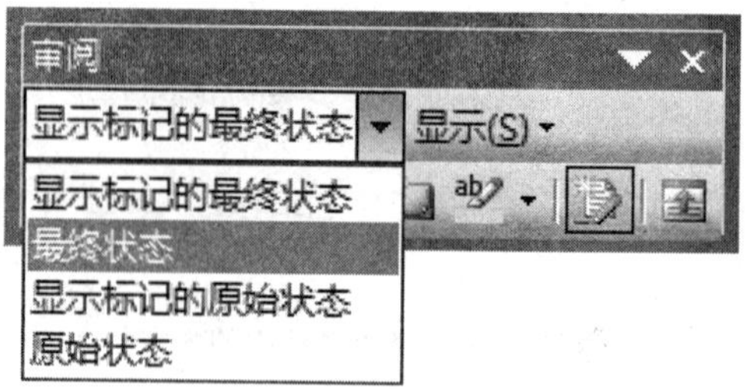

图 7-28　“审阅”工具栏

商贸学校公益活动策划书

一、活动主题：关爱他人，传递爱心

二、活动目的：为了传递爱心，发扬志愿者精神，并在全校范围内营造浓烈的社会公益氛围，我校特举办了以"关爱他人，传递爱心"为主题的志愿者活动。本次活动通过以各系志愿者风采展、绿色环保宣传、捐书捐衣服、奥运知多少的形式，现场展现志愿者的各项活动及成果，让更多的人懂得"只要人人都献出一点爱，世界将会变成美好的人间"。我们秉承这份爱心与真诚，积极参与组织本次志愿者活动，呼吁更多的人献出爱心，唱响我们心中的主题"关爱他人，传递爱心"。

三、活动时间：9月8日 上午8点——下午4点

四、活动地点：商贸学校运动场

五、活动主办：商贸学校团委

六、活动协办：商贸学校党支部

七、活动承办：商贸学校学生会

八、活动对象：全校师生

九、活动内容：

1、志愿者风采展

2、绿色环保宣传

3、知识没有时空的界限—捐书送宝

4、衣线牵情谊—捐衣送温情

5、奥运知多少

十、活动要求：

全体志愿者统一服装（校服），佩戴学生志愿者证并在左胸前戴爱心贴，责任意识高，团队合作精神强。

十一、活动具体流程

5个活动的全程工作安排分为以下4部分：前期筹备、当天运作、后期工作安排和活动经费。

（一）前期筹备：

1.校学生会成立宣传策划小组，组织策划各项工作。

2.9月3日(周一)，全体志愿者开会培训(了解活动背景意义，熟悉有关流程，明确分工)；

3.所有物品准备

1）横幅：制作"关爱他人，传递爱心"的横幅，并组织全体同学在横幅上签名作为纪念。

2）心形红色传单：心形红色传单1500份，内容主要包括活动主题，时间，地点、简要活动内容。

3）祝福卡：用于捐赠贫困生，表达志愿者的爱心。

4）气球门：购买一包（100个）粉色心形气球用于装饰门面。

5）爱心树、许愿树 ：我们将用特殊材料（KT板，绿色）制作两棵树的形状，分别为"爱心树"和"许愿树"，并将"爱心树"和"许愿树"摆放在活动入口处，让所有爱心人士都可以在"爱心树"和"许愿树"上留下自己的美好心愿。

6）流程图（一张展板）：用简洁的结构图说明以下5个活动的主要程序。

7）桌子6张：用于当天捐书、捐衣物登记及物品摆放。

8）纪念品：别具一格的贴纸1500张。

9）奖品：准备手工奖品，作为奥运知识竞答有奖问答环节的礼品。

10）大展板3块：

展板A. 用于表明当天活动流程

展板B. 用于志愿者风采展，呈现本校学生参加社会公益活动风采展示照片和作品。

展板C. 用于奥运知多少活动专栏

11）彩带两圈：用于装饰展板及爱心树 许愿树。

12）背景音乐：音响、麦克风、插排，多首励志歌曲激发学生改变自己。

13）抽题纸箱1个：用于当天" 奥运知多少"栏目。

14）笔和登记本：用于当天登记所捐书、捐衣物。

15）夹子：准备约40个夹子

4.活动宣传

1）文字宣传

学校宣传栏板报宣传

学生主题壁报

时间：9月2日

2）流动宣传

时间：9月8日（活动当天）

内容：在校门口派发爱心传单

3）网络宣传

① 活动前一周由学生会同学在商贸学校贴吧发起宣传。

② 发动全校同学将QQ签名统一改为宣传本次志愿者活动的标语。

4）媒体宣传：

借用校广播站于黄金时段在校园内进行全面广播宣传。

（二）当天运作流程：

1、场地布置及具体工作内容：

1）当天早上7：00至7：40开始布置场地。在运动场，布置分配摊位摆设方位，把粉色气球悬挂在钢丝绳上，形成一个半圆型的门。

3)在活动入口处摆放本次活动流程展板以及爱心树和许愿树。

4)音响：连续循环播放多首歌曲，内容以爱心、温馨，激昂为主。

5)麦克风：由两至三名同学轮番通过麦克风宣传本次活动。

6)登记处&收衣物处：负责收集现场所捐书籍及衣物，并进行登记。

7）爱心使者：负责宣传本次活动的有关内容，态度亲切，口才较好，表现自然得体，能真诚唤起更多人参与本次爱心活动。

8）派寄处（只供校内）：要求细心，书写工整，负责爱心小贴士的派发。

9）摄影组：负责现场拍摄。

10）秩序组：负责维持场地秩序。

11）机动组：负责机动工作和处理突发事件。

2、收场：

1）下午4：30分全体志愿者开始收场工作。

12名同学负责将6套长桌归还原处，2名同学负责归还音响设备， 12名同学负责将所捐衣物转移到志愿者协会指定的临时存放处。剩余的同学负责拆卸气球、横幅等装饰并清洁现场。

突发情况设想与解决办法：如遇下雨等恶劣天气，延迟一天（9月9日）举行。

（三）后期工作安排：

1、由校团委联系济南市爱心捐助机构，将书籍及衣物运往该处。

2、总结活动，附上活动照片。

3、同学们在各班的博客上发表感言，并开主题班会交流感想。

（四）经费预算：

麻袋4个：4×5=20元

彩纸10张 ： 1×10=10元

传单1500张：0.20×1500=300元

粉色心形气球一包：15元

卡纸25张：50元

透明胶3圈：6元

打印照片及相关简介 80元

彩带2圈：6元

圆珠笔4支：自备

剪刀四把：自备

红丝绳1卷：2元

纤维绳：2.5元

包装袋：20元

夹子：20元

其他杂用：50元

总计：580~630元

商贸学校学生会

八月二十六日

图7-29 修订后的最终效果

如果要恢复修订状态，可以选择"显示标记的最终状态"选项。如果要查看原文档的效果，可选择"原始状态"选项，得到如图7-30所示的效果。

3. 以气球的方式修订文档

使用气球方式修订文档比使用嵌入式修订文档更直观明了。下面介绍使用气球方式修订文档的方法，具体操作步骤如下：

（1）打开D盘的"公益活动策划书1"文档，选择"工具"→"修订"命令，启动"审阅"工具栏，打开修订功能。在"审阅"工具栏中，选择"显示"→"气球"→"总是"命令，将以气球方式显示所有修订。

（2）开始阅读文档，选择标题中的"气氛"并将其改为"氛围"，将显示如图7-31所示的效果。

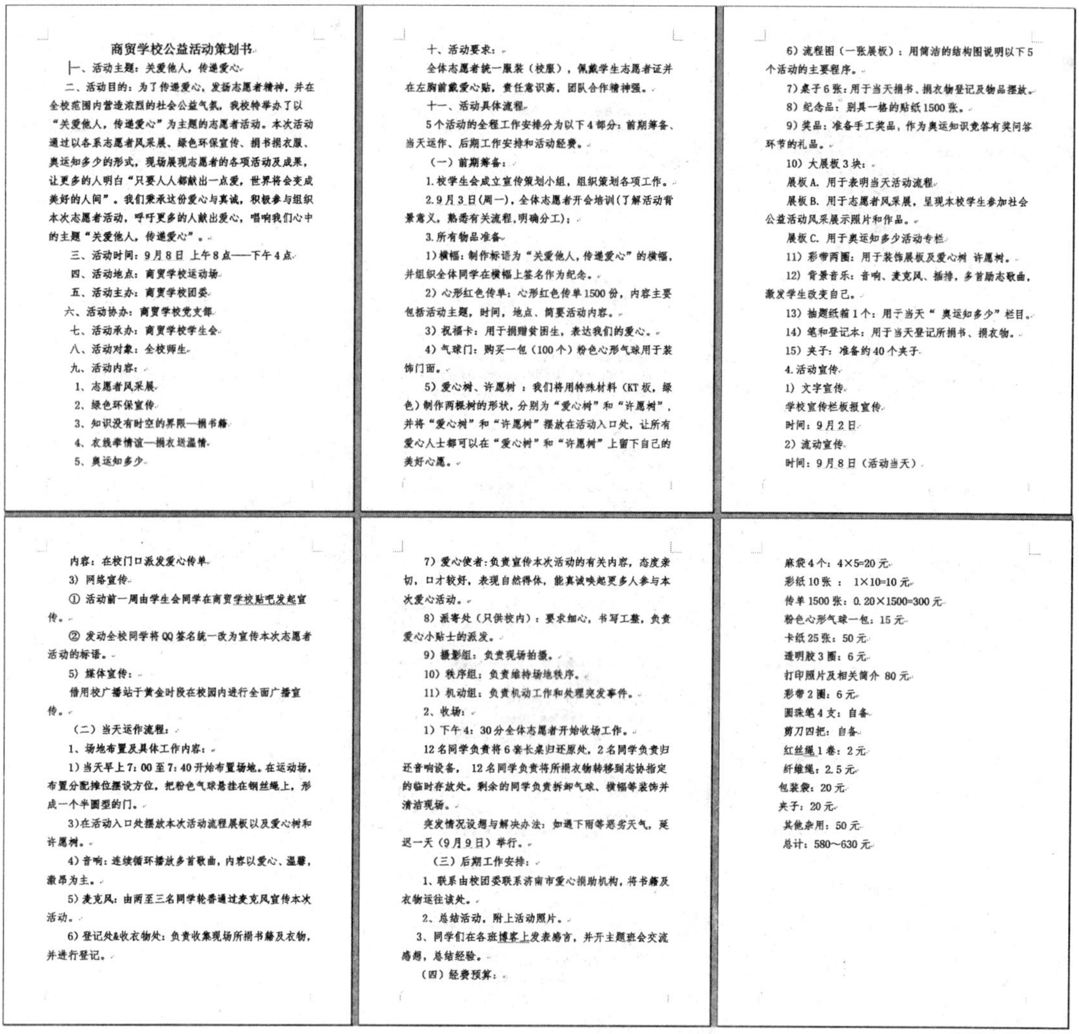

商贸学校公益活动策划书

一、活动主题：关爱他人，传递爱心

二、活动目的：为了传递爱心，发扬志愿者精神，并在全校范围内营造浓烈的社会公益气氛，我校特举办了以“关爱他人，传递爱心”为主题的志愿者活动。本次活动通过以各系志愿者风采展、绿色环保宣传、捐书捐衣服、奥运知多少的形式，现场展现志愿者的各项活动及成果，让更多的人明白“只要人人都献出一点爱，世界将会变成美好的人间”。我们秉承这份爱心与真诚，积极参与组织本次志愿者活动，呼吁更多的人献出爱心，唱响我们心中的主题“关爱他人，传递爱心”。

三、活动时间：9月8日 上午8点——下午4点

四、活动地点：商贸学校运动场

五、活动主办：商贸学校团委

六、活动协办：商贸学校党支部

七、活动承办：商贸学校学生会

八、活动对象：全校师生

九、活动内容：

1、志愿者风采展

2、绿色环保宣传

3、知识没有时空的界限—捐书籍

4、衣线牵情谊—捐衣送温情

5、奥运知多少

十、活动要求：

全体志愿者统一服装（校服），佩戴学生志愿者证并在左胸前戴爱心贴，责任意识高，团队合作精神强。

十一、活动具体流程

5个活动的全程工作安排分为以下4部分：前期筹备、当天运作、后期工作安排和活动经费。

（一）前期筹备：

1.校学生会成立宣传策划小组，组织策划各项工作。

2.9月3日(周一)，全体志愿者开会培训(了解活动背景意义，熟悉有关流程，明确分工)；

3.所有物品准备

1）横幅：制作标语为“关爱他人，传递爱心”的横幅，并组织全体同学在横幅上签名作为纪念。

2）心形红色传单：心形红色传单1500份，内容主要包括活动主题，时间，地点、简要活动内容。

3）祝福卡：用于捐赠贫困生，表达我们的爱心。

4）气球门：购买一包（100个）粉色心形气球用于装饰门面。

5）爱心树、许愿树：我们将用特殊材料（KT板，绿色）制作两棵树的形状，分别为“爱心树”和“许愿树”，并将“爱心树”和“许愿树”摆放在活动入口处，让所有爱心人士都可以在“爱心树”和“许愿树”上留下自己的美好心愿。

6）流程图（一张展板）：用简洁的结构图说明以下5个活动的主要程序。

7）桌子6张：用于当天捐书、捐衣物登记及物品摆放。

8）纪念品：别具一格的贴纸1500张。

9）奖品：准备手工奖品，作为奥运知识竞答有奖问答环节的礼品。

10）大展板3块：

展板A. 用于表明当天活动流程

展板B. 用于志愿者风采展，呈现本校学生参加社会公益活动风采展示照片和作品。

展板C. 用于奥运知多少活动专栏

11）彩带两圈：用于装饰展板及爱心树 许愿树。

12）背景音乐：音响、麦克风、插排，多首励志歌曲，激发学生改变自己。

13）抽题纸箱1个：用于当天“ 奥运知多少”栏目。

14）笔和登记本：用于当天登记所捐书、捐衣物。

15）夹子：准备约40个夹子

4.活动宣传

1）文字宣传

学校宣传栏板报宣传

时间：9月2日

2）流动宣传

时间：9月8日（活动当天）

内容：在校门口派发爱心传单

3）网络宣传

① 活动前一周由学生会同学在商贸学校贴吧发起宣传。

② 发动全校同学将QQ签名统一改为宣传本次志愿者活动的标语。

5）媒体宣传：

借用校广播站于黄金时段在校园内进行全面广播宣传。

（二）当天运作流程：

1、场地布置及具体工作内容：

1）当天早上7:00至7:40开始布置场地。在运动场，布置分配摊位摆设方位，把粉色气球悬挂在钢丝绳上，形成一个半圆型的门。

3)在活动入口处摆放本次活动流程展板以及爱心树和许愿树。

4）音响：连续循环播放多首歌曲，内容以爱心、温馨，激昂为主。

5）麦克风：由两至三名同学轮番通过麦克风宣传本次活动。

6）登记处&收衣物处：负责收集现场所捐书籍及衣物，并进行登记。

7）爱心使者：负责宣传本次活动的有关内容，态度亲切，口才较好，表现自然得体，能真诚唤起更多人参与本次爱心活动。

8）派寄处（只供校内）：要求细心，书写工整，负责爱心小贴士的派发。

9）摄影组：负责现场拍摄。

10）秩序组：负责维持场地秩序。

11）机动组：负责机动工作和处理突发事件。

2、收场：

1）下午4：30分全体志愿者开始收场工作。

12名同学负责将6套长桌归还原处，2名同学负责归还音响设备，12名同学负责将所捐衣物转移到志协指定的临时存放处。剩余的同学负责拆卸气球、横幅等装饰并清洁现场。

突发情况设想与解决办法：如遇下雨等恶劣天气，延迟一天（9月9日）举行。

（三）后期工作安排：

1、联系由校团委联系济南市爱心捐助机构，将书籍及衣物运往该处。

2、总结活动，附上活动照片。

3、同学们在各班博客上发表感言，并开主题班会交流感想，总结经验。

（四）经费预算：

麻袋4个：4×5=20元

彩纸10张 ： 1×10=10元

传单1500张：0.20×1500=300元

粉色心形气球一包：15元

卡纸25张：50元

透明胶3圈：6元

打印照片及相关简介 80元

彩带2圈：6元

圆珠笔4支：自备

剪刀四把：自备

红丝绳1卷：2元

纤维绳：2.5元

包装袋：20元

夹子：20元

其他杂用：50元

总计：580~630元

图 7-30 原文档效果

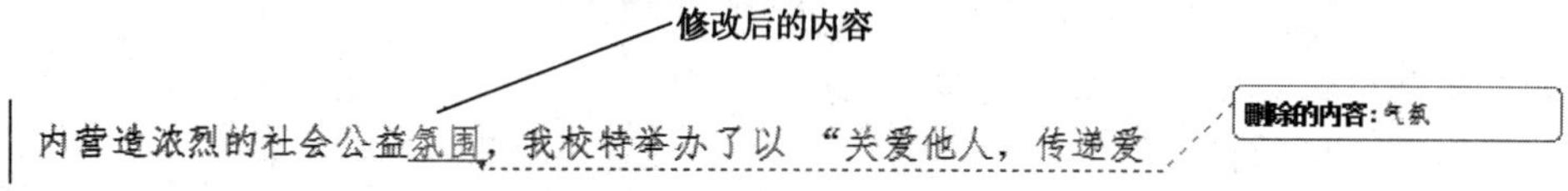

图 7-31 修改文档中的内容

（3）嵌入式修订方式与气球式修订方式只是显示效果不同，二者可以相互转换。通过“审阅”工具栏中的“显示”→“气球”子菜单，实现切换。将图 7-27 转换后的修订效果如图 7-32 所示。

4. 接受/拒绝修订

可根据实际情况接受或是拒绝他人的意见。在接受修订时，可根据需要逐条接受修订或一次性接受所有修订，具体操作步骤如下。

（1）打开 D 盘的“公益活动策划书 1”文档，确定当前以气球的方式显示修订。

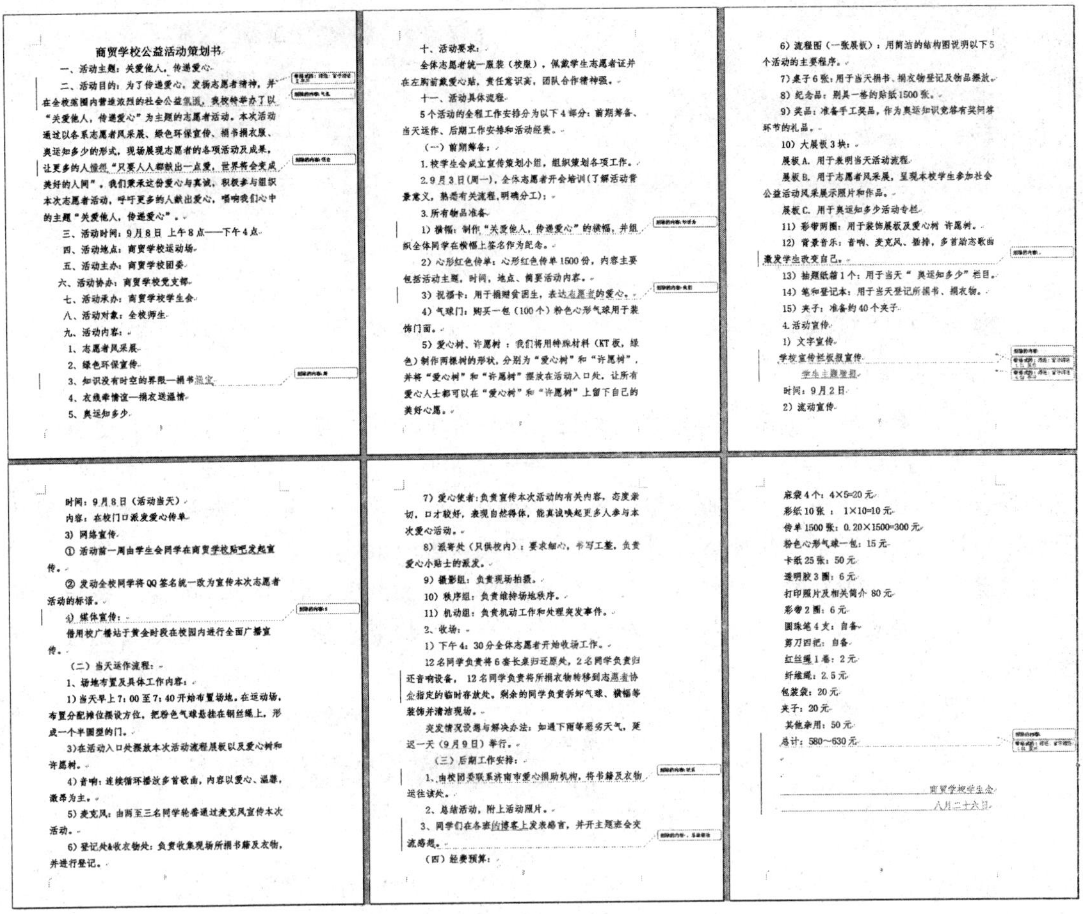

商贸学校公益活动策划书

一、活动主题：关爱他人，传递爱心

二、活动目的：为了传递爱心，发扬志愿者精神，并在全校范围内营造浓烈的社会公益氛围，我校特举办了以"关爱他人，传递爱心"为主题的志愿者活动。本次活动通过以各系志愿者风采展、绿色环保宣传、捐书捐衣服、奥运知多少的形式，现场展现志愿者的各项活动及成果，让更多的人懂得"只要人人都献出一点爱，世界将会变成美好的人间"。我们秉承这份爱心与真诚，积极参与组织本次志愿者活动，呼吁更多的人献出爱心，唤响我们心中的主题"关爱他人，传递爱心"。

三、活动时间：9月8日 上午8点——下午4点

四、活动地点：商贸学校运动场

五、活动主办：商贸学校团委

六、活动协办：商贸学校党支部

七、活动承办：商贸学校学生会

八、活动对象：全校师生

九、活动内容：

1、志愿者风采展

2、绿色环保宣传

3、知识没有时空的界限—捐书捐文

4、衣线牵情谊—捐衣送温情

5、奥运知多少

十、活动要求：

全体志愿者统一服装（校服），佩戴学生志愿者证并在左胸前戴爱心贴，责任意识灵，团队合作精神强。

十一、活动具体流程

5个活动的全程工作安排分为以下4部分：前期筹备、当天运作、后期工作安排和活动经费。

（一）前期筹备：

1.校学生会成立宣传策划小组，组织策划各项工作。

2.9月3日(周一)，全体志愿者开会培训(了解活动背景意义，熟悉有关流程，明确分工)：

3.所有物品准备

1）横幅：制作"关爱他人，传递爱心"的横幅，并组织全体同学在横幅上签名作为纪念。

2）心形红色传单：心形红色传单1500份，内容主要包括活动主题，时间，地点，简要活动内容。

3）祝福卡：用于捐赠贫困生，表达志愿者的爱心。

4）气球门：购买一包（100个）粉色心形气球用于装饰门面。

5）爱心树、许愿树：我们将用特殊材料（KT板，绿色）制作两棵树的形状，分别为"爱心树"和"许愿树"，并将"爱心树"和"许愿树"摆放在活动入口处，让所有爱心人士都可以在"爱心树"和"许愿树"上留下自己的美好心愿。

6）流程图（一张展板）：用简洁的结构图说明以下5个活动的主要程序。

7）桌子6张：用于当天捐书、捐衣物登记及物品摆放。

8）纪念品：别具一格的贴纸1500张。

9）奖品：准备手工奖品，作为奥运知识竞答有奖问答环节的礼品。

10）大展板3块：

展板A. 用于表明当天活动流程

展板B. 用于志愿者风采展，呈现本校学生参加社会公益活动风采展示照片和作品。

展板C. 用于奥运知多少活动专栏

11）彩带两捆：用于装饰展板及爱心树 许愿树。

12）背景音乐：音响、麦克风、插排，多首励志歌曲激发学生改变自己。

13）抽题纸箱1个：用于当天"奥运知多少"栏目。

14）笔和登记本：用于当天登记所捐书、捐衣物。

15）夹子：准备约40个夹子

4.活动宣传

1）文字宣传

学校宣传栏板报宣传

学生主题班会

时间：9月2日

2）流动宣传

时间：9月8日（活动当天）

内容：在校门口派发爱心传单

3）网络宣传

① 活动前一周由学生会同学在商贸学校贴吧发起宣传。

② 发动全校同学将QQ签名统一改为宣传本次志愿者活动的标语。

4）媒体宣传：

借用校广播站于黄金时段在校园内进行全面广播宣传。

（二）当天运作流程：

1、场地布置及具体工作内容：

1）当天早上7：00至7：40开始布置场地，在运动场，布置分配摊位摆设方位，把粉色气球悬挂在钢丝绳上，形成一个半圆型的门。

3)在活动入口处摆放本次活动流程展板以及爱心树和许愿树。

4）音响：连续循环播放多首歌曲，内容以爱心、温馨，激昂为主。

5）麦克风：由两至三名同学轮番通过麦克风宣传本次活动。

6）登记处&收衣物处：负责收集现场所捐书籍及衣物，并进行登记。

7）爱心使者：负责宣传本次活动的有关内容，态度亲切，口才较好，表现自然得体，能真诚唤起更多人参与本次爱心活动。

8）派寄处（只供校内）：要求细心，书写工整，负责爱心小贴士的派发。

9）摄影组：负责现场拍摄。

10）秩序组：负责维持场地秩序。

11）机动组：负责机动工作和处理突发事件。

2、收场：

1）下午4：30分全体志愿者开始收场工作。

12名同学负责将6套长桌归还原处，2名同学负责归还音响设备，12名同学负责将所捐衣物转移到志愿者协会指定的临时存放处。剩余的同学负责拆卸气球、横幅等装饰并清洁现场。

突发情况设想与解决办法：如遇下雨等恶劣天气，延迟一天（9月9日）举行。

（三）后期工作安排：

1、由校团委联系济南市爱心捐助机构，将书籍及衣物运往该处。

2、总结活动，附上活动照片。

3、同学们在各班的博客上发表感言，并开主题班会交流感想。

（四）经费预算：

麻袋4个：4×5=20元

彩纸10张：1×10=10元

传单1500张：0.20×1500=300元

粉色心形气球一包：15元

卡纸25张：50元

透明胶3圈：6元

打印照片及相关简介 80元

彩带2圈：6元

圆珠笔4支：自备

剪刀四把：自备

红丝绳1卷：2元

纤维绳：2.5元

包装袋：20元

夹子：20元

其他杂用：50元

总计：580～630元

商贸学校学生会

八月二十六日

图 7-32 以气球的方式修订效果

（2）单击文档右侧最上方的气球框，所选修订的边框线加粗显示，如图 7-33 所示。

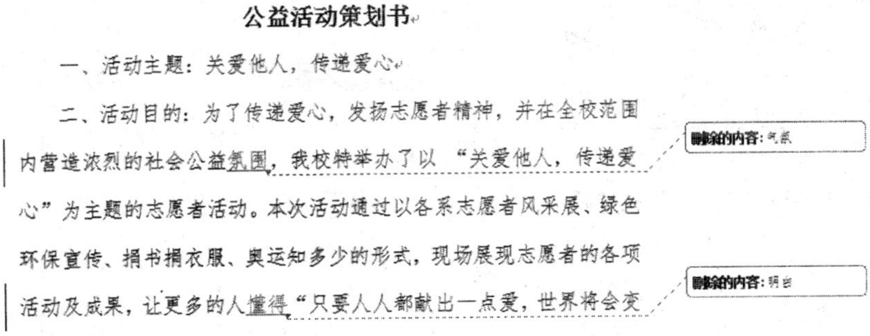

公益活动策划书

一、活动主题：关爱他人，传递爱心

二、活动目的：为了传递爱心，发扬志愿者精神，并在全校范围内营造浓烈的社会公益氛围，我校特举办了以"关爱他人，传递爱心"为主题的志愿者活动。本次活动通过以各系志愿者风采展、绿色环保宣传、捐书捐衣服、奥运知多少的形式，现场展现志愿者的各项活动及成果，让更多的人懂得"只要人人都献出一点爱，世界将会变

删除的内容：气氛

删除的内容：明白

图 7-33 选择修订框

（3）在"审阅"工具栏中，单击"接受所选修订"下拉按钮，打开"接受所选修订"下拉菜单。在"接受所选修订"下拉菜单中，选择"接受修订"命令，将接受当前选定修订，如图 7-34 所示。

根据以上方法可逐条接受修订，也可选择"接受对文档所做的所有修订"命令，一次性接受所有修订。如果要拒绝修订，既可逐条拒绝，如图 7-35 所示，也可选择"拒绝对文档所做的所有修订"命令，一次性拒绝所有修订。

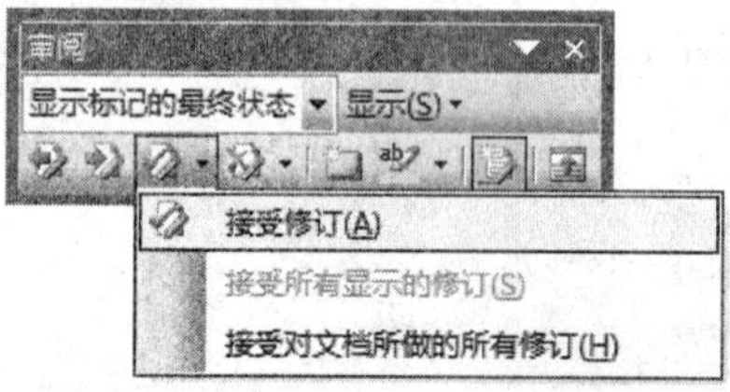

图 7-34 “接受所选修订”下拉菜单

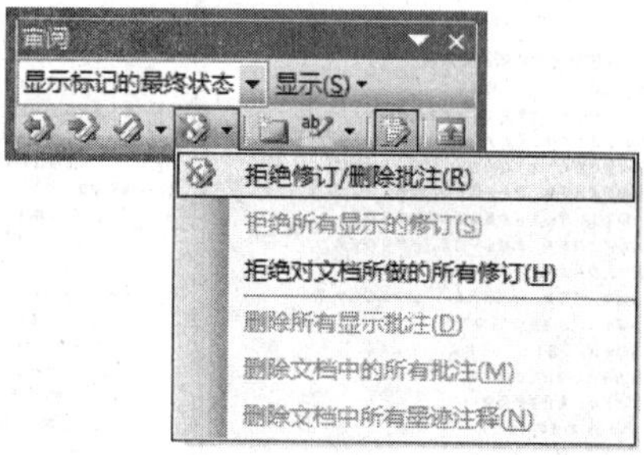

图 7-35 “拒绝修订”命令

5. 文档加密操作

选择“工具”→“选项…”命令，如图 7-36 所示，在“选项”对话框中，选择“安全性”选项卡，如图 7-37 所示，在“打开文件时的密码”文本框中输入密码“gatrcdax”，在“修改文件时的密码”文本框中输入密码“gatrcdax”，单击“确定”按钮，弹出“确认密码”对话框。在对话框中输入打开文件时的密码“gatrcdax”，单击“确定”按钮，再次弹出“确认密码”对话框，再输入修改文件时的密码“gatrcdax”，单击“确定”按钮，完成对文档的加密操作，当再次打开文档或修改文档时，均要求输入密码，否则将无法打开或修改。

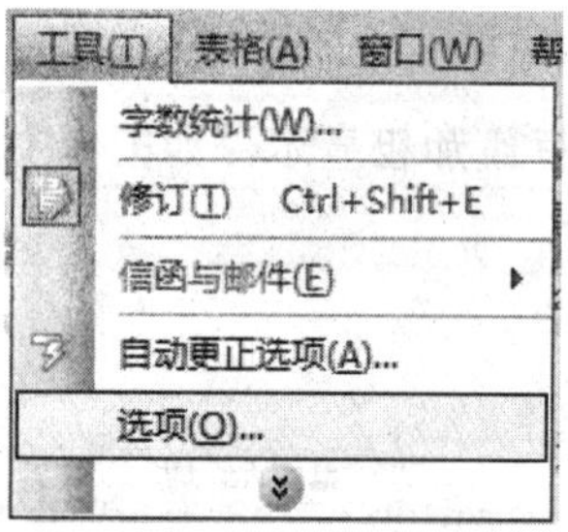

图 7-36 “工具”菜单栏

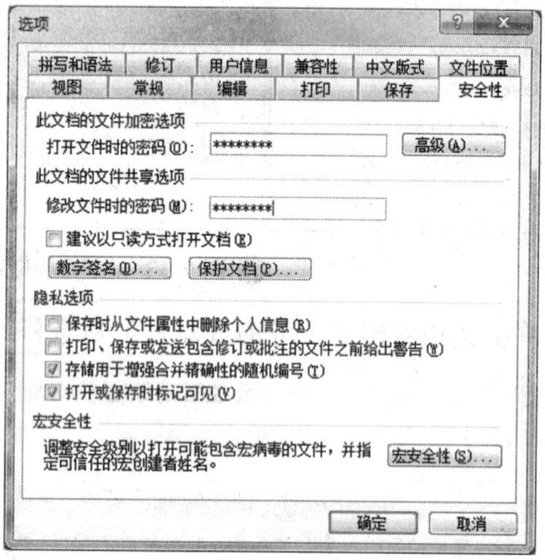

图 7-37 “选项”对话框

小技巧

1. 如何使用 Word 中的批注

批注主要用于添加文本的备注信息，而不破坏文本的结构。例如：在阅读文章时添加注解、警语、提要、批语等，如果计算机配置了所需的硬件，还可添加声音批注。创建批注的方法是，选择需要加批注的文本或将插入点移到其后，选择“插入”→“批注”命令，如图 7–38 所示，或者在“审阅”工具栏中单击“插入批注”按钮，如图 7–39 所示，打开“插入批注”框，直接输入文本内容即可。Word 允许直接在文档中查看或编辑批注，可通过审阅窗格来查看或修改批注，也可直接单击“批注”框重新进行编辑修改。若要删除批注，在选择的批注上右键单击鼠标，在快捷菜单中选择“删除批注”命令；要删除所有批注可单击“审阅”工具栏上的“删除”按钮，在打开的下拉菜单中选择“删除文档中的所有修订”命令。

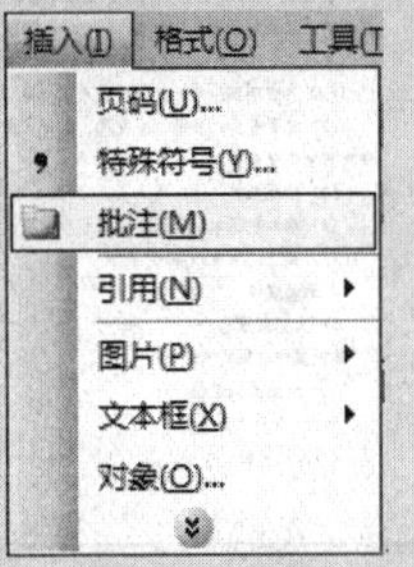

图 7-38 “插入”菜单栏

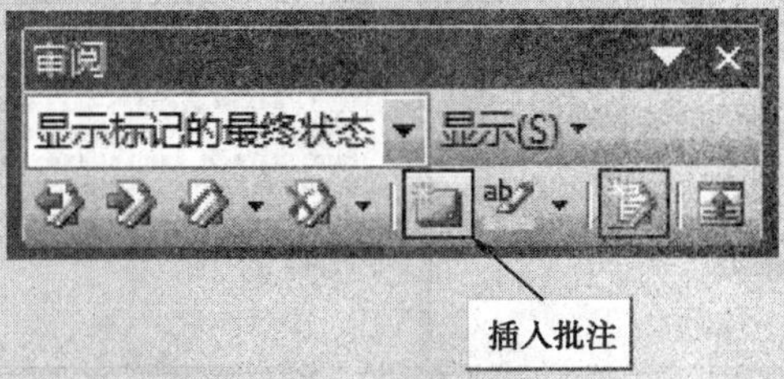

图 7-39 “插入批注”按钮

2. 如何比较、合并文档

同一篇文稿由多人审校完毕后以不同文件名保存，且审校不采用插入批注的方式，可使用 Word 的“比较并合并文档”功能将修改后的文档与原文档进行合并，两文档不同之处用批注框显示出来，以便于审阅修改文档。

例如：现有“公益活动策划书”的两个版本，一个是原文档“公益活动策划书”，另一个是审校后的文档名为“公益活动策划书（修改后）”。具体操作步骤如下。

首先打开原文档“公益活动策划书”，选择“工具”→“比较并合并文档…”命令，如图 7-40 所示，打开“比较并合并文档”对话框。选择“素材”文件夹中的“公益活动策划书（修改后）”后，单击“合并”后的下拉按钮，选择“合并到当前文档”命令，则将合并结果放于当前文档中，如图 7-41 所示。若选择“合并”命令，将合并到选择文档。若选择“合并到新文档”，将以另外新的文件名保存。合并后的文档效果如图 7-42 所示，然后，利用前面讲的修订文档操作完成文稿的修订工作。

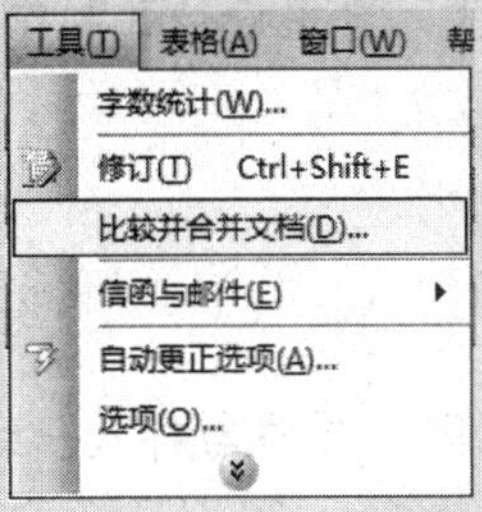

图 7-40 “比较并合并文档”命令

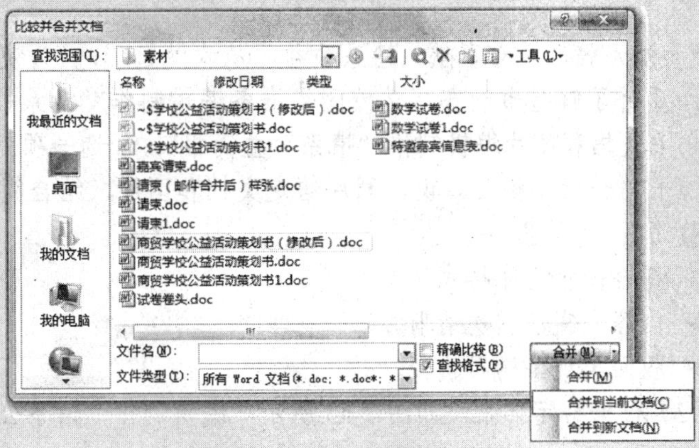

图 7-41 “比较并合并文档”对话框

公益活动策划书

一、活动主题：关爱他人，传递爱心

二、活动目的：为了传递爱心，发扬志愿者精神，并在全校范围内营造浓烈的社会公益氛围，我校特举办了以“关爱他人，传递爱心”为主题的志愿者活动。本次活动将讨以各系志愿者风采展、绿色环保宣传、捐书捐衣服、奥运知多少的形式，理解展现志愿者的各项活动及成果，让更多的人领悟“只要人人都献出一点爱，世界将会变成美好的人间”。我们要承这份爱心与真诚，积极参与组织本次志愿者活动，呼吁更多的人献出爱心，唱响我们心中的主题“关爱他人，传递爱心”。

三、活动时间：9月8日 上午8点——下午4点

四、活动地点：商贸学校运动场

五、活动主办：商贸学校团委

六、活动协办：商贸学校文支部

七、活动承办：商贸学校学生会

八、活动对象：全校师生

九、活动内容：

1、志愿者风采展

2、绿色环保宣传

3、知识没有时空的界限—捐书屋宝

4、衣线牵情谊—捐衣送温情

5、奥运知多少

十、活动要求：

全体志愿者统一服装（校服），佩戴学生志愿者证并在左胸前戴爱心贴，责任意识高，团队合作精神强。

十一、活动具体流程

5个活动的全程工作安排分为以下4部分：前期筹备、当天运作、后期工作安排和活动经费。

（一）前期筹备：

1.校学生会成立宣传策划小组，组织策划各项工作。

2.9月3日(周一)，全体志愿者开会培训(了解活动背景意义，熟悉有关流程，明确分工)；

3.所有物品准备

1）横幅：制作“关爱他人，传递爱心”的横幅，并组织全体同学在横幅上签名作为纪念。

2）心形红色传单：心形红色传单1500份，内容主要包括活动主题，时间，地点，简要活动内容。

3）祝福卡：用于捐赠贫困生，表达志愿者的爱心。

4）气球门：购买一包（100个）粉色心形气球用于装饰门面。 5）爱心树、许愿树：我们将用特殊材料（KT板，绿色）制作两棵树的形状，分别为“爱心树”和“许愿树”，并将“爱心树”和“许愿树”摆放在活动入口处，让所有爱心人士都可以在“爱心树”和“许愿树”上留下自己的美好心愿。

6）流程图（一张展板）：用简洁的结构图说明以下5个活动的主要程序。

7）桌子6张：用于当天捐书、捐衣物登记及物品摆放。

8）纪念品：到具一格的贴纸1500张。

9）奖品：准备手工奖品，作为奥运知识竞答有奖问答环节的礼品。

10）大展板3块：

展板A. 用于表明当天活动流程

展板B. 用于志愿者风采展，呈现本校学生参加社会公益活动风采展示照片和作品。

展板C. 用于奥运知多少活动专栏

11）彩带两圈：用于装饰展板及爱心树 许愿树。

12）背景音乐：音响、麦克风、插排，多首励志歌曲激发学生改变自己。

13）抽题纸箱1个：用于当天“奥运知多少”栏目。

14）笔和登记本：用于当天登记所捐书、捐衣物。

15）夹子：准备约40个夹子

4.活动宣传

1）文字宣传

学校宣传栏板报宣传

学生主题黑板

时间：9月2日

2）流动宣传

时间：9月8日（活动当天）

内容：在校门口派发爱心传单

3）网络宣传

① 活动前一周由学生会同学在商贸学校贴吧发起宣传。

② 发动全校同学将QQ签名统一改为宣传本次志愿者活动的标语。

4）媒体宣传：

借用校广播站于黄金时段在校园内进行全面广播宣传。

（二）当天运作流程：

1、场地布置及具体工作内容：

1)当天早上7：00至7：40开始布置场地。在运动场，布置分配摊位摆设方位，把粉色气球悬挂在钢丝绳上，形成一个半圆型的门。

3)在活动入口处摆放本次活动流程展板以及爱心树和许愿树。

4）音响：连续循环播放多首歌曲，内容以爱心、温馨，激昂为主。

5）麦克风：由两至三名同学轮番通过麦克风宣传本次活动。

6）登记处&收衣物处：负责收集现场所捐书籍及衣物，并进行登记。

7）爱心使者：负责宣传本次活动的有关内容，态度亲切，口才较好，表现自然得体，能真诚唤起更多人参与本次爱心活动。

8）派寄处（只供校内）：要求细心，书写工整，负责爱心小贴士的派发。

9）摄影组：负责现场拍摄。

10）秩序组：负责维持场地秩序。

11）机动组：负责机动工作和处理突发事件。

2、收场：

1）下午4：30分全体志愿者开始收场工作。

12名同学负责将6套长桌归还原处，2名同学负责归还音响设备。 12名同学负责将所捐衣物转移到志愿者协会指定的临时存放处。剩余的同学负责拆卸气球、横幅等装饰并清洁现场。

突发情况设想与解决办法：如遇下雨等恶劣天气，延迟一天（9月9日）举行。

（三）后期工作安排：

1、由校团委联系济南市爱心捐助机构，将书籍及衣物运往该处。

2、总结活动，附上活动照片。

3、同学们在各班的博客上发表感言，并开主题班会交流感想。

（四）经费预算：

麻袋4个：4×5=20元

彩纸10张 ： 1×10=10元

传单1500张：0.20×1500=300元

粉色心形气球一包：15元

卡纸25张：50元

透明胶3圈：6元

打印照片及相关简介 80元

彩带2圈：6元

圆珠笔4支：自备

剪刀四把：自备

红丝绳1卷：2元

纤维绳：2.5元

包装袋：20元

夹子：20元

其他杂用：50元

总计：580~630元

商贸学校学生会

八月二十六日

图 7–42 合并后的文档

实例 14：爱心奉献，情系公益——制作“情系公益简报”

“大爱无疆，爱心奉献，情系公益，从我做起”——为使广大教师和学生积极投身公益事业，及时了解时事动态，学校团委准备编辑制作“情系公益简报”。请根据“素材”文件的相关文档和图片编辑制作“情系公益简报”，任选一项完成制作简报的任务。

（1）结合所学相关知识，利用给定文档和图片，结合简报格式，自主设计并制作“情系公益简报”，要求：

- 符合简报文体格式。
- 内容充实，层次清晰。
- 版面美观，构思新颖。

（2）根据给定样张，如图 7-43 所示，编辑制作“情系公益简报”，要求与样张一致。

图 7-43　“情系公益简报”（样张）

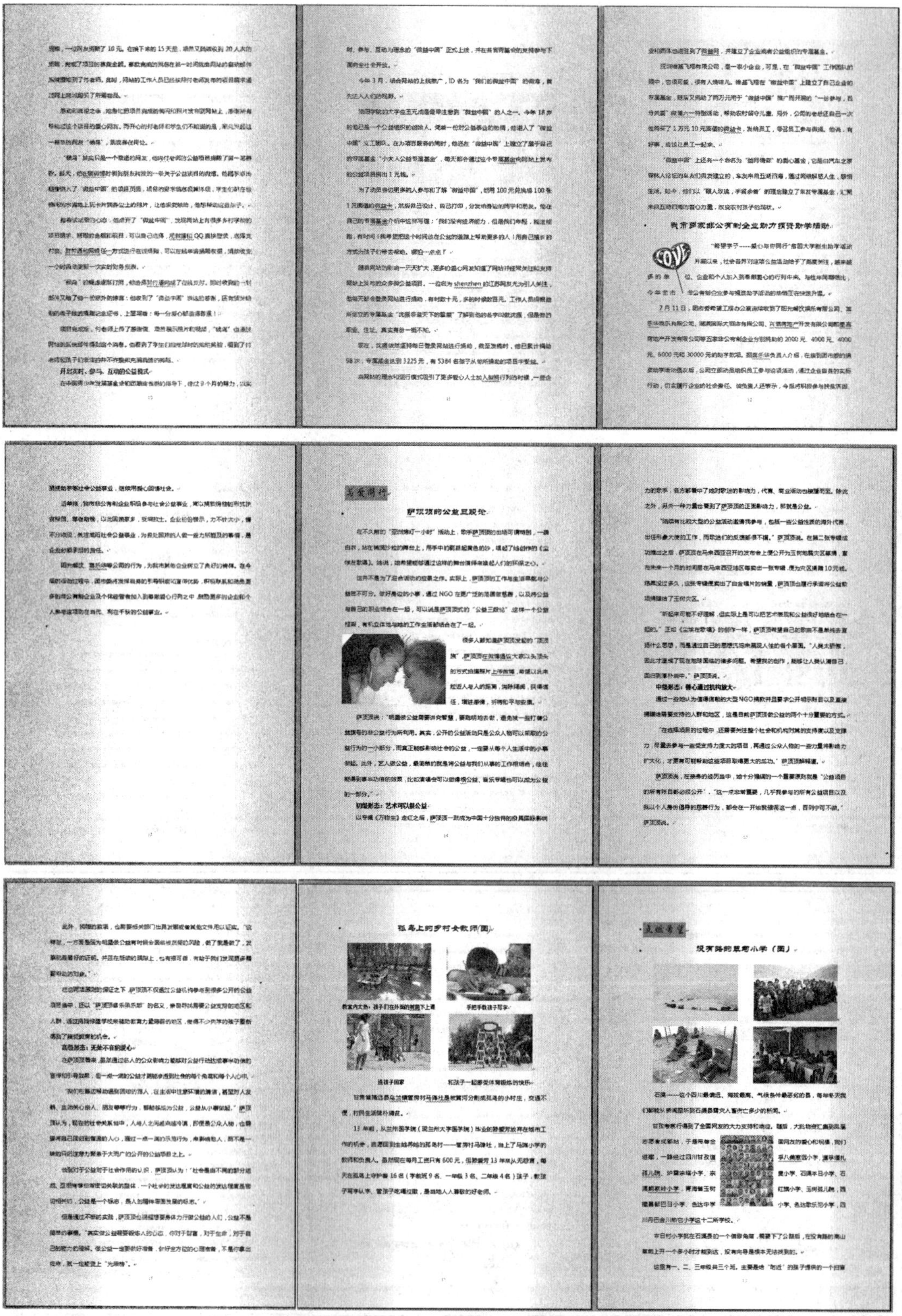

图 7-43 “情系公益简报”（样张）（续）

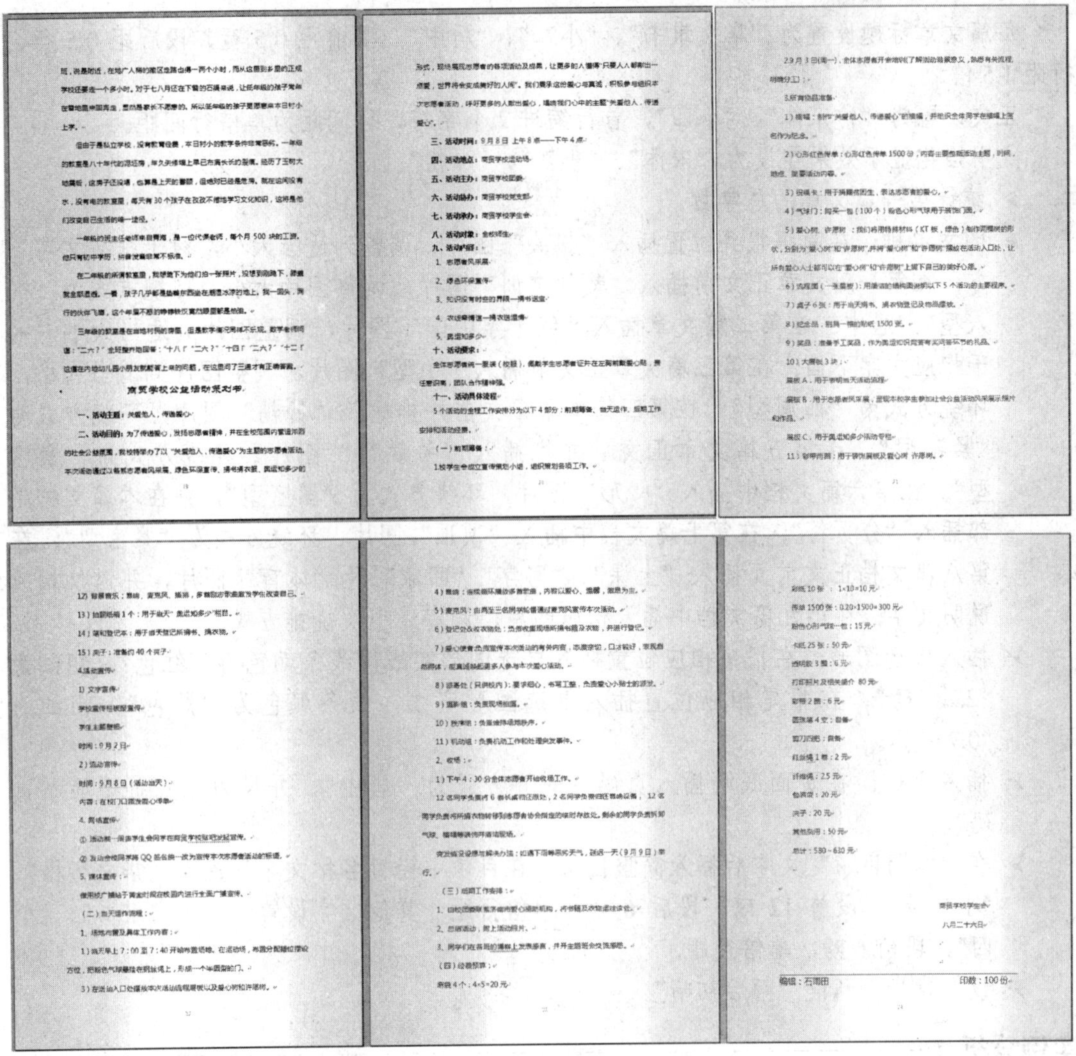

图 7-43　“情系公益简报”（样张）（续）

（3）根据以下题目要求制作“情系公益简报”。

➢ 在 D 盘根目录下新建“情系公益简报”文档。

➢ 将“素材”文件夹中相关文档按样张顺序复制到当前文档并保存。

➢ 在当前文档首部插入简报报头文字“情系公益简报”，设置为“华文行楷”、“小初”、“红色”、“居中”，“（第一期）”设置为“华文新魏”、“小二”、“加粗”、“红色”，“学校团委编”、“第一季度”设置为“宋体”、“三号”、“红色”、“两端对齐”。报头文字段前段后距分别设置为 0.5 行。在报头下插入文字“本期目录”，设置为“宋体”、“三号”、“加粗”、“蓝色”、“居中”，段前距设置为 1 行，段后距设置为 0.5 行。在报尾插入文字“编辑：石雨田”、“份数：100 份”，设置为“楷体”、“四号”。

➢ 在第一、四、七、九篇文章左上位置分别插入栏目名称“新闻动态”、“爱在行动”、“与爱同行”及“点燃希望”并设置为“华文行楷”、“蓝色”、“二号”、“加粗”，“橙色”底纹。

➢ 设置各篇文章的字体及段落格式。

每篇文章标题设置为“华文隶书”、“小二”、“居中”，段前距 0.5 行，段后距 0.5 行，行距 1.5 倍。

正文设置为“仿宋体”、“小四”，首行缩进 2 个字符，行间距为单倍行间距。

文中强化显示效果字设为“宋体”、“小四”、“加粗”。

- 统计第一篇文章的总字数。
- 图文混排：在简报报头位置插入“报头”图片，调整到适当大小，衬于报头文字下方；在第一篇文章正文前插入“教师培训”图片，调整图片大小，环绕方式为“嵌入型”，居中；在第二篇文章插入“红十字中国”图片，调整图片到适当大小，衬于相应文字下面；在第三篇文章正文前插入“手型”图片，调整图片到适当大小，环绕方式为“四周型”；在第四篇文章正文前并排插入“铃铛”图片，环绕方式为“紧密型”，在第五篇文章正文后并排插入“关爱行”图片，环绕方式为“紧密型”；在第六篇文档中插入“心形”图片，环绕方式为“紧密型”，并在本篇文档尾部插入“分页符”；在第七篇文档中插入“顶顶”图片，环绕方式为“紧密型”；在第八篇文档正文前面插入“上课”、“写字”“回家”及“体育”图片，并添加相应说明文字；在第九篇文档中插入相应图片，设定大小及绕排方式。
- 插入自选图形：在报头相应位置插入自选图形实线，线条颜色为“红色”，粗细为“2.25 磅”；在报尾相应位置插入自选图形实线，线条颜色为“黑色”，粗细为“0.75 磅”。
- 插入页码：在页面底端插入页码，对齐方式为“居中”，并设为“首页不显示页码”。
- 在“本期目录”文字后插入简报目录：在目录中栏目名称文字设置为“华文行楷”、“小二号”，段前 12 磅，段后 6 磅，单倍行距；其他文字设置为“华文隶书”、“小四”，段前 6 磅，单倍行距。
- 设置背景：预设“雨后初晴”。

实例分析

- 新建、保存、输入文字及文档基本编辑操作。
- 字体、段落格式化的基本操作。
- 插入图片及图文混排基本操作。
- 插入及编辑自选图形的基本操作。
- 字数统计、插入页码、分页符及设置文档背景的基本操作。
- 使用“索引和目录”为简报添加目录，学会较长文档的综合编辑。

操作步骤

1. 新建、保存文档的基本操作

（1）在 Word 2003 中，选择“文件”→“新建…”命令。

（2）选择“文件”→“保存”命令。

2. 复制文本的基本操作

打开“素材”文件夹的相关文档，选定文本，选择“编辑”→“复制”→“插入点（定位）”→“编辑”→“粘贴”命令，利用此方法把相关文档分别复制到当前文档中（按样张顺序）。

3. 字体、段落格式化的基本操作

（1）输入文字。

（2）字体格式化：选定文字，选择“格式”→“字体…”命令，在“字体”对话框中完成字体格式化的基本操作。

（3）段落格式化：选定相应段落（或将插入点定位于相应段落中），选择“格式”→“段落…”命令，在“段落”对话框中完成段落格式化的基本操作。

4. 边框和底纹的基本操作

选定文字，选择“格式”→“边框和底纹…”命令，在“边框和底纹”对话框中，给选定的文字添加橙色底纹。

5. 设置各篇文章的字体及段落格式

参照第 3 步。

6. 字数统计

选定第一篇文章的全文，选择“工具”→“字数统计…”命令，在“字数统计”对话框中显示选定文本的字数。

7. 图文混排的基本操作

（1）插入图片：插入点定位，选择“插入”→“图片”→“来自文件…”命令，在“插入图片”对话框中选择“素材”文件的相关图片，完成图片插入的操作。

（2）设置图片格式：在选定的图片上右键单击，在快捷菜单中选择“设置图片格式…”命令，在“设置图片格式”对话框中，调整图片大小，设置环绕方式，完成图文混排的基本操作。

8. 插入自选图形

（1）插入自选图形：插入点定位，选择“插入”→“图片”→“自选图形”命令，在“自选图形”菜单栏中选择相关图形，完成图形插入的操作（或在“绘图”工具栏中直接选择“插入图形”）。

（2）编辑图形：在选定的图形上右键单击，在快捷菜单中选择“设置自选图形格式…”命令，在“设置自选图形格式”对话框中，设置“颜色和线条”、“大小”及“环绕方式”，并旋转图形至适当角度，完成插入及编辑自选图形的基本操作。

9. 插入页码

选择“插入”→“页码…”命令，在“页码”对话框中完成插入页码的基本操作。

10. 插入分页符

插入点定位，选择“插入”→“分隔符…”命令，在“分隔符”对话框中完成插入分页符的基本操作。

11. 插入简报目录

（1）在“大纲”视图下，完成显示级别的设置：选择“视图”→“大纲”命令，在大纲视图下，利用“大纲”工具栏，将简报栏目名称分别设置为 1 级显示级别，将各篇文章的标题分别设置为 2 级显示级别。

（2）插入简报目录：将插入点定位于“本期目录”文字之后，选择“插入”→“引用”→“索引和目录…”命令，如图 7-44 所示，在“索引和目录”对话框中，选择“目录”选项卡，选中“显示页码”和“页码右对齐”复选框,选择“常规格式”为“来自模板”，“显示级别”为“2 级”，单击“修改”按钮，如图 7-45 所示，在“样式”对话框中，选择“目录 1”，单击“修改”按钮，如图 7-46 所示，在“修改样式”对话框中，选择字体格式为“华文行楷”，字号为“小二”，单击“确定”，如图 7-47 所示。再在“样式”对话框中，选择“目录 2”，单击“修改”按钮，在“修改样式”对话框中，选择字体格式为“华文隶书”，字号为“小四”，单击“确定”。在“样式”对话框中，单击“确定”按钮，在“索引和目录”对话框中，单击“确定”按钮，这样 Word 2003 就会在指定的位置建立目录。

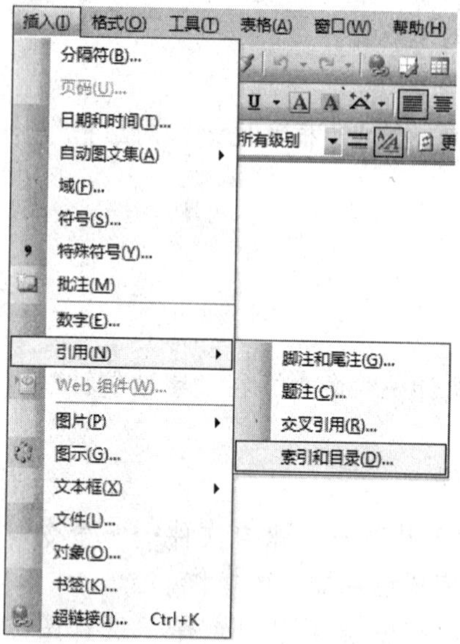

图 7-44 “插入”菜单栏

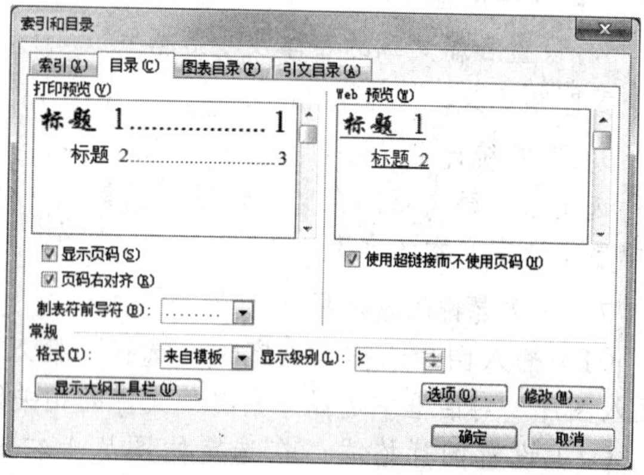

图 7-45 “索引和目录”对话框

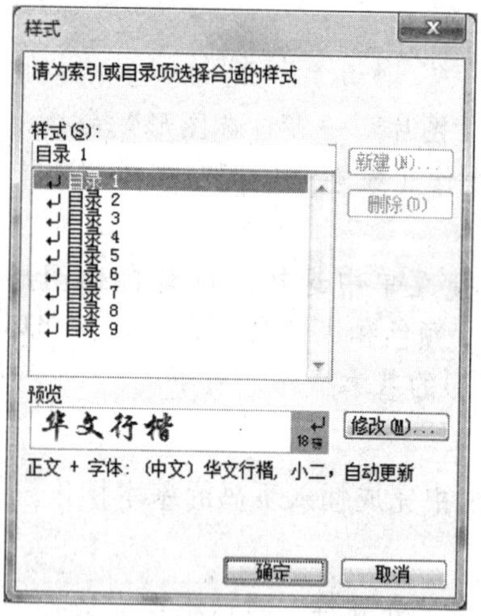

图 7-46 “样式”对话框

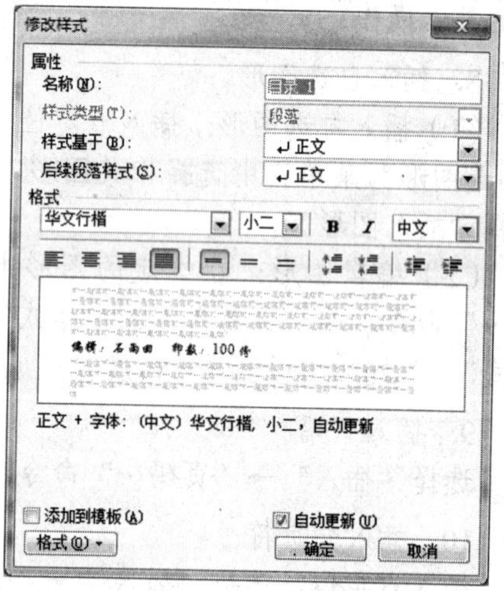

图 7-47 “修改样式”对话框

目录编制完成后，若要快速定位到所需文章，可将鼠标指针移动到目录的页码上，按住【Ctrl】键，会看到鼠标指针变成了手形，单击左键即可跳转到文档中相应的标题行。如果目录编制完成后，文档内容又进行了修改，要对目录进行更新可在选取的目录上右键单击，在快捷菜单中选择“更新域”命令，则目录的标题及相应页码将全部被更新。

12. 设置背景

选择“格式”→“背景”→“填充效果…”命令，如图 7-48 所示，在“填充效果”对话框中，选择“渐变”选项卡，“颜色”设为“预设”，预设颜色为“雨后初晴”、底纹样式为“垂直”，单击“确定”按钮，如图 7-49 所示。

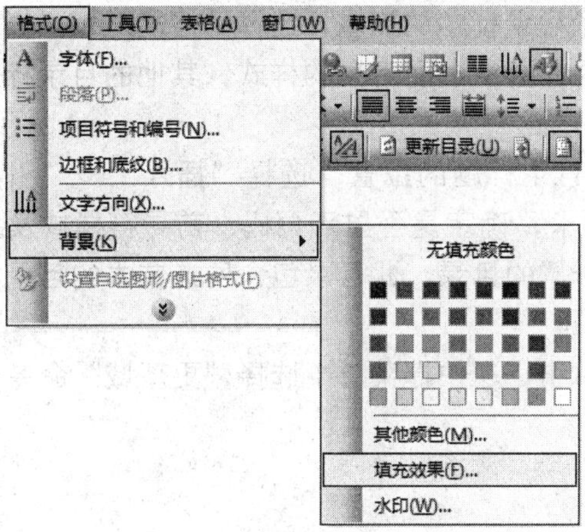

图 7-48　“格式”菜单

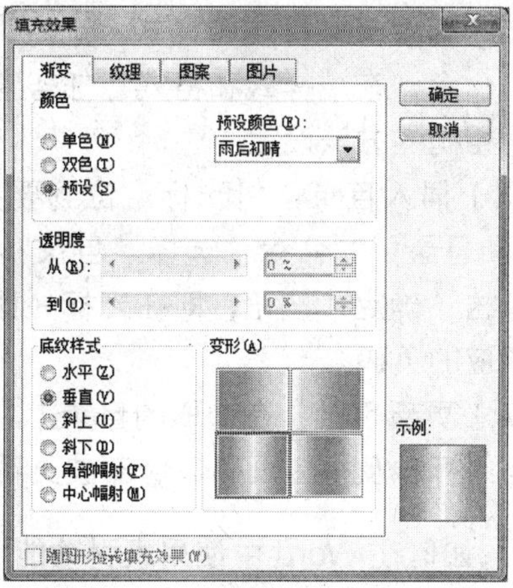

图 7-49　“填充效果”对话框

小技巧

1. 如何在 Word 中利用样式添加目录

样式是对文本某部分格式的定义，利用样式来添加目录也较为方便，操作简单，具体操作步骤如下。

（1）定义目录标题的样式：选定文档中任意一篇文章的标题，对选定的标题进行字体、字号、颜色等字体格式化的定义及对齐方式、缩进、行间距等段落格式化的定义，然后选择“格式”→“样式和格式…”命令，如图 7–50 所示，在“样式和格式”任务窗格中，设定相应标题样式，如图 7–51 所示。

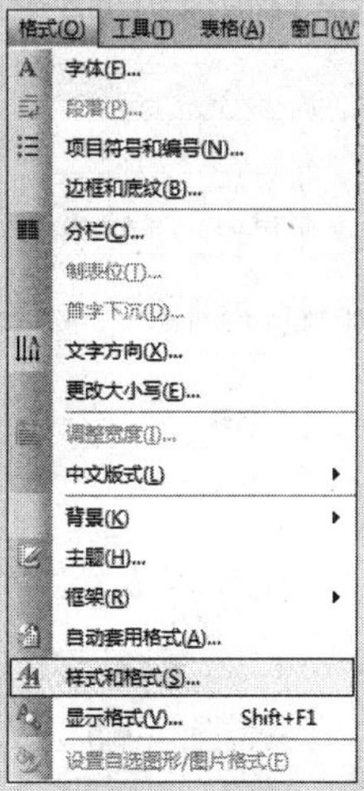

图 7–50　“格式”菜单

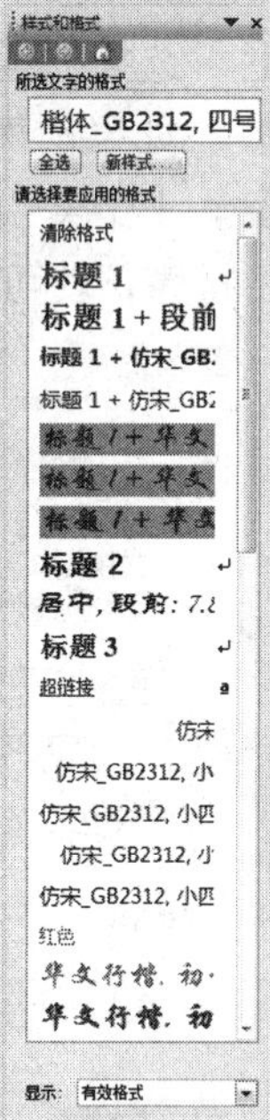

图 7–51　“样式和格式”任务窗格

（2）设置目录标题的样式：选定第一个目录标题的文本，选择“格式”→“样式和格式…”命令，在“样式和格式”任务窗格中，选取上面定义的样式，其他的目录标题文本也采用相同的方法设定。

（3）插入目录：将光标定位到要插入目录标题的位置，选择“插入”→“引用”→“索引和目录…”命令，选择“目录”选项卡，确定是否显示页码、前导符样式及显示级别，单击“确定”按钮，即在光标处插入所需的目录，此目录包含所选文本的目录标题并产生相应的页码。

（4）更新目录：在选取的目录上右键单击，在快捷菜单中选择“更新域”命令，则目录的目录标题及相应页码将全部被更新。

2. 如何在 Word 中使用索引功能

索引是根据一定需要，把文档中的主要概念或各种题名摘录下来，标明出处、页码等，并按照一定的顺序分条排列，以供查阅的资料，它是文档中重要内容的地址标记和查阅指南。科学设计编辑合理的索引，可以使阅读变得更加方便。Word 2003 提供了文档编辑排版的索引功能，索引的提出可以是文档中的一处，也可以是文档中相同内容的全部。具体操作步骤如下：

（1）标记文档中的索引项:首先选定文档中需要标记的文字，选择“插入”→“引用”→“索引和目录…”命令，在“索引”选项卡中单击“标记索引项”按钮，如图 7-52 所示，在“标记索引项”对话框中单击“标记”按钮，然后单击“关闭”按钮，如图 7-53 所示，这时选定的文字后会出现索引标志，单击工具栏上的“显示/隐藏”按钮，可以把这一标记隐藏或显示出来。如果要把文档中相同内容都添加索引项，可在“标记索引项”对话框中单击“标记全部”按钮，则文档中所选的文字都会被标记出来。索引的格式可自行选择，排序方式有“笔画”和“拼音”两种，默认是“笔画”。

（2）提出已标记的索引项：完成索引标记之后，就可以提取所标记的索引了。首先将光标移到文档的最后，选择“插入”→“引用”→“索引和目录…”命令，此时，一个索引就会出现在光标处，如果前面选择的是“标记全部”，则索引会标记出前面索引的某个词都出现在哪一页上。一个索引词在同一页中出现多次，为节省页面，只会标记一次，并按笔画或拼音进行了排序，就可以按照索引的提示来查找相关页面的内容。

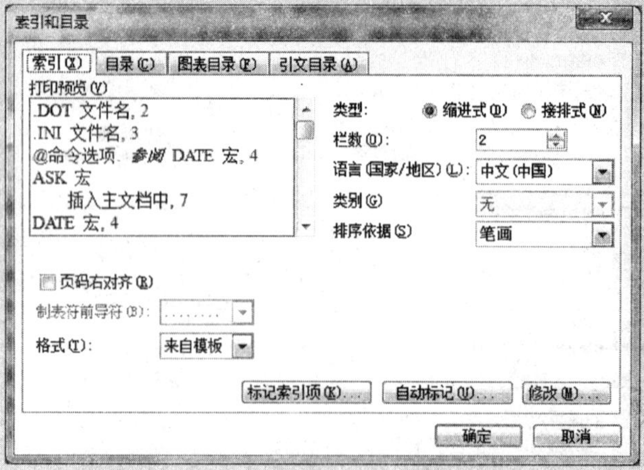

图 7-52 “索引和目录”对话框

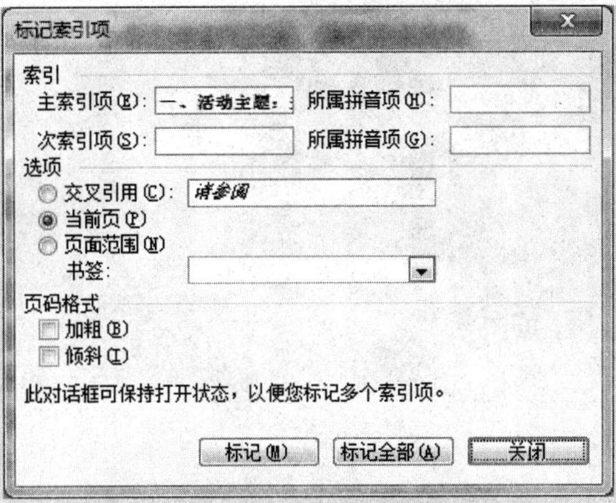

图 7-53 “标记索引项”对话框

如果要对生成的索引格式进行编辑调整，可在“索引”对话框中对相关项目进行选择、自定义或更改。通过选择相应的选项卡，选择不同的索引格式，来完成操作。

实例 15：感动，时刻在传递——制作“你幸福，我快乐”公益网站宣传手册

以自己的行动践行自己的诺言，以自己的无私奉献践行公益的使命，以自己平凡的举动感动和鼓励每一个人。用博大的爱托起生命的明天，“你幸福，我快乐”，让感动时刻传递，利用 Word 制作一份“你幸福，我快乐”公益网站宣传手册。根据“素材”文件夹中相关文档和图片编辑制作“公益网站宣传手册”，任选一项完成制作宣传手册的任务。

（1）结合所学相关知识，利用给定文档和图片，结合宣传手册设计格式要求，自主设计、制作“公益网站宣传手册”，要求：

- 符合宣传手册设计格式。
- 内容充实，结构合理。
- 版面设计美观，构思新颖，体现一定的艺术效果。

（2）根据给定样张，编辑制作“公益网站宣传手册”，要求与样张一致。

（3）根据以下要求制作“公益网站宣传手册”。

- 在 D 盘根目录下新建“公益网站宣传手册”文档。
- 页面设置：选择 B5 纸、“横向”，左装订 0.5 厘米。设置文档背景为“素材”文件夹中相应图片。
- 在文档首页插入艺术字“宣传手册”，设置字体为“华文琥珀”，“72 号”，艺术字填充效果为“由黄色渐变到橙色”，底纹样式为“角部辐射”，线条为“橙色”，环绕方式为“嵌入式”；“‘你幸福，我快乐’公益网站”为“华文隶书”、“二号”、“红色”、“加粗”、“阳文”、“居中”。
- 将“素材”文件夹中文件名的“1”图片放大至页面大小，衬于文字下方。
- 插入艺术字“我们的公益事业”和相应“素材”文件夹中的图片，以“浮于文字上方”环绕。设置字体为“华文隶书”、“36 号”、“加粗”，其下文字按样张格式设置，“隶书”、“一号”、“蓝色”。在艺术字“我们的公益事业”前插入“分节符（下一页）”。

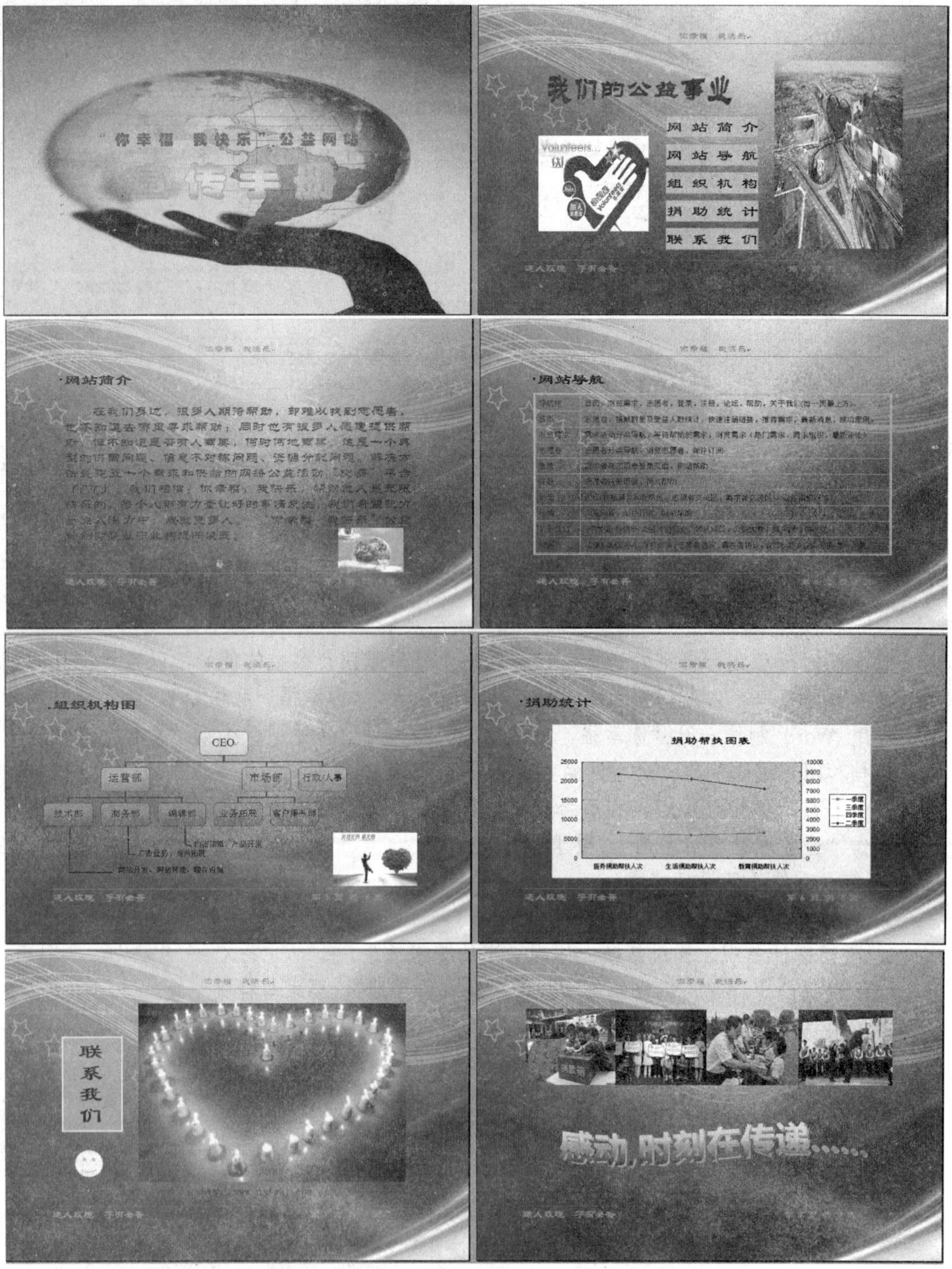

图 7-54 "公益网站宣传手册"（样张）

➢ 第三、四页按样张输入标题和文字：标题设为"隶书"、"一号"、"加粗"；第三页正文为"华文隶书"、"二号"；第四页，按样张样式建立表格，如表 7-1 所示，并输入相应文字，文字为"宋体"、"小四号"。

表 7-1 “网站导航”表

导航栏	首页，浏览需求，志愿者，登录，注册，论坛，帮助，关于我们（每一页最上方）
首页	志愿者，捐献数量及受益人数统计，快速注册链接，推荐需求，最新消息，成功案例
浏览需求	需求活动分类导航，等待帮助的需求，浏览需求（热门需求、需求组织、最新评论）
志愿者	志愿者分类导航，浏览志愿者，邮件订阅
登录	需求者及志愿者登录页面，网站帮助
注册	志愿者注册页面，网站帮助
论坛	论坛（包括意见和反馈区、志愿者交流区、需求者交流区），公益组织链接
帮助	常见问答，邮件订阅，网站帮助
关于我们	“你幸福，我快乐”公益计划简介，团队成员，公益大使，媒体报道和推广
页脚	法律&版权声明，隐私政策，志愿者协议，需求者协议，合作伙伴&友情链接（每一页最下方）

第五页的标题为“隶书”、“一号”、“加粗”；在第五页中，绘制组织结构图，如样张所示。

- 在第六页插入“捐助统计”表，具体数值如表 7-2 所示。

表 7-2 “捐助统计”表

季度	医务捐助帮扶人次	生活捐助帮扶人次	教育捐助帮扶人次
一季度	6556	5987	6559
二季度	8746	8220	7200
三季度	9089	10020	9810
四季度	13520	19880	20012

- 在第七页中，插入“素材\烛光.png”图片，并设置为“浮于文字上方”绕排方式，并插入“笑脸”，调整到适当大小，放于相应位置；“联系我们”文字以文本框插入完成如样张所示编辑。
- 在第八页插入“素材”文件夹的图片，调整至适当大小，以“嵌入式”放于文中相应位置，在其下插入艺术字“感动，时刻在传递……”，选择相应艺术字库，调整艺术字格式，如样张所示。
- 分别设置相应页的页眉和页脚，如图 7-54 样张所示。
- 将第三页相应文字分别与相关页建立超链接。

实例分析

- 新建、保存、输入文字及文档基本操作。
- 字体、段落格式化的基本操作。
- 插入艺术字及艺术字格式基本操作。
- 插入组织结构图的基本操作。
- 插入图表的基本操作。
- 插入图片及图文混排的基本操作。
- 插入及编辑自选图形的基本操作。
- 插入文本框的基本操作。
- 插入表格及表格基本编辑操作。

➢ 插入页眉页脚、分节符及设置文档背景的基本操作。

➢ 插入超链接。

操作步骤

1. 新建、保存文档的基本操作

（1）在 Word 2003 中，选择“文件”→“新建…”命令。

（2）选择“文件”→“保存”命令。

2. 页面设置与背景设置的基本操作

（1）选择“文件”→“页面设置…”命令，在“页面设置”对话框中，完成相应页面设置。

（2）选择“格式”→“背景”→“填充效果…”命令，在“填充效果”对话框中选择“图片”选项卡，单击“选择图片…”按钮，然后选择“素材”文件夹中相应背景图片，单击“插入”按钮。

3. 字体格式化及插入艺术字的基本操作

（1）插入艺术字：选择“插入”→“图片”→“艺术字…”命令，在“艺术字库”对话框中完成相应操作。选定艺术字，利用“艺术字”工具栏完成艺术字的基本编辑。

（2）字体格式化：选定文字，选择“格式”→“字体…”命令，在“字体”对话框中完成字体格式化的基本操作。

4. 插入图片的基本操作

插入点定位，选择“插入”→“图片”→“来自文件…”命令，在“插入图片”对话框中选择“素材”文件夹中的相关图片，完成图片插入的基本操作。

5. 字体格式化及插入分节符的基本操作

（1）字体格式化：同第 3 步。

（2）插入分节符：插入点定位，选择“插入”→“分隔符…”命令，在“分隔符”对话框中，选择“分节符类型”为“下一页”，单击“确定”按钮。

6. 字体格式化、插入表格、表格基本编辑操作

（1）字体格式化：同第 3 步。

（2）插入表格：插入点定位，选择“表格”→“插入”→“表格…”命令，在“插入表格…”对话框中，设置“行数”与“列数”，单击“确定”按钮。在“表格属性”对话框中，对表格进行基本编辑操作。

7. 字体格式化、插入文本框及组织结构图的基本操作

（1）字体格式化：同第 3 步。

（2）插入点定位，选择“插入”→“图片”→“组织结构图”命令，在文本框中，利用“组织结构图”工具栏完成组织结构图的基本插入与编辑。

（3）插入文本框：选择“插入”→“文本框”→“横排”命令，然后再添加文字。

8. 插入图表

插入点定位，选择“插入”→“图片”→“图表”命令，在“插入图表”窗口中，输入表格中相应数据，进行基本编辑即可。

9. 插入文本框、自选图形及图片的基本操作

（1）插入文本框：插入点定位，选择“插入”→“文本框”→“竖排”命令，在文本框中输入相应文字，并进行基本编辑。

（2）插入自选图形：选择“插入”→“图片”→“自选图形”命令，在“自选图形”工具栏中进行选定，再插入。

（3）插入图片：同第 4 步。

10. 插入图片及艺术字的基本操作

（1）插入图片：同第 4 步。

（2）插入艺术字：同第 3 步。

11. 设置页眉和页脚

选择“视图”→“页眉和页脚”命令，利用“页眉和页脚”工具栏完成插入“页眉和页脚”及“页眉和页脚”的基本编辑操作。

在不同页面插入不同的页眉页脚，需在相应页插入分节符后进行。

12. 插入超链接的基本操作

（1）在“大纲”视图方式下，利用“大纲”工具栏设置相关页面标题为“1 级”标题。

（2）选择要建立超链接的文字，选择“插入”→“超链接…”命令，在“插入超链接”对话框中，选择链接到“本文档中的位置”，选择相应标题，单击“确定”按钮。

小技巧

1. 如何在 Word 中快速组合图形

在 Word 2003 中，绘制自选图形、组织结构图或其他图形时，都是将简单的图形拼接成一个复杂的图形。为了有效防止拼接图形变形，需要把这些简单的图形组合成一个整体对象，即快速组合图形。

一般习惯做法是在按住【Shift】键的同时，逐个单击单个的图形，选中所有的图片。但是当图片很多、很小且又挤在一起时，这种方法就比较费时费力。较简单的方法是：选择“视图”→“工具栏”→“绘图”命令，打开“绘图”工具栏，单击绘图工具栏左端白色箭头状的“选择对象”按钮，再拖动鼠标在想要组合的图片周围画一个矩形框，则矩形框中的图片就全部被选中了。右键单击选中图形，在快捷菜单中选择“组合”→“组合”命令，可实现快速组合图形的操作。

2. 用 Word 突破网页无法复制的限制

在浏览网页时，经常会遇到无法复制网页内容的情况。虽然可以通过查看源文件或是用 SnagIt 等软件提取文字或抓取为图片的方法来保存相关内容，但不是操作麻烦，就是无法直接编辑。其实还可以尝试用 Word 2003 来解决问题。打开 Word 2003 后，选择“文件”→“打开”命令，在弹出的“打开”对话框中，在“文件名”文本框中输入无法复制网页内容的网址，单击“打开”按钮，便可以在 Word 窗口中看到所有的网页内容，而且还可以直接进行复制、删除和保存等操作。

思考与实训

一、填空题

1．插入所需的数学公式，可在________菜单中，选择“对象…”命令来实现。

2．邮件合并就是把________和主文档合并成一个新的文档，对指定的全部或部分记录在新文档中生成相应的内容。

3．使用邮件合并首先要设置________，创建主文档后，确定接收对象。

4．________是含在合并文档的各副本中不相同的数据文件。

5．Word 2003 提供了修订功能，提供两种显示修订的方式：一是以________显示所有修订，二是以气球的方式显示修订。

6．创建批注的方法是：选择需要加批注的文本或将插入点移到其后，选择“插入”菜单中的________命令或在“审阅”工具栏中单击________按钮，将打开“插入批注”框。

7．在 Word 2003 中，利用“工具”菜单中的________命令，可实现比较并合并文档的操作。

8．在 Word 2003 中，利用“插入”菜单中“引用”子菜单中的________命令，可实现编辑较长文档目录的操作。

9．Word 2003 提供了文档编辑排版的索引功能，索引的提出可以是________，也可以是文档中全部的相同内容。

10．在 Word 2003 中，选择要建立超链接的文字，利用“插入”菜单中的________命令，可设置超链接。

二、简答题

1．在 Word 2003 中，如何使用微软公式编辑器在试卷中插入数学公式？

2．在 Word 2003 中，简述实现“邮件合并”操作的基本步骤。

3．如何比较并合并文档？

4．如何在 Word 2003 中利用样式添加目录？

5．在 Word 2003 中，如何实现文本与表格的相互转换？

三、上机实训

1．设计并制作一个书签。

2．利用“邮件合并功能”将期末考试成绩填入学生个人成绩通知单。

3．制作一份个人简历。

4．制作一份公司宣传海报。

5．上网搜索相关素材，制作“感恩的心”简报。